配电电缆运维与检测技术

国网安徽省电力有限公司电力科学研究院　组编

中国科学技术大学出版社

内 容 简 介

本书针对配电电缆运维实际工作，以配电电缆运维全周期为主线，介绍了配电电缆生产准备及验收、电缆及通道运维、带电检测与评价、试验检测、故障查找、新技术等。

本书可供配电电缆专业从业人员学习、培训使用。

图书在版编目(CIP)数据

配电电缆运维与检测技术/国网安徽省电力有限公司电力科学研究院组编．—合肥：中国科学技术大学出版社，2023.9

ISBN 978-7-312-05689-5

Ⅰ.配…　Ⅱ.国…　Ⅲ.①电缆—配电线路—电力系统运行　②配电线路—电缆—检测
Ⅳ.TM726.4

中国国家版本馆CIP数据核字(2023)第095006号

配电电缆运维与检测技术

PEIDIAN DIANLAN YUNWEI YU JIANCE JISHU

出版　中国科学技术大学出版社
安徽省合肥市金寨路96号，230026
http://press.ustc.edu.cn
https://zgkxjsdxcbs.tmall.com

印刷　安徽联众印刷有限公司

发行　中国科学技术大学出版社

开本　787 mm×1092 mm　1/16

印张　14.25

字数　328千

版次　2023年9月第1版

印次　2023年9月第1次印刷

定价　109.00元

组织委员会

编写委员会

前　言

随着城市化进程的不断加快，城市核心区域对供电可靠性的要求不断提升，配电电缆的应用日益增加，电缆网络的覆盖范围不断扩大。电缆化率持续攀升，地下电缆通道资源愈发紧张，各电压等级电力电缆同通道密集敷设情况不断增多，防火、防外破问题变得尤为突出，断面丧失及大面积停电风险日益严重。国家电网有限公司提出"加快建设可靠性高、互动友好、经济高效的一流现代化配电网"，这对配电电缆的运维检修提出了更高要求。

为了积极应对配电电缆设备快速发展对专业人才的需求，提升配电电缆运维人员的技能水平，结合国网安徽电力配电电缆专业现状和生产运维经验，我们编写了本书。本书实践性强，具有系统性、精炼性、实用性特点。

本书重点介绍了配电电缆（20 kV及以下电力电缆）的生产准备及验收、运维要点、试验检测等相关知识。全书共分八章：第一章介绍了电力电缆的基础知识；第二章介绍了配电电缆工程可研、初设审查、现场验收关键点；第三章介绍了配电电缆及通道运维要求；第四章介绍了配电电缆交接试验技术；第五章介绍了配电电缆故障查找方法；第六章介绍了配电电缆带电检测及状态评价方法；第七章介绍了配电电缆及通道防火技术措施；第八章介绍了配电电缆运维管理数字化应用与部分配电电缆相关新材料、新技术。全书由吴凯负责统稿和定稿，在本书的编写过程中，参考了国内外相关文献资料，引用了相关研究机构和专家的研究结论，在此向他们表示衷心感谢！

由于编者自身知识水平有限，书中难免有疏漏之处，恳请各位专家及读者不吝赐教指正。

编　者

2023年3月

目　录

第一章　电力电缆基础知识

电力电缆是电能传输和分配的重要载体，采用电力电缆来输送和分配电能，能够提高空间利用率和供电可靠性，改善环境的美观性。同时，在大城市和供电密集场所，电力电缆具有架空线路无法替代的优越性。随着经济的发展，电力电缆在电力传输和分配中将发挥越来越重要的作用。根据国网安徽省电力有限公司的实际情况，按电压等级将20 kV及以下电力电缆统称为配电电缆，35 kV及以上统称为输电电缆，本书主要介绍配电电缆相关运检知识。

第一节　电力电缆的作用和特点

一、电力电缆的定义

电缆是采用一根或多根导线经过绞合制作成导体线芯，再在导体上施以相应的绝缘层，外面包上密封护套，如铅护套、铝护套、铜护套、不锈钢护套或塑料、橡胶护套等，这种类型的导线就叫作电缆。用于输送和分配大功率电能的电缆叫作电力电缆。10 kV和0.4 kV电力电缆剖面图如图1.1所示。

图1.1　10 kV(左)和0.4 kV(右)电力电缆剖面图

二、电力电缆线路的优缺点

电力电缆线路的优点：占用空间少，供电安全可靠，触电可能性小，有利于提高电力系统的功率因数，运行、维护工作简单方便，有利于美化城市，具有保密性等。

电力电缆线路的缺点：一次性投资费用大，线路不易变更且不易分支，故障测寻困难、修复时间长，电缆头的制作工艺要求高、费用高等。

第二节　电力电缆的结构和种类

一、电力电缆的基本结构

总的来说，电力电缆的基本结构包括导体(也可称线芯)、绝缘层、屏蔽层和护层四个部分，这四部分在组成和结构上的差异，形成了不同类型、不同用途的电力电缆。图1.2为10 kV三芯交联聚乙烯绝缘钢带铠装电力电缆的结构图。

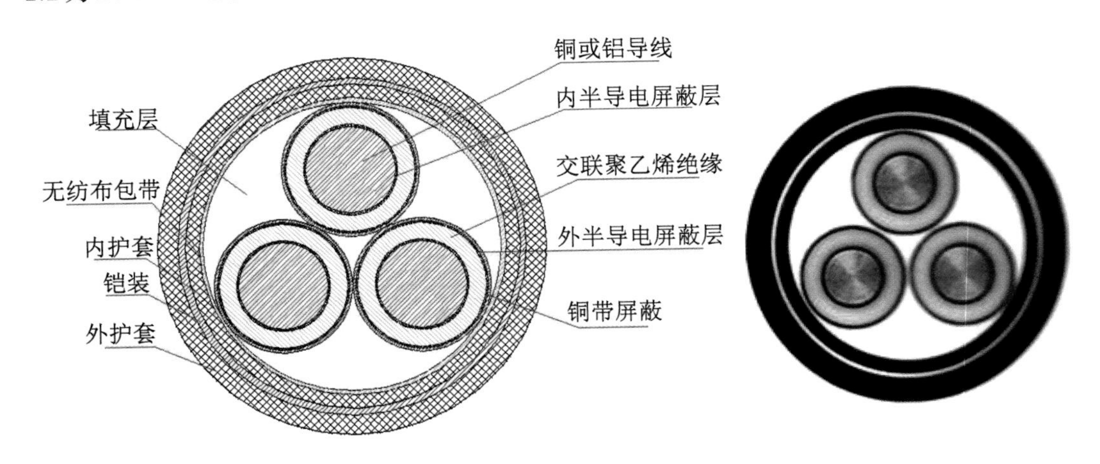

图1.2　10 kV三芯交联聚乙烯绝缘钢带铠装电力电缆的结构图

1. 线芯

线芯的作用是导电，用来输送电能。电缆线芯的材料应是导电性能好、机械性能高、资源丰富的材料，适宜于生产制造和大量应用。因此，目前电力电缆的线芯主要采用铜和铝。铜芯和铝芯电缆剖面如图1.3所示。

(1) 截面

为了便于设计制造和安装施工，导体的截面必须采用规范化的方式进行定型生产，即导体的截面由小到大按标称截面规格进行生产。

(2) 芯数

芯数指电缆具有多少根线芯，一般有单芯、二芯、三芯、四芯、五芯电缆五种形式。

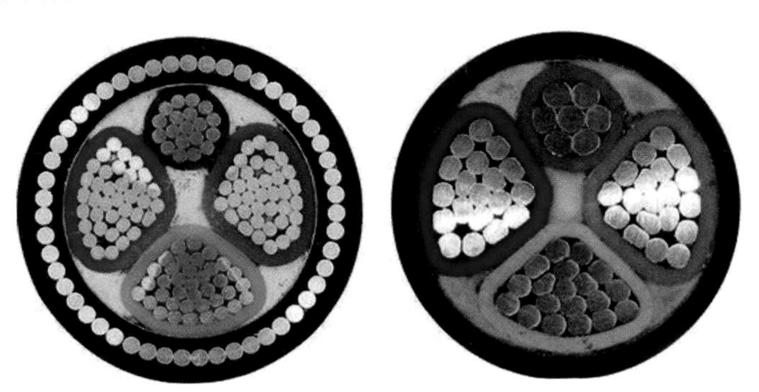

图1.3　铜芯(左)和铝芯(右)电缆剖面图

（3）形状

电缆形状有圆形、椭圆形、中空圆形和扇形线芯四种。在10 kV及以上电压等级的电缆中一般采用圆形线芯，有利于电缆绝缘内部的电场均匀分布。10 kV以下电压等级的电缆基本采用扇形线芯，这是因为扇形线芯在统包绝缘结构电缆中，能够有效减小电缆的外径，进而减少电缆的重量、造价并且便于安装。

在每种形状中还有紧压形与非紧压形之分。紧压的目的是减小线芯部分因采用多股绞合线而引起的外径变大，从而减少绝缘层和外护层材料的使用量。紧压能使电缆造价减少15%～20%，并使电缆整体重量减少，有利于电缆敷设施工，还有利于电缆线芯的阻水和降低集肤效应的影响。

（4）结构

研究和实践证明，采用多股导线单丝绞合线作为线芯是较广泛的结构，既能使电缆的柔软性大大增加，又可使弯曲时的曲度不集中在一处，分布在每根单丝上，每根单丝的直径越小，弯曲时产生的弯曲应力也就越小，在允许弯曲半径内弯曲不会发生塑性变形，电缆的绝缘层也不致损坏。弯曲时每根单丝间能够滑移，各层方向相反绞合（相邻层一层右向绞合，一层左向绞合），使得整个导体内外受到的拉力和压力分解。

2. 绝缘层

绝缘层是电缆结构中不可缺少的重要组成部分，它能将线芯与大地以及不同相的线芯间在电气上彼此隔离。其材料要求耐压强度高，介质损耗角正切值低，耐电晕性能好，化学性能稳定，耐低温，耐热性能好，机械加工性能好，使用寿命长。常见电缆绝缘材料的种类和特点简介如下：

（1）聚氯乙烯绝缘

聚氯乙烯以聚氯乙烯树脂为主要原料，加入适量配合剂、增塑剂、稳定剂、填充剂、着色剂等经混合塑化而制成。聚氯乙烯具有较好的电气性能和较高的机械强度，具有耐酸、耐碱、耐油性，工艺性能也比较好；缺点是耐热性能较低，绝缘电阻率较小，介质损耗较大，因此仅用于6 kV及以下的电缆绝缘。

（2）聚乙烯绝缘

聚乙烯具有优良的电气性能，介电常数小、介质损耗小、加工方便；缺点是耐热性差、机械强度低、耐电晕性能差，容易因环境应力开裂。

（3）交联聚乙烯绝缘

交联聚乙烯是聚乙烯经过交联反应后的产物。采用交联的方法，将线形结构的聚乙烯加工成网状结构的交联聚乙烯，从而改善了材料的电气性能、耐热性能和机械性能。聚乙烯交联反应的基本机理是，利用物理的方法（如用高能粒子射线辐照）或者化学的方法（如加入过氧化物化学交联剂，或用硅烷接枝等）来夺取聚乙烯中的氢原子，使其成为带有活性基的聚乙烯分子，而后带有活性基的聚乙烯分子之间交联成三度空间结构的大分子。

（4）乙丙橡胶绝缘

用作电缆绝缘的乙丙橡胶由乙烯、丙烯和少量第三单体共聚而成。乙丙橡胶具有良好的电气性能、耐热性能、耐臭氧和耐气候性能。缺点是不耐油，可以燃烧。

3. 屏蔽层

6 kV及以上的电缆一般都有导体屏蔽层和绝缘屏蔽层，也称为内屏蔽层和外屏蔽层。屏蔽层能够将电场控制在绝缘内部，使绝缘界面处表面光滑，并借此消除界面空隙的导电层。电缆导体由多根导线绞合而成，它与绝缘层之间易形成气隙，而导体表面不光滑会造成电场集中。因此在导体表面加一层半导电材料的屏蔽层，它与被屏蔽的导体等电位，并与绝缘层良好接触，从而可避免在导体与绝缘层之间发生局部放电。这层屏蔽又称为内屏蔽层。

在绝缘表面和护套接触处，可能存在间隙；电缆弯曲时，油纸电缆绝缘表面易造成裂纹或皱折，这些都是引起局部放电的因素。在绝缘层表面加一层半导电材料的屏蔽层，它与被屏蔽的绝缘层有良好接触，与金属护套等电位，能避免在绝缘层与护套之间发生局部放电。这层屏蔽称为外屏蔽层。

4. 护层

电缆护层是覆盖在电缆绝缘层外面的保护层，典型的护层结构包括内护套和外护层。内护套贴紧绝缘层，是绝缘的直接保护层，包覆在内护套外面的是外护层。通常，外护层又由内衬层、铠装层和外被层组成，这三个组成部分以同心圆形式层层相叠，成为一个整体。

护层的作用是保证电缆能够适应各种使用环境的要求，使电缆绝缘层在敷设和运行过程中免受机械或各种环境因素损坏，以长期保持稳定的电气性能。内护套的作用是阻止水分、潮气及其他有害物质侵入绝缘层，以确保绝缘层性能不变。内衬层的作用是保护内护套不被铠装扎伤。铠装层使电缆具备必需的机械强度。外被层主要是用于保护铠装层或金属护套免受化学腐蚀及其他环境损害。

二、电力电缆的种类

电力电缆有多种分类方法，如按电压等级分类、按导体标称截面积分类、按导体芯数分类、按绝缘材料分类、按功能特点和使用场所分类等。

1. 按电压等级分类

电力电缆都是按照一定的电压等级生产制造的，我国电缆产品的电压等级包括0.6/1、1/1、3.6/6、6/6、6/10、8.7/10、8.7/15、12/15、12/20、18/20、18/30、21/35、26/35、38/66、64/110、127/220等共19种。斜杠前的数值表示相电压值U_0(kV)，斜杠后的数值表示线电压值U(kV)。

常用电缆的电压等级U_0/U为0.6/1、3.6/6、6/10、21/35、38/66、64/110、127/220，这些电压等级的电缆适用于变压器中性点直接接地且每次接地故障持续时间不超过1分钟的三相电力系统。而电压等级U_0/U为1/1、6/6、8.7/10、26/35、50/66的电缆适用于变压器中性点不接地或非直接接地且每次接地故障持续时间一般不超过2 h、最长不超过8 h的三相电力系统。

2. 按导体标称截面积分类

我国电力电缆标称截面积系列为：1.5 mm^2、2.5 mm^2、4 mm^2、6 mm^2、10 mm^2、16 mm^2、25 mm^2、35 mm^2、50 mm^2、70 mm^2、95 mm^2、120 mm^2、150 mm^2、185 mm^2、240 mm^2、300 mm^2、400 mm^2、500 mm^2、630 mm^2、800 mm^2、1000 mm^2、1200 mm^2、1400 mm^2、1600 mm^2、1800 mm^2、2000 mm^2、2500 mm^2，共27种。电缆截面积越大，其可通过长期运行的载流量就越大，输送容量就越大。在选择电缆导体的截面积时，如果能采用一个大的截面积电缆，尽量避免采用两个或两个以上的小截面积电缆并用。

3. 按导体芯数分类

电力电缆导体芯数有单芯、二芯、三芯、四芯和五芯五种。单芯电缆通常用于传送直流电、单相交流电和三相交流电，一般中低压大截面的电力电缆和高压超高压电缆多为单芯。二芯电缆多用于传送直流电或单相交流电。三芯电缆主要用在三相交流电网中，在35 kV及以下各种中小截面积的电缆线路中得到广泛的应用。四芯和五芯电缆多用于低压配电线路。

4. 按绝缘材料分类

（1）固体挤包绝缘电力电缆

挤包绝缘电力电缆包括聚氯乙烯绝缘电力电缆、交联聚乙烯绝缘电力电缆、聚乙烯绝缘电力电缆、橡胶绝缘电力电缆。

（2）油浸纸绝缘电力电缆

油浸纸绝缘电力电缆的绝缘是一种复合绝缘，以纸为主要绝缘体，用绝缘浸渍剂充分浸渍制成。

5. 按特殊功能分类

（1）阻燃电力电缆

阻燃电力电缆是在电缆绝缘或护层中添加阻燃剂，能够阻滞、延缓火焰沿其表面蔓延，使火灾不扩大的电缆。阻燃电力电缆的填充物(或填充绳)、绕包层、内衬层及外护套等，均在原始材料中加入阻燃剂，以阻止延燃。0.6/1 kV低烟无卤阻燃电力电缆如图1.4所示。

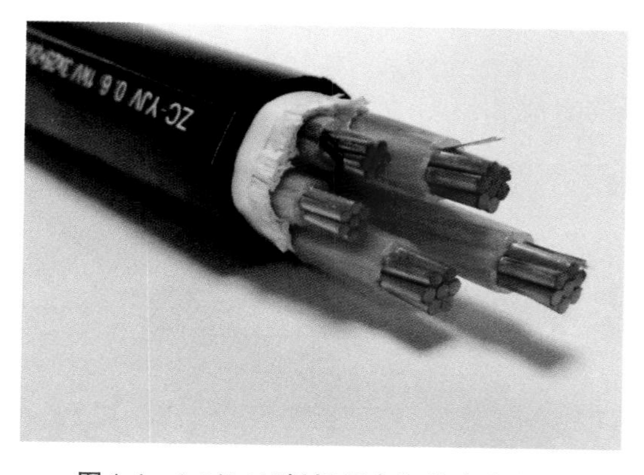

图1.4　0.6/1 kV低烟无卤阻燃电力电缆

(2) 耐火电力电缆

耐火电力电缆是在导体外增加耐火层,多芯电缆相间用耐火材料填充。其特点是可在发生火灾以后的火焰燃烧条件下,保持一定时间的供电,为消防救火和人员撤离提供电能和控制信号,从而大大减少火灾损失。耐火电力电缆主要用于1 kV及以下电缆线路中,适用于对防火有特殊要求的场合。380 V耐火电力电缆如图1.5所示。

图1.5　380 V耐火电力电缆

三、电缆型号的编制

每一个电缆型号表示一种结构的电缆,同时也可表明这种电缆的使用场合和某些特性。我国电缆型号的编制原则如下:

① 一般用相关汉字的汉语拼音字母的第一个大写字母表示电缆的类别特征、绝缘种类、导体材料、内护套材料、其他特征。

② 护层的铠装类型和外被层类型则在汉语拼音字母之后用两个阿拉伯数字表示。无数字表示无铠装层、无外被层。第一位数字表示铠装层,第二位数字表示外被层。

③ 字母的确定方法、排列顺序及含义。a.一般用能说明该型号各组成部分特点的一个汉字的第一个拼音字母来表示,如阻燃(zuran)用ZR表示等;b.为了尽量减少型号字母的个数,最常用材料的代号可以省略,如表示导体材料,在型号中只用L表示铝芯,铜芯T字省略。

电力电缆产品型号的组成和排列顺序如图1.6所示。

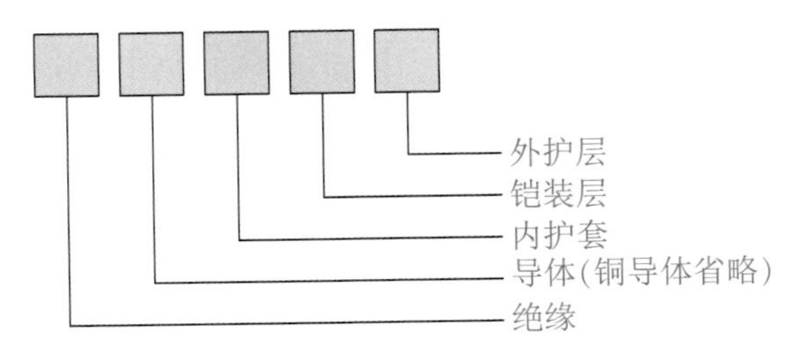

图1.6　电力电缆产品型号的组成和排列顺序

电力电缆产品型号中字母含义如表1.1所示。

表1.1　电力电缆产品型号中字母含义

导体代号	铜导体	(T)省略	铠装代号	双钢带铠装	2
	铝导体	L		细圆钢丝铠装	3
绝缘代号	聚氯乙烯绝缘	V		粗圆钢丝铠装	4
	交联聚乙烯绝缘	YJ		双非磁性金属带铠装	6
	乙丙橡胶绝缘	E		非磁性金属丝铠装	7
	硬乙丙橡胶绝缘	HE	外护层代号	聚氯乙烯外护套	2
护套代号	聚氯乙烯护套	V		聚乙烯外护套	3
	聚乙烯护套	Y		弹性体外护套	4
	弹性体护套	F			
	挡潮层聚乙烯护套	A			
	铅套	Q			

VV22表示该电缆是铜芯,聚氯乙烯绝缘,钢带铠装聚氯乙烯内、外护套电力电缆。

YJV22表示该电缆是铜芯,交联聚乙烯绝缘,钢带铠装,聚氯乙烯内、外护套电力电缆。

YJV22-8.7/10-3×240-600-GB/Tl2706.2,表示该电缆是铜芯,交联聚乙烯绝缘,聚氯乙烯内护套,双钢带铠装,聚氯乙烯外护套电力电缆,额定电压为8.7/10 kV,三芯,标称截面为240 mm^2,长为600 m,按国家标准GB/Tl2706.2标准生产。

第三节　电力电缆附件

电力电缆附件是电力电缆线路的重要组成部分,通过电缆附件,实现电缆与电缆之间的连接,电缆与架空线路、变压器、开关等输配电线路和电气设备的连接。电缆附件包括电缆终端和电缆中间接头。电缆附件无论在理论上或实际中都被证实是电缆线路的薄弱环节,因此电缆附件的质量直接关系到电缆线路的运行安全,所以电缆附件必须满足以下一些技术要求:导电性能良好,机械强度良好,绝缘性能良好,密封性能良好,防腐蚀等。

一、电缆终端

电缆终端是安装在电缆末端,以使电缆与其他电气设备或架空导线相连接,并维持绝缘直至连接点的装置。电缆终端的作用有:

① 均匀电缆末端电场分布,实现电应力的有效控制。

② 通过接线端子、出线杆实现与架空线或其他电气设备的电气连接。

③ 通过终端的接地线实现电缆线路的接地。

④ 通过终端的密封处理实现电缆的密封,免受潮气等外部环境的影响。

1. 按使用场所分类

电缆终端按照使用场所可分为户内终端、户外终端，如图1.7所示。户内终端由于处于室内，外界对其影响较小，故可选用简单一些的型式，使制作成本降低。户外终端与户内终端的不同之处在于增加伞裙以避免电缆终端表面受雨水脏污等影响导致爬电发生。

2. 按终端不同特性材料分类

电力电缆按终端不同特性的材料分为：热(收)缩式、冷(收)缩式、预制式等。

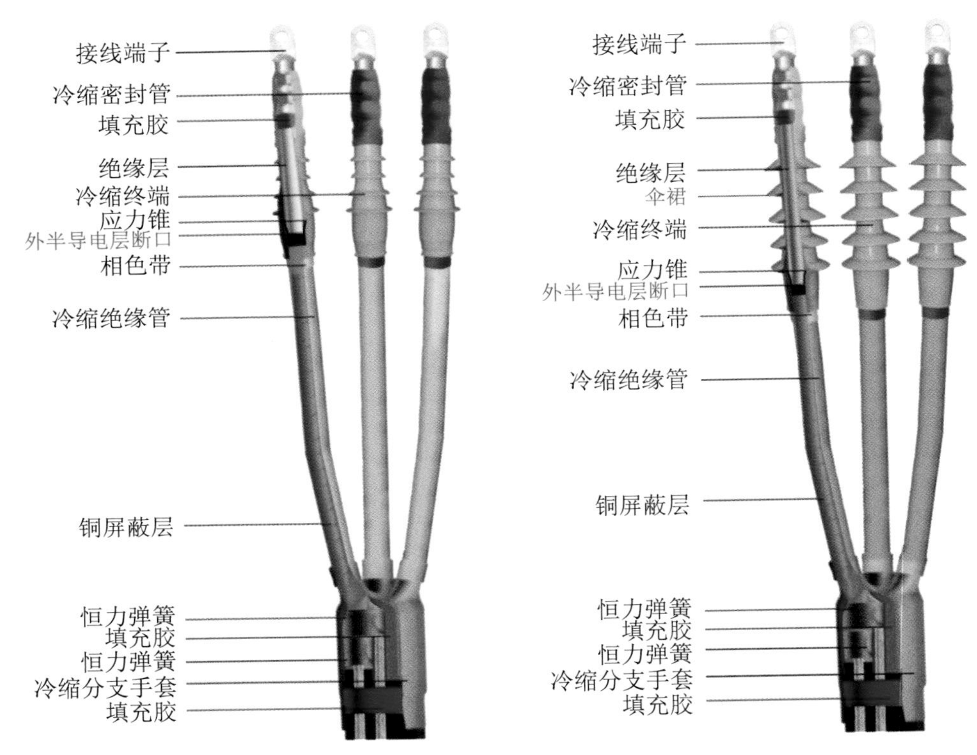

图1.7　10 kV户内(左)、户外(右)电缆冷缩终端

热收缩型电缆终端是以聚合物为基本材料而制成的所需要的型材，经过交联工艺，使聚合物的线性分子变成网状结构的立体型分子，经加热扩张至规定尺寸，再加热能自行收缩到预定尺寸的电缆终端。

冷收缩型电缆终端通常是用弹性较好的橡胶材料(常用的有硅橡胶和乙丙橡胶)在工厂内注射成各种电缆终端的部件并硫化成型，之后再将内径扩张并衬以螺旋状的尼龙支撑条以保持扩张后的内径。现场安装时，将这些预扩张件套在经过处理后的电缆末端，抽出螺旋状的尼龙支撑条，橡胶件就会收缩紧压在电缆绝缘上。冷收缩型电缆终端产品的通用范围广，一种规格可适用多种电缆线径。因此冷收缩型电缆终端产品的规格较少，容易选择和管理。

预制型电缆终端，又称预制件装配式电缆终端，是将电缆终端的绝缘体、内屏蔽和外屏蔽在工厂里预先制作成一个完整的预制件的电缆终端。预制件通常采用三元乙丙橡胶(EPDM)或硅橡胶(SIR)制造，将混炼好的橡胶料用注橡胶机注射入模具内，而后在高温、高压或常温、高压下硫化成型。因此，预制型电缆终端在现场安装时，只需将橡胶预制件套入电缆绝缘即成。预制型插拔式电缆终端如图1.8所示。

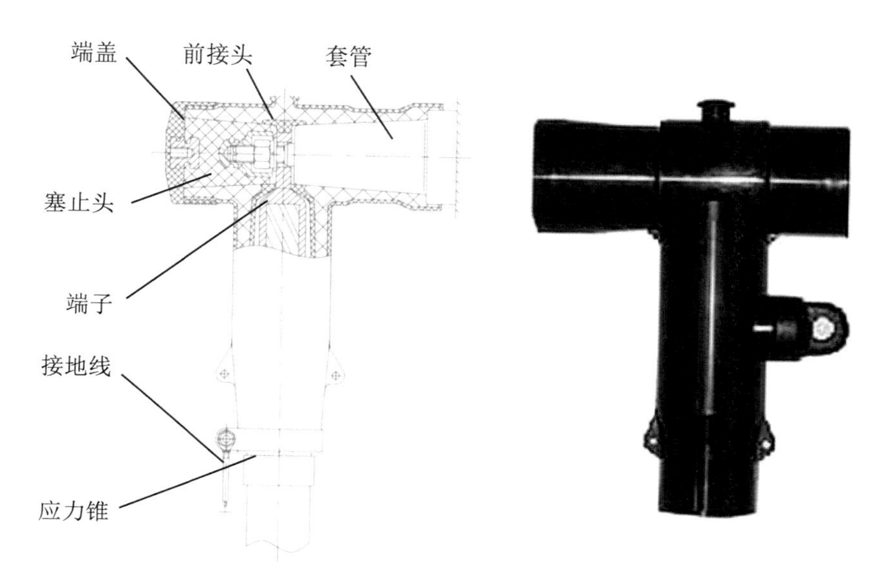

图1.8　预制型插拔式电缆终端

二、电缆中间接头

电缆中间接头是连接电缆与电缆的导体、绝缘、屏蔽层和保护层，以使电缆线路连续的装置。三芯交联聚乙烯电缆中间接头示意图如图1.9所示。

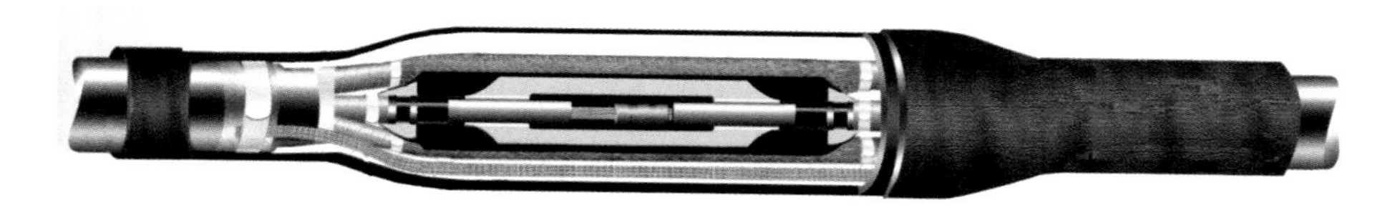

图1.9　三芯交联聚乙烯电缆中间接头示意图

1. 中间接头的作用

实现电缆连接处电应力的控制，使两段电缆各层之间的电气连接恢复，对单芯电缆还可通过中间接头使两侧电缆金属护套的交叉互联从而降低感应电压。

2. 中间接头分类

中间接头按照用途不同可以分为直通接头、绝缘接头、分支接头、过渡接头、转换接头、软接头6种。中间接头按其不同特性的材料也分为绕包型、浇注型、模塑热熔型、热(收)缩型、冷(收)缩型、预制型6种类型，基本工艺示意图如图1.10所示。目前电缆线路中应用最多的是热缩式、冷缩式和预制式三种类型的中间接头。

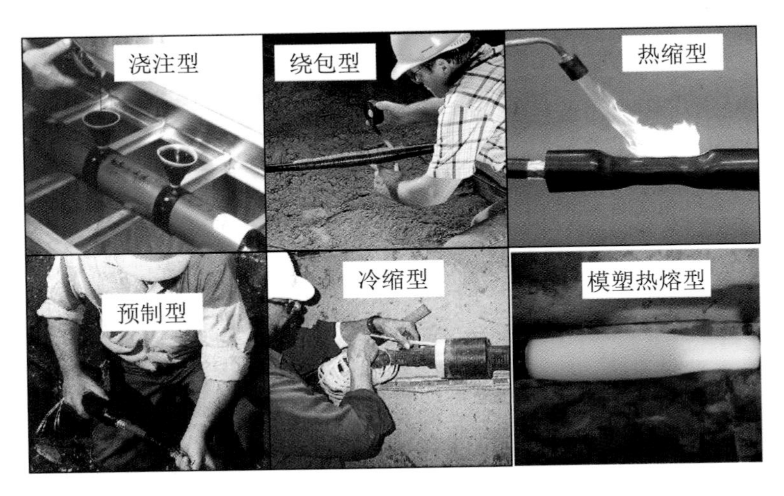

图1.10 6种类型电缆中间接头工艺示意图

三、电缆附件安装的工艺要求

1. 电缆附件安装环境要求

① 电缆附件安装应避免在雨天、雾天、大风天气进行。如遇紧急情况(如故障抢修),应采取必要的防护措施。在灰尘较多或污秽地区作业,要搭建防尘棚,施工人员宜穿防尘服。

② 施工环境温度应该高于0 ℃低于30 ℃,温度低时应采取防寒措施。

③ 施工环境相对湿度应低于70%,否则应采取相应措施。

④ 施工现场应保持通风。在电缆夹层、工井中施工,应增加强制通风。

2. 电缆附件安装技术要求

① 导体连接良好。电缆导体必须和接线端子或连接管有良好的连接,连接点的接触电阻要求小而稳定。与相同长度、相同截面的电缆导体相比,连接点的电阻比值应不大于1,经运行后,其比值应不大于1.2。电缆终端和电缆接头的导体连接试样应能通过导体温度比电缆允许最高工作温度高5 ℃的负荷循环试验,并通过1 s短路热稳定试验。

② 绝缘可靠。要有满足电缆线路在各种状态下长期安全运行的绝缘结构,并有一定的裕度。电缆终端和电缆接头的试样,应能通过交、直流耐压试验及冲击耐压、局部放电等电气试验。户外终端还要能承受淋雨和盐雾条件下的耐压试验。

③ 密封良好。要能有效地防止外界水分或有害物质侵入绝缘,并能防止绝缘剂流失。终端和接头的密封结构,包括壳体、密封垫圈、搪铅和热缩管等,在安装过程中必须仔细检查,做到一丝不苟。

④ 足够的机械强度。电缆终端和接头,应能承受在各种运行条件下所产生的机械应力。终端套管和各种金具,包括上下屏蔽罩、紧固件、底板及尾管等,都应有足够的机

械强度。对于固定敷设的电力电缆，其连接点的抗拉强度应不低于电缆导体本身抗拉强度的60%。

⑤ 电缆附件接地线应符合规定。当电缆发生绝缘击穿或系统短路时，电缆导体中通过故障电流，将在电缆金属护套中产生感应电压，为了人身和设备的安全，在电缆终端和接头处必须按规定装设接地线。应依据《接地装置施工及验收规范》的规定，将电缆终端和接头的金属外壳、电缆金属护套、铠装层、电缆与接头的金属支架以及金属保护管，采用接地线或接地排接地。三相终端和接头的金属外壳和电缆金属护套，需用等位连接线联通，等位连接线应满足通过电缆护层的循环电流的需要。电缆终端和接头的接地线和等位连接线，一般采用25 mm^2镀锡软铜线，截面在120 mm^2及以下的电缆，也可用16 mm^2的镀锡软铜线。在6～10 kV的电缆线路中，当采用零序保护时，电缆应穿过零序电流互感器，当接地线连接点在零序电流互感器与终端之间时，该接地线应采用绝缘线并穿过零序电流互感器。

⑥ 20 kV及以下常用电缆中间接头应具备防腐蚀和机械保护性能。在制作电缆接头时，由于工艺方面的需要，必须剥去一段电缆外护层，在接头外壳和电缆金属护套上，应有适当材料替代原电缆外护层，作为防腐蚀和机械保护结构。常用防腐蚀材料有热涂沥青加塑料带或桑皮纸涂包两层。还有一种方法是套热收缩管，两端用防水带正搭盖绕包两层，再包自黏性橡胶带一层。对密集区域或重要电缆目前常在接头外再加装一只玻璃钢保护盒，内部灌满沥青防水胶或其他防水化合物，使其凝固后达到防止水分浸入内部的作用，也能对整个接头起机械保护的作用。

第二章　配电电缆工程生产准备及验收

本章所称的配电电缆工程生产准备及验收工作涵盖了配电电缆及通道工程的可研与初设审查、施工过程管控、生产准备及工程验收等阶段，适用于20 kV及以下电压等级电缆及通道工程。

本章包括可行性研究与初设审查、施工过程管控、生产准备及工程验收三节。

第一节　可研与初设审查

一、可行性研究阶段

根据工程设计任务书、规划批复文件、电力系统接入方案、规程规范等开展可行性研究(以下简称可研)报告编制工作。

(一) 选择最佳路径方案

配电电缆路径应与城市总体规划相结合，与各种市政管线和其他市政设施统一安排。避开不良地质段，在满足安全要求的前提下，使配电电缆长度较短。

配电电缆通道型式(隧道、管廊、电缆沟、排管、直埋等)应考虑需容纳配电电缆数量、运行单位要求、城市规划、地质条件(地质调查)等因素后确定。配电电缆土建设施容量应考虑其他配电电缆线路的规划及两端发电厂或变电站进出线规划。

如需要，可委托规划院开展选址选线工作。经桌面选线、现场踏勘后确定意向性路径，根据意向性路径委托测绘院调图；如果有规划电缆路径穿越地铁、随路建设隧道的情况，还应具备管线综合文件。路径确定后需征得城市规划部门认可。配电电缆路径穿越河道、地铁、铁路等局部地段需征求相关部门意见，费用纳入估算。也可根据配电电缆路径委托第三方评估公司开展前期拆迁等评估工作。

(二) 明确主要设计原则

选择配电电缆还是架空线路，应根据规划、可实施性等因素确定。

配电电缆及附件的选型，应根据电缆护层接地方式、电缆敷设方式、污区分布、土建设施型式及容量等进行确定。

(三) 编制估算书

根据推荐方案和工程设想的主要技术原则编制配电电缆工程投资估算书。

估算书应包括但不限于以下内容：工程规模的简述、估算书编制说明、估算造价分析、总估算表、专业汇总估算表、单位工程估算表、其他费用计算表、本体和场地清理分开计列、年价差计算表、调试费计算表、建设期贷款利息计算表及勘测设计费计算表等。其中，编制说明应包含估算书编制的主要原则和依据，采用的定额、指标以及主要设备、材料价格来源等。

二、可研审查

可行性研究是配电电缆工程的前期研究工作，对待建配电电缆及通道的可行性、合法合规性进行分析，从技术、经济、社会环境等多方面进行科学论证，是工程决策的基础。本节从路径选取、通道选型、断面管理、设备选型四个方面对可研阶段的审查重点进行说明。

（一）电缆通道可研审查

1. 路径选取

配电电缆路径应合法，满足安全运行要求。配电电缆路径、附属设备及设施的配置应通过规划部门审批；配电电缆路径不应进入规划红线范围；不应邻近热力管线和腐蚀性介质管道。

2. 通道选型

电缆通道型式应满足电缆敷设要求。电缆通道应满足配电电缆敷设时最小弯曲半径的要求；应避免连续采用非开挖钻拖拉管，非开挖钻拖拉管不宜过长；排管路径尽量保持直线，减少转弯；应进行牵引力和侧压力计算，必要时加设直通接头；尽可能减少直埋方式，选择排管、电缆沟等方式。

（1）电缆直埋敷设

将电缆敷设于地下壕沟中，沿沟底和电缆覆盖软土层或砂，设置保护板和警示带，再埋齐地坪的敷设方式称为电缆直埋敷设，见图2.1。适用于电缆线路不密集和郊外车辆稀疏区域，因其不需要大量的前期土建工程，施工周期较短，是一种比较经济的敷设方式。电缆埋设在土壤中，一般散热条件比较好，线路输送容量比较大。

图2.1　电缆直埋敷设图

直埋敷设较易遭受机械外力损坏和周围土壤的化学或电化学腐蚀以及白蚁和老鼠危害。配电电缆不宜直埋敷设在地下管网较多的地段，可能有熔化金属、高温液体和对电缆有腐蚀液体溢出的场所，或者待开发、较频繁开挖的地方。不宜敷设电压等级较高的电缆，敷设于土壤中时应选择铠装电缆。

(2) 电缆排管敷设

将电缆敷设于预先建设好的地下排管中的安装方法，称为电缆排管敷设，见图2.2。保护电缆效果比直埋敷设好，电缆不容易受到外部机械损伤，占用空间小，且运行可靠。适用于交通比较繁忙、地下走廊比较拥挤、敷设电缆数较多的地段。当电缆敷设回路数较多，平行敷设于道路的下面，穿越公路、铁路和建筑物时为一种较好的选择。

图2.2　电缆排管敷设图

工井、排管的位置一般在城市道路的非机动车道。工井和排管的土建工程完成后，除敷设近期的电缆线路外，以后相同路径电缆线路安装维修或更新，则不必重复挖掘路面。缺点在于施工过程较为复杂，敷设和更换电缆不方便；土建工程投资较大，工期较长；当管道中电缆或工井内接头发生故障时，需要更换两座工井之间的整段电缆，修理费较大。排管中的电缆应有塑料外护套，最外层不宜有金属铠装层。

(3) 非开挖钻拖拉管敷设

电缆非开挖钻拖拉管敷设具备了电缆排管敷设的特点。除此以外，其更大的优越性在于，在限定拉管通道总长度以内，除管口两侧需路面开挖外，其余部位均无需进行路面开挖，占用空间更小，施工工期更短。非开挖钻拖拉管敷设示意图见图2.3。

非开挖钻拖拉管敷设更适用于超宽大型公路、城市道路繁忙无法施工区域、穿越重要铁路线、水塘及小型河流、地下通道狭窄等受环境约束极为突出的地段，见图2.4。由于拉管通道中间无适当位置放置机械敷设工器具，敷设牵引力依赖于拉管口两侧，因此拉管长度不宜过长。拉管中的电缆敷设和更换不方便，当管道中电缆或相衔接的工井内电缆发生故障时，往往需要更换两座工井之间的整段电缆，维修费用较高。拉管在地面下无任何保护层，容易发生外力破损。敷设在拉管中的电缆应有塑料外护套，宜有金属铠装层。

图2.3　非开挖钻拖拉管敷设图*

图2.4　非开挖钻拖拉管机

（4）电缆顶管敷设

电缆顶管敷设与排管敷设都是短距离敷设管道的方式。其区别在于排管一般是开挖基坑土方后，在沟槽中铺管，再回填沟槽，但顶管是用机械直接在地下进行开孔、排管，无需回填，敷设步骤见图2.5。因此，电缆顶管更适用于闹市区，施工破坏影响较小。但是顶管周围没有混凝土包封，容易造成机械损伤，导致电缆因外力破坏发生故障的概率要比电缆排管敷设的多，且敷设和更换电缆不太方便，散热较差，影响电缆载流量。当管道中电缆或工井内接头发生故障，往往需要更换工井段电缆，修理费用较大。

（5）电缆沟敷设

电缆沟是指封闭式不通行、盖板与地面相齐或稍有上下、盖板可开启的电缆构筑物，将电缆敷设于预先建设好的电缆沟中的安装方法，称为电缆沟敷设，见图2.6。电缆沟敷设适用于并列安装多根电缆的场所，如发电厂及变电站内、工厂厂区或城市人行道等。根据并列安装的电缆数量，需在沟的单侧或双侧装置电缆支架，敷设的电缆应固定在支架上，见图2.7。敷设在电缆沟中的电缆应满足防火要求，重要的电缆线路应具有阻燃外护套。

因为电缆沟内容易积水、积污，而且清除不方便，该敷设方式不适用于地下水位太高的地区。电缆沟施工工艺复杂，建设周期较长，但电缆维修和抢修相对简单，费用较低。

* 图片引自中国电力出版社有限公司公众号插图。

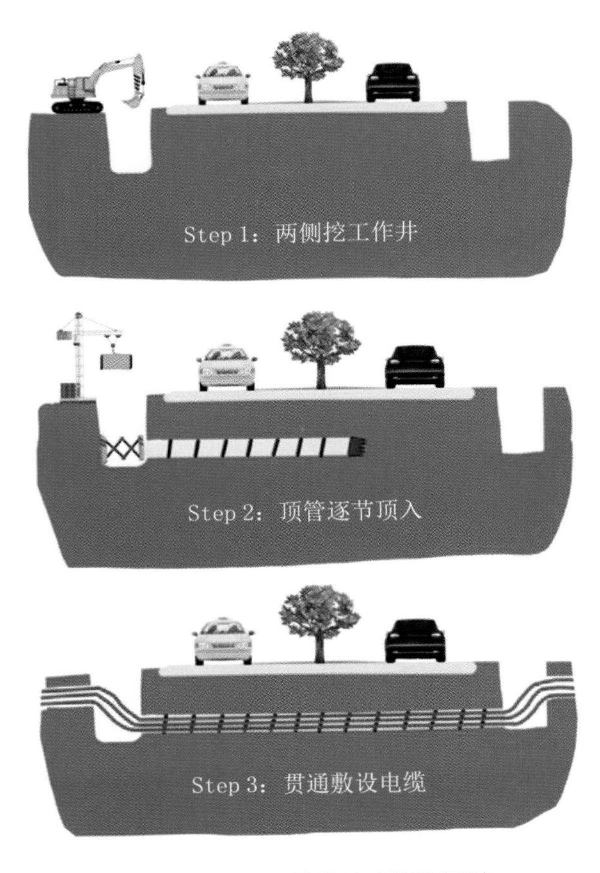

图2.5　电缆顶管敷设过程示意图*

(6) 电缆专用隧道(或综合管廊)敷设

电缆隧道是指容纳电缆数量较多、有供安装和巡视的通道、全封闭的电缆构筑物，见图2.8。将电缆敷设于预先建设好的隧道(或管廊)中的安装方法，称为电缆隧道敷设。电缆隧道应具有照明、排水装置，并采用自然通风和机械通风相结合的通风方式，还应配置烟雾报警器、自动灭火装置、灭火箱、消防栓等消防设备。电缆敷设于隧道中，消除了外力损坏的可能性，对电缆的安全运行十分有利。但是隧道的建设投资较大，建设周期较长。

电缆隧道适用的场合一般有：

① 大型电厂或变电站，进出线电缆在20根以上的区段；

② 电缆并列敷设在20根以上的城市道路；

③ 有多回电缆从同一地段跨越的内河河堤。

3. 断面管理

电缆通道断面占有率应合理，避免电缆密集敷设。密集敷设的电缆通道，原则上不允许新增电缆进入；同一负荷的双路或多路电缆，宜选用不同的通道路径，若同通道敷

* 图片引自中国电力出版社有限公司公众号插图。

设时应两侧布置。

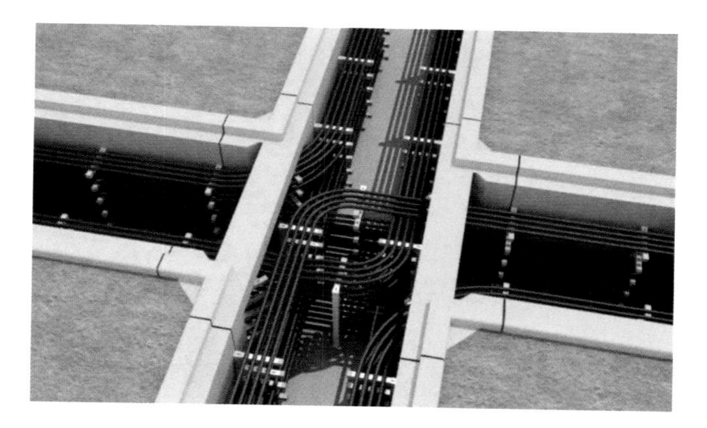

图2.6　电缆沟敷设效果图

图2.7　电缆沟敷设图

图2.8　电缆隧道敷设图

4. 配电电缆及通道防火

防火设施应与主体工程同时设计、同时施工、同时验收。严禁在变电站电缆夹层、桥架和竖井等缆线密集区域布置电缆接头；密集区域(10回及以上)的电缆接头应采用隔板、防火毯等防火防爆隔离措施，见图2.9、图2.10；中性点非有效接地方式且允许带故障运行的配电电缆线路不应进入隧道、密集敷设的沟道、综合管廊电力舱，未落实防火防爆隔离措施的电缆不得进入电力电缆通道。

图2.9 电缆沟防火墙效果图

图2.10 电缆竖井防火封堵图

（二）配电电缆线路可研审查

1. 设备选型

配电电缆及附件选型应符合系统和环境要求。腐蚀性较强的区域应选用铅包电缆；沟道内应选用阻燃电缆；运行在潮湿或浸水环境中的配电电缆应有纵向阻水功能；人流密集区域的电缆终端应选用复合材料套管；户外终端应满足当地污秽等级要求；同一负荷的双路或多路重要配电电缆线路的电缆及附件应选用不同厂家的产品。

2. 交接试验方案

可研方案应充分考虑配电电缆安全运行及运检需求，应满足运行及检修作业时足够的安全距离，同时充分考虑配电电缆交接试验的可行性，确保试验车辆进出通道、试验设备摆放及作业空间充足等。

3. 附属设备

安防、辅控系统、监测（控）系统等附属设备设置应满足要求。电缆站房、重要区域的工作井井盖宜设置视频监控、门禁、井盖监控等安防措施。

（三）收资及概算费用

方案收资及概算费用应充足。设计单位应完成电缆路径沿线土壤地质、地面环境和地下管线等可研方案编制需要的收资工作，利用原有通道的项目方案应完成通道内现状的收资工作；应审查开井核查、竣工试验、改接工程调换原有铭牌、搬迁通道内配电电缆及其余市政管线、开挖路面和绿化带的赔偿、电缆线路及通道三维测量等费用是否列支。

根据上述可研阶段的内容，结合实际运检工作经验，运维人员在参与可研审查时应重点关注配电电缆路径的选择是否合法、合规以及是否进入规划红线范围，配电电缆及通道防火是否满足最新防火要求，方案收资及概算费用是否充足。电缆运检部门应要求在设计单位可研审查前一周提供配电电缆项目完整的书面资料。

三、初步设计阶段

初步设计（以下简称初设）是工程设计的重要阶段，主要包括进一步落实可研选定的路径走向和设计原则。

（一）深化落实路径方案

一般可研完成立项核准后，根据可研路径委托测图，然后报规划意见书，规划意见书返回后，根据规划意见书意见征求相关单位意见，最终落实路径方案。

（二）深化设计原则

充分论证设计技术方案，积极稳妥应用标准工艺和新技术、新材料、新工艺，合理选择配电电缆、附件、电缆护层接地方式等。

（三）编制概算书

概算书应说明工程建设的起点和终点、路径和地理位置、地下水位、额定电压、电缆相数、长度、电缆终端特征及接地方式、电缆隧道情况、电缆井类型及数量、征地、拆迁、赔偿内容、赔偿标准、运距、降水等情况；应说明项目业主、项目建设工期、可研核准或批复的总投资、本期设计概算编制价格水平年份、电缆工程概算工程本体投资、静态投资、动态投资和单位长度造价；并对工程初设概算与可研估算投资进行简要的分析比较，阐述其增减原因。

初设概算书应包括概算编制说明书、总概算表、安装工程费用汇总概算表、建筑工程费用汇总概算表、单位工程概算表、辅助设施工程概算表、其他费用概算表、装置性材料统计表、工地运输质量计算表、工地运输工程量计算表。

四、初设审查

配电电缆工程的初设阶段是对待建电缆线路进一步的细化和分析。本节对初设阶段的深度、方案等总体要求进行了说明。此外,还对电缆通道外部环境、内部构造、附属设施、接地系统等多个方面的要求进行了详解。

(一)初设阶段总体要求

1. 初步设计的深度应满足规定要求

设计单位应完成现场勘探,经过优化比较、论证和确定设计方案,落实通道路径的规划部门批准文件及有关协议,明确主要设备型号及材料用量,进行工程投资分析。

2. 可研阶段的修改意见已落实

电缆运检部门对应可研评审纪要,核查相关意见和建议的落实情况,没有落实到位的应继续加强督促。初设方案如果与可研方案存在较大差异的,应督促项目单位执行重大设计变更流程,对变更内容进行重新审查。

(二)配电电缆通道初设审查

1. 电缆通道布置

电缆通道的布置及埋深应符合要求。电缆通道宜布置在人行道、非机动车道及绿化带下方,与其他管线、铁路、建筑物等之间的最小距离应满足设计规范的要求,不满足时应采取隔离措施;电缆通道位于河边等土质不稳定区域时应采取加固措施;在未建成区新建电缆通道,应充分考虑周边区域规划及标高(防止通道被覆盖或后续有大型施工影响电缆安全运行);尽可能减少直埋方式,选择排管、沟体等方式。

2. 工作井

工作井的设计应满足运行、检修的要求。接头工作井尺寸应满足接头作业、接头布置敷设作业以及抢修的要求;工作井深度应方便人员上下出入;工作井的凸头应设置合理,排管接入工作井部分应垂直于工作井端墙;三通及以上工作井不应设置电缆接头;井盖应具备防盗、防坠落、防位移等功能。

3. 隧道

隧道的设计应满足运行、检修的要求。吊物孔及人孔位置应满足施工和运行要求;检修通道符合设计规范标准;与其他通道的连接方式合理;出入口、通风口等宜高于地面500 mm,并设置防倒灌措施;排水泵、积水井有效容积应满足最大排水泵15~20 min的流量;总体标高应避免较大起伏造成局部容易积水。

4. 排管

排管的设计应满足运行、检修的要求。与工作井交接处应采用1 m长混凝土包封以防顺排管外壁渗水;管孔应考虑封堵措施及费用,包括敷设配电电缆的管孔。

5. 直埋

直埋电缆不得采用无防护措施的直埋方式。埋设深度一般由地面至电缆外护套顶部的距离不小于0.7 m,穿越农田或在车行道下时不小于1 m。在引入建筑物、与地下建筑物交叉及绕过建筑物时可浅埋,但应采取保护措施。电缆周围不应有石块或其他硬质杂物以及酸、碱强腐蚀物等。电缆路径应设置明显的路径标志或标示桩。

6. 终端杆(塔)

终端杆(塔)应设置围墙或围栏等防盗、防入侵措施,确保运维人员能够正常开展电缆设备检测、检修工作;终端杆(塔)下方宜留有一定的放置余缆的空间;电缆终端区域都应有便道与市政道路相连,便于运检车辆到达终端所在区域;电缆架空线引线应经支撑绝缘子连到电缆终端;采用终端杆(塔)形式,应设置上下爬梯,登杆装置应采用国家电网有限公司相关典型设计方案。

7. 附属设施

电缆通道附属设施应符合施工及运行要求。通道防火及防水设施应与主体工程一同设计,满足《电力电缆及通道运维规程》(Q/GDW 1512)要求;与配电电缆同通道敷设的低压电缆、通信光缆等应穿入阻燃管或采取其他防火隔离措施;户外金属电缆支架、电缆固定金具等应使用防盗螺栓。

(三)配电电缆线路初设审查

1. 配电电缆排列布置

① 配电电缆排列布置应符合设计规范标准。配电电缆的敷设断面(孔位)应经电缆运检部门同意并符合运行要求;三相单芯配电电缆应采用三角形或“一”字形布置;同一通道内的配电电缆按电压等级高低由下向上布置;排管的孔数应满足规划需要,并保留一定的裕度(预留检修孔);隧道、沟槽、竖井和接头井内配电电缆宜采取蛇形布置。

② 直埋敷设的配电电缆,严禁位于其他地下管道的正上方或正下方。

2. 附属设备

安防、辅控系统、监测(控)系统等附属设备设计应符合运行要求。电缆站房、重要区域的工作井井盖应有安防措施,满足防水、防盗、防坠落、防位移等功能,应设置二层子盖,二层子盖宜选用铸铁或复合材料,并加装在线监控装置。

3. 电缆金属护层接地

电缆金属护层接地方式应符合设计规范标准。单芯配电电缆线路可采用中间一点接地、单端接地或交叉互联接地方式。统包型配电电缆的金属屏蔽层、金属护层应两端直接接地。通常变电站端设置直接接地,用户站端设置经保护器接地;一端在站内一端在站外的电缆线路，站内端应设置为直接接地，站外设置为保护接地。

第二节　施工过程管控

在施工阶段，电缆运检部门通过施工图审查、现场抽查以及设备材料质量抽查等方式，加强待建配电电缆线路的质量管控。本节主要对施工图审查进行介绍。

一、施工图审查

① 电缆运检部门应组织电缆项目施工图内部审查，形成书面意见并签字盖章，由参会人员在审查会上提出审查意见，并列入评审会议纪要。

② 电缆运检部门应参加施工现场交底，核实审查意见落实情况。

③ 掌握施工图图纸的读识，是电缆运检人员必备的技能，也是图纸审查时必要的过程。表2.1对各种电缆敷设方式的技术要点进行介绍。

表2.1　各种电缆敷设方式技术要点

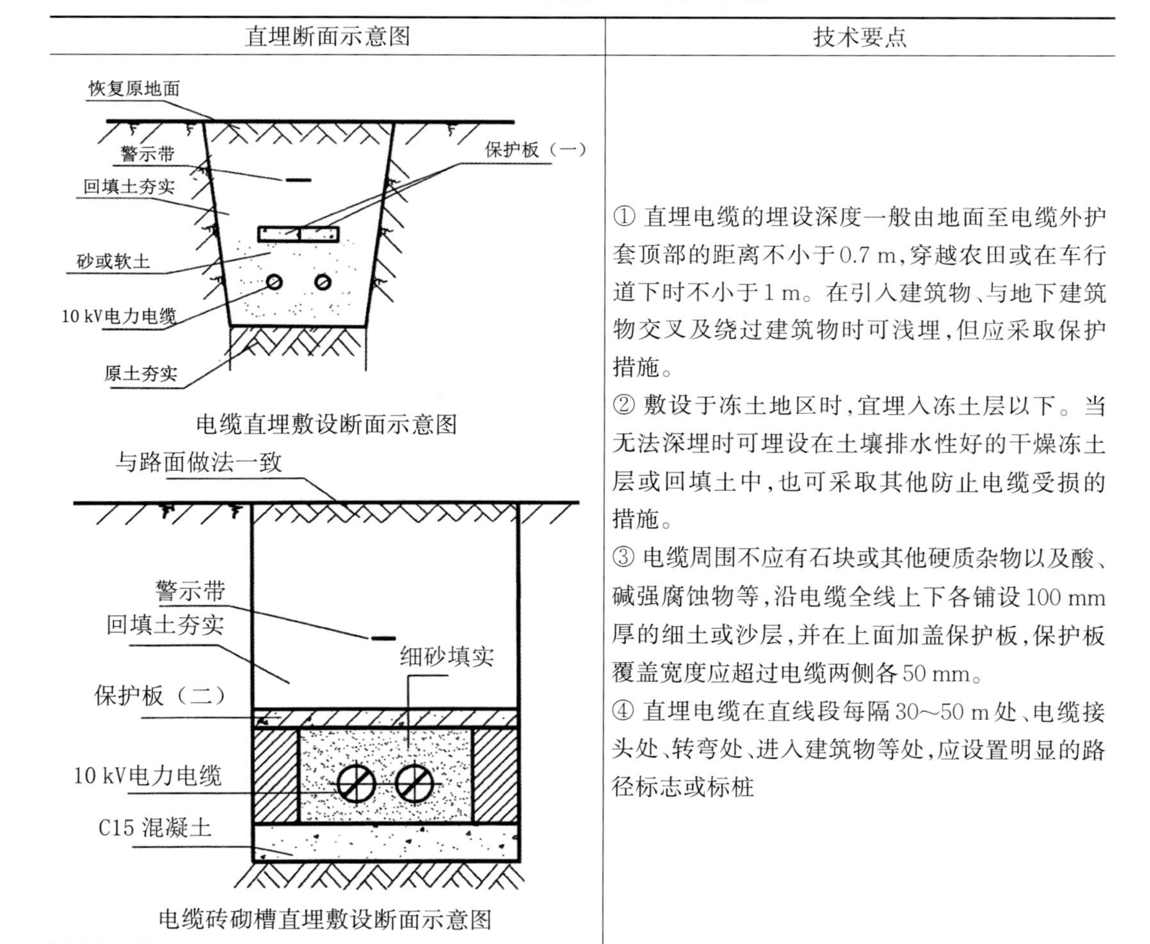

直埋断面示意图	技术要点
电缆直埋敷设断面示意图 电缆砖砌槽直埋敷设断面示意图	① 直埋电缆的埋设深度一般由地面至电缆外护套顶部的距离不小于0.7 m，穿越农田或在车行道下时不小于1 m。在引入建筑物、与地下建筑物交叉及绕过建筑物时可浅埋，但应采取保护措施。 ② 敷设于冻土地区时，宜埋入冻土层以下。当无法深埋时可埋设在土壤排水性好的干燥冻土层或回填土中，也可采取其他防止电缆受损的措施。 ③ 电缆周围不应有石块或其他硬质杂物以及酸、碱强腐蚀物等，沿电缆全线上下各铺设100 mm厚的细土或沙层，并在上面加盖保护板，保护板覆盖宽度应超过电缆两侧各50 mm。 ④ 直埋电缆在直线段每隔30～50 m处、电缆接头处、转弯处、进入建筑物等处，应设置明显的路径标志或标桩

排管断面示意图	技术要点
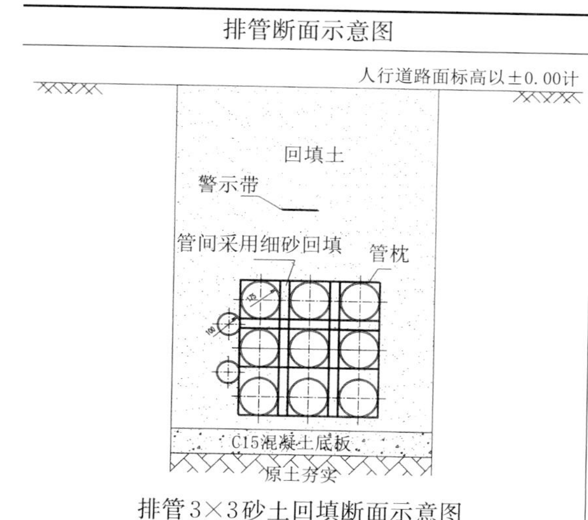 排管3×3砂土回填断面示意图	① 排管在选择路径时，应尽可能取直线，在转弯和折角处，应增设工作井。在直线部分，两工作井之间的距离不宜大于150 m，排管连接处应设立管枕。 ② 排管要求管孔无杂物，疏通检查无明显拖拉障碍。 ③ 排管管道径向段应无明显沉降、开裂等迹象。 ④ 排管的内径不宜小于电缆外径或多根电缆包络外径的1.5倍，一般不宜小于150 mm。 ⑤ 排管在10%以上的斜坡中，应在标高较高一端的工作井内设置防止电缆因热伸缩而滑落的构件
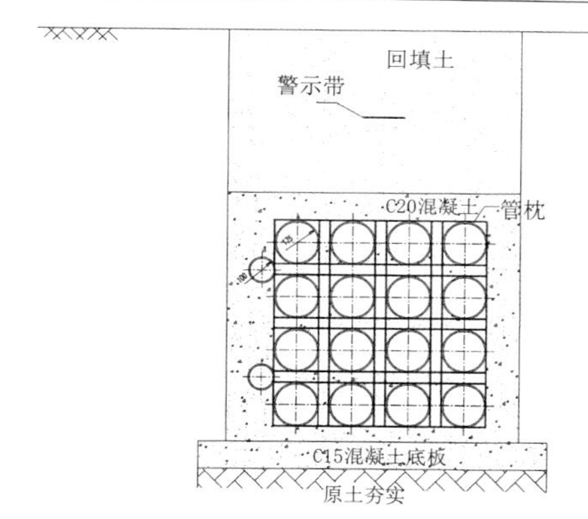 排管4×4混凝土包封断面示意图	⑥ 18孔及以上的6～20 kV排管方式应采取（钢筋）混凝土全包封防护。 ⑦ 排管端头宜设工作井，无法设置时，应在埋管端头地面上方设置标识。 ⑧ 排管上方沿线土层内应铺设带有电力标识警示带，宽度不小于排管。 ⑨ 用于敷设单芯电缆的管材应选用非铁磁性材料。 ⑩ 管材内部应光滑无毛刺，管口应无毛刺和尖锐棱角

工作井断面示意图	技术要点
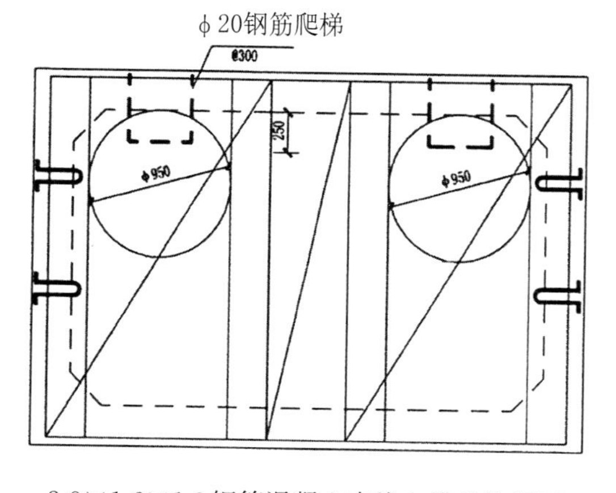 3.0×1.6×1.9钢筋混凝土直线电缆井俯视图	① 工作井应无倾斜、变形及塌陷现象。井壁立面应平整光滑，无突出铁钉、蜂窝等现象。工作井井底平整干净，无杂物。 ② 工作井内连接管孔位置应布置合理，上管孔与盖板间距宜在20 cm以上。 ③ 工作井盖板应配备防止侧移措施。 ④ 工作井内应无其他产权单位管道穿越，对工作井（沟体）施工涉及电缆保护区范围内平行或交叉的其他管道应采取妥善的安全措施。

工作井断面示意图	技术要点
拉环 D=300混凝土管 L=500 内填首选砂漏 20≤d≤50 3.0×1.6×1.9钢筋混凝土直线电缆井侧视图 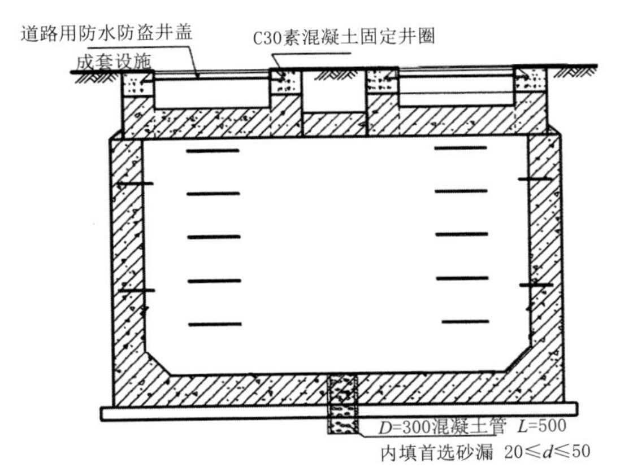 3.0×1.6×1.9钢筋混凝土直线电缆井正视图	⑤ 工作井尺寸应考虑电缆弯曲半径和满足接头安装的需要，工作井高度应使工作人员能站立操作，工作井底应有集水坑，向集水坑泄水坡度不应小于0.5%。 ⑥ 工作井井室中应设置安全警示标识标牌。露面盖板应有电力标志、联系电话等；不露面盖板应根据周边环境按需设置标志标识。 ⑦ 井盖应设置二层子盖，尺寸标准化，具有防水、防盗、防噪音、防滑、防位移、防坠落等功能。 ⑧ 井盖标高与人行道、慢车道、快车道等周边标高一致。 ⑨ 除绿化带外不应使用复合材料井盖 ⑩ 工作井应设独立的接地装置，接地电阻不应大于10 Ω。 ⑪ 工作井高度超过5.0 m时应设置多层平台，且每层设固定式或移动式爬梯。 ⑫ 工作井顶盖板处应设置2个安全孔。位于公共区域的工作井，安全孔井盖的设置宜使非专业人员难以开启，人孔内径应不小于800 mm。 ⑬ 工作井应采用钢筋混凝土结构，设计使用年限不应低于50年；防水等级不应低于二级，隧道工作井按隧道建设标准执行

电缆沟断面示意图	技术要点
预制盖板（GYB-7） 角钢支架 ±0.00 4×500 mm双侧支架砖砌电缆沟示意图	① 电缆沟应有不小于0.5%的纵向排水坡度，并沿排水方向适当距离设置集水井。 ② 电缆沟应合理设置接地装置，接地电阻应小于5 Ω。 ③ 在不增加电缆导体截面且满足输送容量要求的前提下，电缆沟内可回填细砂。 ④ 电缆沟盖板为钢筋混凝土预制件，其尺寸应严格配合电缆沟尺寸。盖板表面应平整，四周应设置预埋件的护口件，有电力警示标识。盖板的上表面应设置一定数量的供搬运、安装用的拉环

续表

非开挖钻拖拉管断面示意图	技术要点
绿化带 河道 道路 绿化带 入土工作坑 市政管线 入土工作坑 非开挖钻拖拉管示意图 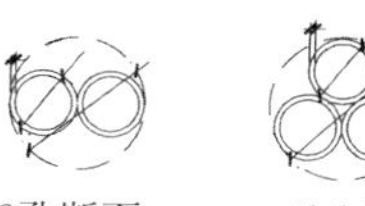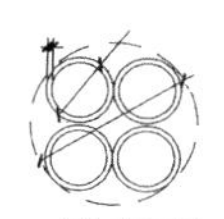 2孔断面 3孔断面 4孔断面 5孔断面 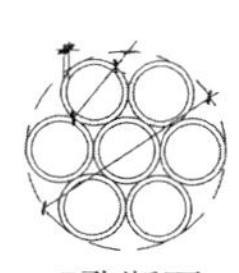 6孔断面 7孔断面 非开挖钻拖拉管剖面图	① 非开挖定向钻拖拉管出入口角度不应大于15°。 ② 非开挖定向钻拖拉管长度不应超过150 m，应预留不少于1个抢修备用孔。 ③ 非开挖定向钻拖拉管两侧工作井内管口应与井壁齐平。 ④ 非开挖定向钻拖拉管两侧工作井内管口应预留牵引绳，并进行对应编号挂牌。 ⑤ 对非开挖定向钻拖拉管两相邻井进行随机抽查，要求管孔无杂物，疏通检查无明显拖拉障碍。 ⑥ 非开挖定向钻拖拉管出入口2 m范围，应有配筋砼包封保护措施。 ⑦ 非开挖定向钻拖拉管两侧工作井处应设置安装标志标识。工作井应根据周边环境设置标志标识，轨迹走向宜设置路面标识

隧道断面示意图	技术要点
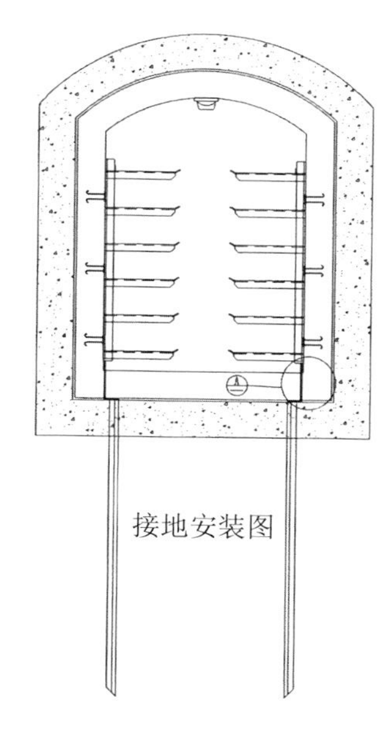 接地安装图 2.0×2.3双侧支架布置暗挖电缆隧道示意图	① 隧道应按照重要电力设施标准建设，应采用钢筋混凝土结构；主体结构设计使用年限不应低于100年；防水等级不应低于二级； ② 隧道应有不小于0.5%的纵向排水坡度，底部应有流水沟，必要时设置排水泵，排水泵应有自动启闭装置。 ③ 隧道结构应符合设计要求，坚实牢固，无开裂或漏水痕迹。 ④ 隧道出入通行方便，安全门开启正常，安全出口应畅通。在公共区域露出地面的出入口、安全门、通风亭位置应安全合理，其外观应与周围环境景观相协调。 ⑤ 隧道内无积水、无严重渗、漏水，隧道内可燃、有害气体的成分和含量不应超标。 ⑥ 隧道配套各类监控系统安装到位，调试、运行正常。 ⑦ 隧道工作井人孔内径应不小于800 mm，在隧道交叉处设置的入孔不应垂直设在交叉处的正上方，应错开布置。 ⑧ 隧道三通井、四通井应满足最高电压等级电缆的弯曲半径要求，井室顶板内表面应高于隧道内顶0.5 m，并应预埋电缆吊架，在最大容量电缆敷设后各个方向通行高度不低于1.5 m。

隧道断面示意图	技术要点
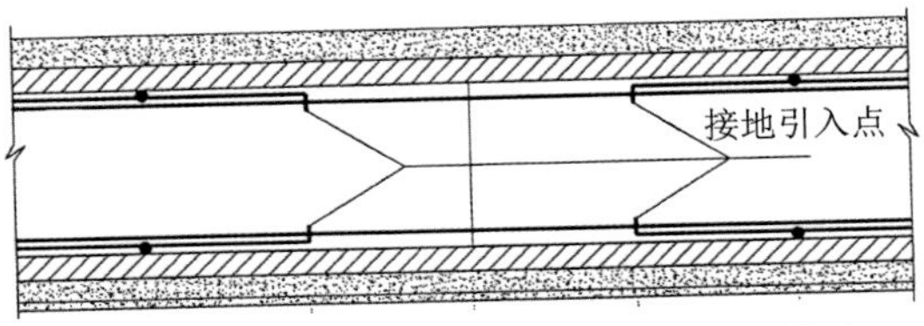 接地引入点 2.0×2.3双侧支架布置暗挖电缆隧道平剖图	⑨ 隧道宜在变电站、电缆终端站以及路径上方每2 km适当位置设置出入口，出入口下方应设置方便运行人员上下的楼梯。 ⑩ 隧道内应建设低压电源系统，并具备漏电保护功能，电源线应选用阻燃电缆。 ⑪ 隧道宜加装通讯系统，满足隧道内外语音通话功能。 ⑫ 隧道上电力井盖可加装电子锁以及集中监控设备，实现隧道井盖的集中控制、远程开启、非法开启报警等功能，井盖集中监控主机应安装在与隧道相连的变电站自动化室内

综合管廊电缆舱断面示意图	技术要点
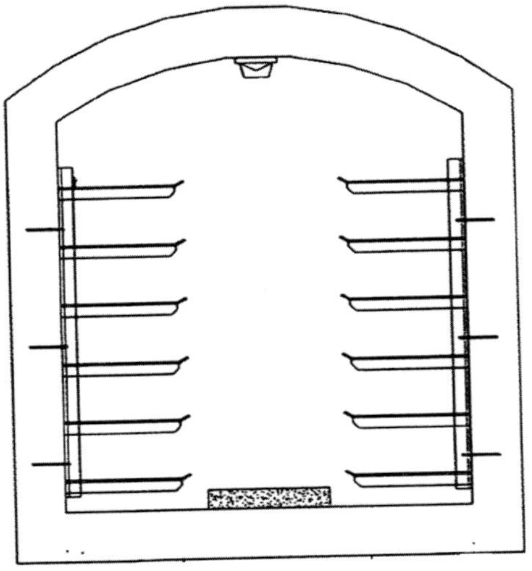 综合管廊电缆舱示意图	① 综合管廊电缆舱应按公司的电缆通道型式选择及建设原则，满足国家及行业标准中配电电缆与其他管线的间距要求，综合考虑各电压等级电缆敷设、运行、检修的技术条件进行建设。 ② 电缆舱内不得有热力、燃气等其他管道。 ③ 通信等线缆与高压电缆应分开设置，并采取有效防火隔离措施。 ④ 电缆舱具有排水、防积水和防污水倒灌等措施。 ⑤ 除按国标设有火灾、水位、有害气体等监测预警设施并提供监测数据接口外，还需预留电缆本体在线监测系统的通信通道

电缆桥架断面示意图	技术要点
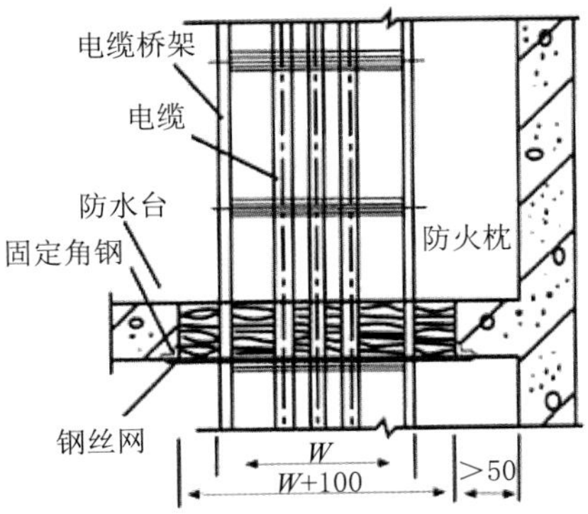 电缆桥架 电缆 防水台 固定角钢 防火枕 钢丝网 W W+100 >50 竖井电缆桥架正剖图	① 电缆桥架钢材应平直，无明显扭曲、变形，并进行防腐处理，连接螺栓应采用防盗型螺栓。 ② 电缆桥架两侧围栏应安装到位，宜选用不可回收的材质，并在两侧悬挂“高压危险禁止攀登”的警告牌。 ③ 电缆桥架两侧基础保护帽应砼浇注到位。 ④ 当直线段钢制电缆桥架超过30 m、铝合金或玻璃钢制电缆桥架超过15 m时，应有伸缩缝、其连接宜采用伸缩连接板，电缆桥架跨越建筑物伸缩缝处应设置伸缩缝

续表

电缆桥架断面示意图	技术要点
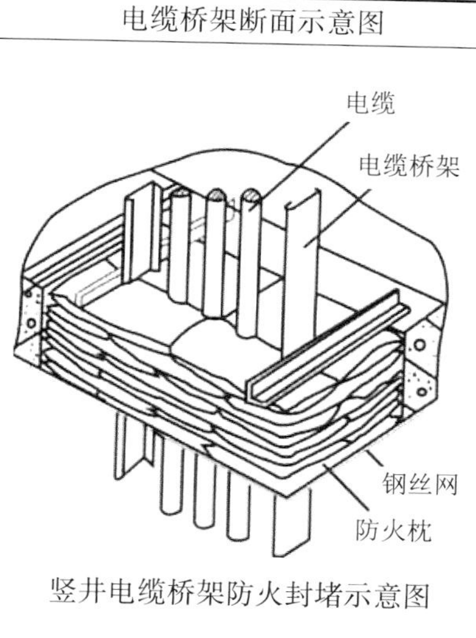 竖井电缆桥架防火封堵示意图 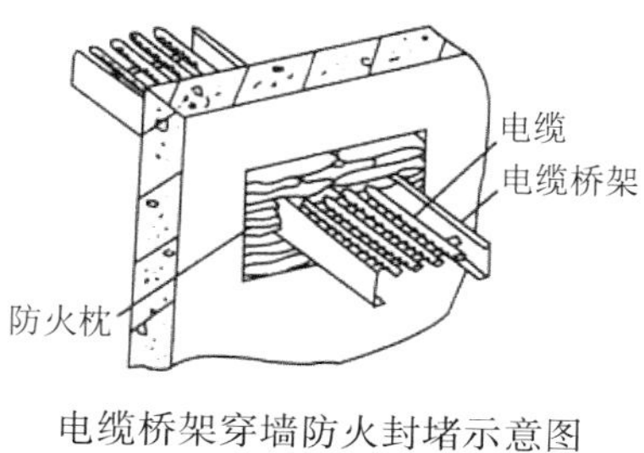 电缆桥架穿墙防火封堵示意图	⑤ 电缆桥架全线均应有良好的接地。 ⑥ 电缆桥架转弯处的转弯半径，不应小于该桥架上的电缆最小允许弯曲半径的最大者。 ⑦ 悬吊架设的电缆与桥梁架构之间的净距不应小于0.5 m

其中，电缆采取直埋或穿管直埋敷设方式时，遇到与地下管沟、道路、构筑物等平行或交叉的情况，应按照表2.2的最小净距进行敷设，从而确保电缆的可靠运行。

表2.2　电缆与电缆或管道、道路、构筑物等相互间容许最小净距

电缆直埋敷设时的配置情况		平行(m)	交叉(m)
控制电缆间		—	0.5[①]
电力电缆之间或与控制电缆之间	10 kV及以下	0.1	0.5[①]
	10 kV以上	0.25[②]	0.5[①]
不同部门使用的电缆间		0.5[②]	0.5[①]
电缆与地下管沟及设备	热力管沟	2.0[②]	0.5[①]
	油管及易燃气管道	1.0	0.5[①]
	其他管道	0.5	0.5[①]
电缆与铁路	非直流电气化铁路路轨	3.0	1.0
	直流电气化铁路路轨	10.0	1.0
电缆建筑物基础		0.6[③]	—
电缆与公路边		1.0[③]	
电缆与排水沟		1.0[③]	
电缆与树木的主干		0.7	

续表

电缆直埋敷设时的配置情况	平行(m)	交叉(m)
电缆与1 kV以下架空线电杆	1.0③	
电缆与1 kV以上架空线杆(塔)基础	4.0③	

注:① 用隔板分隔或电缆穿管时可为0.25 m;

② 用隔板分隔或电缆穿管时可为0.1 m;

③ 特殊情况可酌减且最多减少一半值。

二、现场施工抽查

施工阶段,电缆运检部门应不定期进行现场抽查,例如检查电缆附件安装现场的温度、湿度和清洁度是否符合安装工艺要求;是否在雨、雾、风沙等有严重污染的环境中安装电缆附件;垫层混凝土浇筑是否充分振捣密实,上表面是否平整,浇筑时是否为无水施工等。发现的问题留存影像资料,督促相关单位整改。

三、出厂监造及质量抽查

① 电缆运检部门应配合物资部门,参与主要设备和材料的出厂监造。工程投产前,电缆运检部门应要求物资部门提供监造报告。

② 开展质量抽查,未经检验或检验不合格的设备、材料一律不得在工程中使用。

四、物资质量监督

电缆运检部门应督促物资部门开展电缆物资质量监督,物资质量监督工作应坚持覆盖所有招标批次、覆盖所有物资规格型号、覆盖所有供应商的"三个百分百"原则。

五、施工人员考核

电缆附件安装人员应通过电缆附件安装培训与考核。对于重要配电电缆及通道工程,电缆运检部门应对附件安装人员进行关键安装工艺水平的现场考核。

第三节　生产准备及工程验收

一、生产准备

生产准备工作包括信息采集、人员组织、设备配置和方案编制,关系到配电电缆线路投运后的生产工作,电缆运检部门应给予足够重视。

1. 信息采集

① 工程竣工验收前,生产准备人员要做好沿线环境调查、外部隐患及可能危及线路人员安全的隐患信息排查、线路沿线属地化信息收集等工作,形成资料、照片,建立基础台账。

② 工程竣工验收前，生产准备人员要做好施工遗留问题及隐患排查，形成问题清单。

③ 生产准备人员要提前收集设备信息、基础数据相关资料，建立设备基础台账（PMS台账）。

2. 人员组织

工程投运前，电缆运检部门应配置相应的生产准备人员，指定设备主人，制订培训计划，组织开展生产准备人员培训。

3. 设备配置

工程投运前，电缆运检部门应完成生产装备、安全工器具配置，完成标示牌的制作安装，做好移交工器具与备品备件的接收。

4. 方案编制

由电缆运检部门负责组织制订专项生产准备方案，并对验收班组（人员）进行专项交底。

二、工程验收

由于配电电缆工程多为隐蔽工程，验收工作应贯穿于施工全过程。为保证配电电缆工程质量，电缆运检部门应制定验收标准，对验收人员进行专项培训，加强验收工作管理。

验收工作包括到货验收（含物资质量抽检）、验收方案编制和交底、隐蔽工程验收、土建验收和竣工验收。

（一）到货验收

① 设备到货后，电缆运检部门应参与现场物资验收。

② 重点检查设备外观、设备参数是否符合技术标准和现场运行条件，检查设备合格证、试验报告、专用工器具、设备安装与操作说明书、设备运行检修手册等是否齐全。

③ 对于首次中标的配电电缆敷设单位或附件厂家，电缆运检部门应加强对厂家关键工艺的现场监督和质量把控，明确具体考核关键节点和需提供的技术资料，会同物资部门开展质量抽检工作。

④ 每批次配电电缆应提供抽样试验报告。

⑤ 电缆实物验收内容：电缆产品到货后，应按照施工设计和订货合同，对电缆开展验收，电缆的规格、型号和数量应相符。电缆的产品说明书、检验合格证应齐全。电缆盘及电缆应完好无损，电缆盘上的附件应完好，电缆端部应密封牢固。验收人员应对电缆外护套绝缘进行测量，凡有聚氯乙烯或聚乙烯护套且护套外有石墨层的电缆，一般应用2500 V绝缘电阻表测量，绝缘电阻应符合要求。电缆盘上盘号、制造厂名称、电缆型号、额定电压、芯数及标称截面、装盘长度、毛重、电缆盘正确旋转方向的箭头、标注标记和生产日期应齐全清晰。

⑥ 电缆附件实物验收内容：电缆附件到货后，应按照施工设计和订货合同，对电缆

附件开展验收，电缆附件的产品说明书、检验合格证、安装图纸应齐全。电缆附件应齐全、完好，型号、规格应与电缆类型(如电压、芯数、截面、护层结构)和环境要求一致，终端外绝缘应符合污秽等级要求。绝缘材料的防潮包装及密封应良好，绝缘材料不得受潮。橡胶预制件、热缩材料的内、外表面光滑，没有因材质或工艺不良引起的肉眼可见的斑痕、凹坑、裂纹等缺陷。导体连接杆和导体连接管表面应光滑、清洁，无损伤和毛刺。附件的密封金具应具有良好的组装密封性和配合性，不应有组装后造成泄漏的缺陷，如划伤、凹痕等。橡胶绝缘与半导电屏蔽的界面应结合良好，应无裂纹和剥离现象。半导电屏蔽应无明显杂质。环氧预制件和环氧套管内外表面应光滑，无明显杂质、气孔；绝缘与预埋金属嵌件结合良好，无裂纹、变形等异常情况。

(二) 验收方案编制和交底

① 验收方案由电缆运检部门负责编制，应由分管领导审核通过。

② 验收方案应由编制人员对验收人员进行交底，同时保存书面记录。

(三) 隐蔽工程验收

① 电缆运检部门应不定期对施工现场进行检查。

② 现场应核查监理和施工单位关键工序的影像资料。

③ 对检查过程中发现的问题，书面反馈并督促整改。

(四) 土建验收

① 建设单位应在土建验收前1周提出书面申请。

② 电缆运检部门按验收方案进行验收，缺陷清单以书面形式反馈至建设单位，并督促按期整改。

③ 电缆运检部门根据建设单位反馈的消缺闭环单，逐条复检，复检合格后方可进行电气施工。

(五) 竣工验收

① 竣工验收应包括现场验收和资料验收。

② 建设单位应在竣工验收前1周提出书面申请。

③ 电缆运检部门根据竣工验收方案和土建复检结果进行验收，缺陷清单以书面形式反馈至建设单位，并督促按期整改。

④ 电缆运检部门根据建设单位反馈的消缺闭环单，逐条复检，复检合格后方可投入运行。

三、土建工程工艺规范及验收要点

土建工程工艺规范及验收要点参照《配电网施工检修工艺规范》(Q/GDW 10742)执行，如表2.3所示。

表2.3　土建工程工艺规范及验收要点

项目/工艺名称	图片示例	工艺规范	施工验收要点
站房建筑主体		① 建筑主体位置符合图纸设计、规划审批、标高、检修通道应符合配电土建设计要求。环网坐落位置应符合安全运行要求。 ② 电力设施建筑物的混凝土结构抗震等级，应根据设防烈度、结构类型和框架、抗震墙高度确定。地面及楼面的承载力应满足电气设备动、静荷载的要求。土建大小应为环网预留出操作空间与检修通道，并在检修通道出入口处加设坚固的不锈钢围栏。 ③ 地面平整，墙体、顶面无开裂、无渗漏。地上站房宜为脊顶，防止顶部杂物长时间堆积造成积雪、水致使房屋渗漏。 ④ 建筑物正门应安装铝合金、不锈钢或专用聚酯材料制作的标识牌	① 站址应高于历史最高内涝水位，室内标高不得低于所处地理位置居民楼一楼的室内标高，室内外地坪高差应大于300 mm。户外基础应高出路面200 mm，基础应采用整体浇筑，内外做防水处理。位于负一层时设备基础应抬高1000 mm以上。 ② 为降低接触电势和跨步电压，视地势条件，土建站基础外延应按标准采取散水措施，散水材料可采用沥青混凝土或中碎石混凝土，厚度不小于150 mm。 ③ 室内应留有检修通道及设备运输通道，并保证通道畅通，满足最大体积电气设备的运输要求。 ④ 建筑物应满足防风雪、防汛、防火、防小动物、通风良好（四防一通）的要求，并应装设门禁措施
环网基础		① 施工前、应认真阅读该工程地质报告，搞清地基开挖部位的地质情况，并根据地质报告及设计图纸，编制切实可行的地基处理方案，并应避开附近各类管线，提前与市政有关部门进行沟通，确认开挖处有无其他管线，严防开挖时发生安全事故。 ② 环网基础设计宜为整体浇筑。 ③ 环网电缆井盖安装符合现场安全要求。 ④ 根据条件合理设置环网围栏	① 环网电缆井井盖须高出基础水平面20～30 mm，按设计图纸要求位置安装，并采用双层井盖。 ② 围栏材质应为不锈钢或其他耐腐蚀材料。 ③ 设备与基础接口处须用沥青填缝，再用水泥密封好。 ④ 电缆沟排管堵洞应在电缆下方铺垫水泥。 ⑤ 电缆沟如有排气口，应在排气口处加装钢网，钢网密度应不大于1.25 mm，以防止小动物进入电缆沟基础。 ⑥ 基础中含有两条及以上电缆沟时，中间应有隔离墙加排管互通，完工后封堵排管。 ⑦ 下电缆沟处须安装爬梯。

项目/工艺名称	图片示例	工艺规范	施工验收要点
			⑧ 环网柜基础须独立运行，禁止设立在排水或天然气等管道附近。 ⑨ 为降低接触电势和跨步电压，视地势条件，土建站基础外延应按标准采取散水措施，散水材料可采用沥青混凝土或中碎石混凝土，厚度不小于150 mm。 ⑩ 潮湿地区，基础需高出路基平面500 mm，并采取开孔、窗等通风防潮措施
管沟预埋		① 所有预埋件均按设计埋设并符合要求。 ② 电缆沟排水良好，盖板齐全、平整。 ③ 所有电缆沟的出(入)口处，应预埋电缆管。 ④ 电缆敷设完毕后需按要求进行封堵	① 预埋件应采用有效的焊接固定。预埋件焊接完成后，应进行焊渣清理，并同时检查焊缝质量。 ② 预埋件外露部分及镀锌材料的焊接部分应及时做好防腐措施。 ③ 室内电缆沟盖板宜使用预制砼盖板
防雷接地		① 在各个支架和设备位置处，应将接地支线引出地面。所有电气设备底脚螺丝、构架、电缆支架和预埋铁件等均应可靠接地。各设备接地引出线应与主接地网可靠连接。 ② 接地引线应按规定涂以黄绿相间的标识。 ③接地线引出建筑物内的外墙处应设置接地标志，接地引上线与设备连接点不少于2个	① 接地引上线应涂以不同的标识，便于接线人员区分主接地网和避雷网。 ② 支架及支架预埋件焊接要求同管沟预埋。 ③ 10 kV 中性点小电阻接地系统：开关站主体接地网工频电阻值小于0.5 Ω；台区内低压重复接地体工频电阻小于等于4 Ω；建筑物低压电源进线处接地体应与建筑物保护性接地网进行可靠连接。10 kV 中性点绝缘系统：配电室主体接地网工频电阻值小于4 Ω。 ④ 接地引线应设在箱体外部，便于运行人员观察接地引线是否连接可靠，是否发生锈蚀、断裂等现象

续表

项目/工艺名称	图片示例	工艺规范	施工验收要点
防水、防潮	图一 图二	① 开关站、配电室屋顶应采取完善的防水措施，屋顶防水层采用SBS改性沥青防水卷材或其他高性能防水材料双层铺设。电缆进入地下应设置过渡井(沟)(或采取有效的防水措施)并设置完善的排水系统。 ② 墙面、屋顶粉刷完毕，屋顶无漏水，门窗及玻璃安装完好。 ③ 电缆施工检修完毕应及时加以封堵。 ④ 雨水管、雨水斗宜采用PVC-U材质或其他高性能材料，雨水口采用簸箕口或安装防堵罩	① 屋顶应为坡顶，防水级别为2级，墙体无渗漏，淋水试验合格。屋面排水坡度不应小于1/50，并有组织排水，屋面不宜设置女儿墙。但屋面边缘应设置300 mm的翻边或封檐板(图一)。 ② 当开关站、配电室设置在地下层或低洼地段时，应设置吸湿机、集水井。集水井内设两台潜水泵，其中一台为备用。 ③ 开关站宜设置集水坑并加装双电源自启动水泵。集水坑宜装设集水坑盖板，防止人员跌落。 ④ 设计为无屋檐的开关站、配电室应加装防雨罩(图二)
基础开挖		①施工前、应认真阅读该工程地质报告，搞清地基开挖部位的地质情况，并根据地质报告及设计图纸，编制切实可行的地基处理方案及边坡放坡方案，并编制边坡安全支护方案，严防开挖时发生边坡塌方安全事故。提前与市政有关部门进行沟通，确认开挖处有无其他管线。 ② 基础开挖应清除地基土上垃圾、泥土等杂物，雨季施工时应做好防水及排水措施，不得有积水。 ③检查设备基础坑：a. 中心桩、控制桩是否完好。b. 基坑坑口的几何尺寸。c. 核对地表土质、水情，并判断地下水位状态和相关管线走向。 ④ 基坑一般宜采用人工分层分段均匀开挖。 ⑤ 开挖时，根据不同的土质适当放边坡	① 按设计施工要求，先降低基面后，再进行基坑的开挖，对于降基量较小的，可与基坑开挖同时完成。 ② 每开挖1000 mm左右即应检查边坡的斜度，随时纠正偏差。 ③ 开挖时，应尽量做到坑底平整。基坑挖好后，应及时进行下道工序的施工。如不能立即进行，应预留150～300 mm的土层高度，在铺石灌浆时或基础施工前再进行开挖。 ④ 操作人员操作时应保持足够间距，以防间距过小在挥锹时发生互相伤害事故。 ⑤ 避免野蛮施工对市政工程造成破坏

项目/工艺名称	图片示例	工艺规范	施工验收要点
深度控制	图一 图二	① 设备基础坑深应以设计施工基面为基准。 ② 设备基坑深度允许偏差为+100～－50 mm；同一基坑深度应在允许偏差范围内，并进行基础操平(图二)。 ③ 岩石基坑不允许有负误差。 ④开挖前应清除表面浮土，基础应坐在原始土层上	① 挖土至设计图纸标高位100 mm时，要注意不得超挖。 ② 实际坑深偏差超深100 mm以上时，按以下方法处理：a. 现浇基础坑，其超深部分应采用铺石灌浆处理。b. 基坑底面应平整、夯实(图一)。 ③ 如未到原始土层，则继续下挖至原始土层或600 mm的较小值后用3:7灰土换填至设计标高，各边外扩 350 mm，压实系数0.96。基础周围用2:8灰土回填
基坑处理		① 按照设计图纸进行现场验收。 ② 地基处理应对基础持力层进行检查	① 施工中应排除积水，清除淤泥，疏干坑底。 ② 砼垫层在基坑验收后立即灌注
基础砌筑		① 按照设计图纸进行现场施工。 ② 砖、钢筋、水泥、掺和料应符合设计要求，有出厂合格证书。 ③ 基础砌筑前应复测，确定方向后按设计要求进行砌筑。 ④ 井口圈梁按图纸要求进行钢筋绑扎。 ⑤ 圈梁模板应用托架稳固、模板应平直，支撑合理、稳固，便于拆卸。 ⑥ 墙板混凝土浇筑完成后，在满足强度要求的前提下，进行模板拆除，并将浇筑时的流淌和残渣清理干净	① 砖砌筑时应做好吊垂直工作。 ② 砖砌体时，对砌砖应提前1～2天浇水湿润，对烧结普通砖使其含水率达10%～15%；对灰砂砖、粉煤灰砖使其含水率达5%～8%。 ③ 拆模养护时，非承重构件混凝土强度达到1.2 MPa且构件不缺棱掉角，方可拆除模板。 ④ 混凝土外露表面不应脱水，普通混凝土养护时间不少于7天。 ⑤ 抹灰工程施工的环境温度不宜低于5 ℃，在低于5 ℃的气温下施工时，应有保证质量的有效措施。 ⑥ 砌体施工质量控制等级B级。预埋钢管壁厚4 mm，钢管内侧与基础墙体内壁平齐、外侧伸出基础墙体外皮100 mm

续表

项目/工艺名称	图片示例	工艺规范	施工验收要点
铁件预埋	图一 图二	① 按设计施工图纸确定轴线与预埋件相对位置。 ② 检查无误后，先预埋锚固钢筋，再焊上固定槽钢框。 ③ 按照设计图纸的要求，对预埋件轴线位置、标高、平整度进行定位、校核，将误差值控制在允许范围内。 ④ 配电设备应安装接地极并埋入地下，同时应满足设计及规范要求	① 箱、柜基础预留铁件水平误差＜1 mm/m，全长水平误差＜5 mm。 ② 箱、柜基础预留铁件不直度误差＜1 mm/m、全长不直度误差＜5 mm。 ③ 箱、柜基础预留铁件(型钢)位置误差及不平行度全长＜5 mm，切口应无卷边、毛刺。 ④ 焊口应饱满，无虚焊现象。电缆固定支架高低偏差不大于5 mm，支架应焊接牢固，无显著变形
防腐处理		① 涂漆前应将焊接药皮去除干净，漆层涂刷均匀。 ② 位于湿热、盐雾以及有化学腐蚀地区时，应根据设计作特殊的防腐处理	① 预埋铁件及支架刷防锈漆，保证涂刷均匀，无漏点。 ② 对电缆固定支架焊接处进行面漆补刷
基础验收		① 施工图纸及技术资料齐全无误。 ② 土建工程基本施工完毕，标高、尺寸、结构及预埋件焊件强度均符合设计要求。 ③ 基础验收时，应对设备基础进行水平及平整度测量验收，并对埋入基础的电缆导管的进、出线预留孔及相关预埋件进行检查。 ④ 电缆从基础下进入电气设备时应有足够的弯曲半径，保证能够垂直进入	① 分支箱的基础应用不小于150 mm高的混凝土浇筑底座，分支箱底座露出地面300 mm，分支箱应垂直于地面。 ② 箱变、环网单元基础高出地面一般为500 mm，电缆井深度应大于1000 mm，部分寒冷地区应大于1500 mm，保证开挖至冻土层以下，基础两侧应埋设防小动物的通风窗，钢网密度应不大于5 mm。高于半米的基础应加设阶梯。 ③ 电缆工井宜采取防坠落措施

项目/工艺名称	图片示例	工艺规范	施工验收要点
电缆沟、井	图一 图二	① 按照设计图纸进行现场施工，电缆沟或工作井内通道净宽，不宜小于有关规范及标准要求。 ② 开挖应严格按挖沟断面分级开挖，沟体开挖应连续开挖，开挖施工中不得超挖，如发生超挖，应用细砂或石粉回填夯实至设计深度。挖土完成后应对基层土进行平整夯实处理。 ③ 浇捣混凝土垫层时，首先绑扎钢筋，然后浇捣混凝土。 ④ 电缆沟、井砌筑前应复测，确定方向后按设计要求进行砌筑。 ⑤ 压顶梁浇筑时，制安模板时应托架牢固、模板平直、支撑合理、稳固及拆卸方便。 ⑥ 抹灰前保证预埋件安装位置正确，与墙体连接牢固。 ⑦ 铺设盖板时，应调整构件位置，使其缝宽均匀。 ⑧ 电缆检查井、工井口处宜采取防坠落保护措施。井盖应具有防盗、防滑、防位移、防坠落等功能	① 电缆沟、井开挖时，密切注意地下管线、构筑物分布情况。 ② 如出现沟底持力层达不到设计要求，采取换土处理。 ③ 拆模养护时，非承重构件的混凝土强度达到1.2 MPa且构件不缺棱掉角，方可拆除模板。 ④ 混凝土外露表面不应脱水，普通混凝土养护时间不少于7天。 ⑤ 抹灰工程施工的环境温度不宜低于5 ℃，在低于5 ℃的气温下施工时，应有保证质量的有效措施。 ⑥ 土方回填时宜采用人工回填，采用石灰粉或粗砂分层夯实，每层厚度不应大于300 mm。 ⑦ 电缆沟应有不小于0.5%的纵向排水坡度，在最低处加装集水坑
预制式电缆沟槽		① 确保混凝土预制沟槽及盖板的强度和工艺尺寸满足设计要求。 ② 沟槽的施工范围、敷设深度及走向符合设计要求。 ③ 预制沟槽下的混凝土垫层应满足设计要求，并满足养护期要求。 ④ 沟槽之间空隙使用水泥砂浆填补。沟槽之间接口处高差不得超过10 mm。沟槽之间接缝严密，直线段间隙不得超过20 mm。 ⑤ 地质条件允许情况下，采用1:1放坡，若无法放坡时，需采用钢板桩支护	① 复核沟槽中心线走向、折向控制点位置及宽度控制线。 ② 基坑底部施工面宽度，为在垫层断面设计宽度的基础上两边各加500 mm，深度满足设计标高。 ③ 沟槽边沿1500 mm范围内严禁堆土或堆放设备、材料等，1500 mm以外的堆载高度不应大于1000 mm。 ④ 垫层下的地基应保持稳定、平整、干燥，严禁浸水；垫层混凝土应密实，上表面平整。 ⑤ 沟槽吊装时，周围如有带电线路，设专人监护保持安全距离。施工情况较为复杂或困难时，编制施工方案报总工批准

续表

项目/工艺名称	图片示例	工艺规范	施工验收要点
电缆排管	图一 图二	① 土方开挖完成后按现场土质的坚实情况进行必要的沟底夯实处理及沟底整平。 ② 浇筑的混凝土板基础应平直，浇灌过程中用平板振动器振捣，如需分段浇捣，应采取预留接头钢筋、毛面、刷浆等措施。浇注完成后要做好养护。 ③ 在底层应先砌砖，根据设计要求用砖包底层电缆管，再砌第二层，如此类推，逐层施工。 ④ 管道敷设时应保证管道直顺，管道的接缝处应设管枕，接口无错位，在管接口处采用混凝土现浇，提升接口强度。管与管之间的管驳采用热熔或插接，导管器试通合格。 ⑤ 敷设后多余的电缆管应切除，并将切口打磨平滑	① 管沟填碎石、石粉或粗砂垫层应控制好高度，并压实填平。 ② 在浇捣排管外包混凝土之前，应将工井留孔的混凝土接触面凿毛（糙），并用水泥浆冲洗。在排管与工井接口处应设置变形缝。 ③ 管应保持平直，管与管之前应有 20 mm 的间距，管孔数宜按发展预留适当备用，管路纵向连接处的弯曲度，应符合牵引电缆时不致损伤的要求。 ④ 施工中应防止水泥、砂石进入管内，管应排列整齐，并有不小于 0.1% 的排水坡度，施工完毕应用管盖盖住两端
非开挖电缆管道	图一 图二	① 按照设计图纸，提前做好勘测工作，查明地形、地貌、地面建筑对工程的不利条件，查清水域覆盖面积和深度，应查实有无影响检测的干扰源，并做好标记。施工前、应提前与市政有关部门进行沟通，确认开挖处有无其他管线。地下管线探测后，尚应通过地面标志物、检查井、闸门井、仪表井、人孔、手孔等进行复核。 ② 应选取正确合理的入钻点和出钻点。 ③ 导向孔施工应按设计的钻孔轨迹进行导向施工，并做好导向孔施工的记录。导向孔轨迹的弯曲半径应满足电缆弯曲半径及施工机械的钻进条件。 ④ 铺设管线穿越公路、铁路、河流、地面建筑物时，最小覆土深度应符合有关专业规范要求	① 入钻点宜设在行人车辆稀少且具有足够空间摆放设备处，出钻点则宜设置在能够摆放管材、方便拖管的另一端。 ② 出入土角应根据设备机具的性能、出入土点与被穿越障碍的距离、管线埋设深度等选择，出入土角宜为 8°～15°，并满足电缆进入工井时的弯曲半径。 ③ 钻进和回拖只允许钻杆顺时针旋转，以免钻杆松脱；钻杆分离过程中钻杆必须逆时针旋转，以免损坏螺纹。 ④ 回拖铺管结束后，必须在回扩孔内压密注浆，固化泥浆的配制及充填应满足有关工艺的要求。 ⑤ 管材间的连接应采用热熔对接。热熔对接时，管材两端面刨平，用加热板加热，使塑管端面熔化，完成管道连接

续表

项目/工艺名称	图片示例	工艺规范	施工验收要点
电缆支架安装		① 电缆支架规格、尺寸、跨距、各层间距离及距顶板、沟底最小净距应遵循设计及规范要求。安装支架的电缆沟土建项目验收合格。 ② 金属电缆支架须进行防腐处理。位于湿热、盐雾以及有化学腐蚀地区时，应根据设计做特殊的防腐处理。 ③ 电缆支架安装前应进行放样定位。电缆支架应安装牢固，横平竖直；托架支吊架的固定方式应按设计要求进行。 ④ 电缆支架应牢固安装在电缆沟墙壁上。 ⑤ 金属电缆支架全长按设计要求进行接地焊接，应保证接地良好。所有支架焊接牢靠，焊接处防腐符合规范要求	① 支架材料应平直，无明显扭曲。下料误差应在5 mm范围内，切口应无卷边、毛刺。 ② 焊口应饱满，无虚焊现象。支架同一档在同一水平面内，高低偏差不大于5 mm。支架应焊接牢固，无显著变形。 ③ 各支架的同层横挡应在同一水平面上，其高低偏差不应大于5 mm。托架支吊架沿桥架走向左右的偏差不应大于10 mm。 ④ 电缆支架横梁末端50 mm处应斜向上倾斜10°

四、电缆敷设安装工艺规范及验收要点

电缆敷设安装工艺规范及验收要点参照Q/GDW 10742《配电网施工检修工艺规范》执行，如表2.4所示。

表2.4　电缆敷设安装工艺规范及验收要点

项目/工艺名称	图例	验收要点	标准规范
施工前现场检查		① 根据施工设计图纸选择电缆路径，沿路径勘查，查明电缆线路路径上临近地下管线，制订详细的施工方案。 ② 施工前对各盘电缆进行验收，检查电缆有无机械损伤，封端是否良好。当对电缆的外观和密封状态有怀疑时，应进行潮湿判断。	① 确定电缆盘、电缆盖板、敷设机具、挖掘机械等主要材料的摆放位置，设置临时施工围栏。 ② 电缆盘不得平卧放置，核实电缆是否满足接入电气设备的长度。

续表

项目/工艺名称	图例	验收要点	标准规范
施工前现场检查	图一 图二	③ 电缆敷设前，对电缆井使用抽风机进行充分排气，排气后对气体进行检测并清理杂物，检查疏通电缆管道，检查电缆管内无积水，无杂物堵塞，检查管孔入口处是否平滑，井内转角等是否满足电缆弯曲半径的规范要求等并做好记录。 ④ 施工前应进行绝缘预校验，护层绝缘试验。 ⑤ 电缆敷设前应测量现场温度，应确保施工时的环境温度不小于0 ℃；当温度低于0 ℃时，应采取措施。 ⑥ 在室外制作电缆终端与接头时，其空气相对湿度宜为70%及以下，当湿度大时，可提高环境温度或加热电缆。制作塑料绝缘配电电缆终端与接头时，应防止尘埃、杂物落人绝缘内。严禁在雾或雨中施工。 ⑦ 配电电缆不能与通讯电缆、自来水管、燃气管、热力管等线路混沟敷设	③ 确定沟边线的基线，放好开挖线，做好现场防护围挡板，做好各方面安全措施。 ④ 检查施工内容相对应的材料验证是否符合设计要求，收集出厂合格证或检验报告，检查施工工具是否齐备，检验、核对接头材料以及配件是否齐全和完整。 ⑤ 夜间施工应在缆沟两侧装红色警示灯，破路施工应在被挖掘的道路口设警示灯。 ⑥ 对电缆槽盒、电缆沟盖板等预构件必须仔细检查，对有露筋、蜂窝、麻面、裂缝、破损等现象的预构件一律清除，严禁使用。 ⑦ 对已完成的电缆槽盒或电缆沟的长度进行核实，对电缆沟进行抽风机进行排气，清理杂物，检查转角等是否满足电缆弯曲半径的规范要求及电缆本身的要求。若是多段电缆的，要确定电缆中间安装的位置。 ⑧ 对已完成的电缆沟底进行平整。检查电缆与其他管道、道路、建筑是否满足最小允许净距需符合要求。 ⑨ 对电缆沟内成品支架做好保护措施，防止损坏支架，防止铁件支架伤人、伤电缆或卡阻电缆的牵引
电缆敷设	图一	① 电缆及附件的规格、型号及技术参数等应符合设计要求。	① 电缆在装卸的过程中，设专人负责统一指挥（图一），指挥人员发出的指挥信号必须清晰、准确。采用吊车装卸电缆盘时，起吊钢丝绳应套在盘轴的两端，不应直接穿在盘孔中起吊。人工短距离滚动电缆盘前，应检查线盘是否牢固，电缆两端应固定，滚动方向须与线盘上箭头方向一致。

项目/工艺名称	图例	验收要点	标准规范
电缆敷设	图二 图三 图四	② 机械牵引时，应满足GB 50168要求，牵引端应采用专用的拉线网套或牵引头，牵引强度不得大于规范要求，应在牵引端设置防捻器，中间应使用电缆放线滑车。 ③ 电缆在任何敷设方式及其全部路径条件的上下左右改变部位，最小弯曲半径均应满足《电力电缆及通道运维教程》(Q/GDW 1512)或设计要求 ④ 电缆头制作前，应将用于牵引部分的电缆切除。电缆终端和接头处应留有一定的备用长度，电缆中间接头应放置在电缆井或检查井内。若并列敷设多条电缆，其中间接头位置应错开，其净距不应小于500 mm。 ⑤ 电缆敷设后，电缆头应悬空放置，将端头立即做好防潮密封，以免水分侵入电缆内部，并应及时制作电缆终端和接头。同时应及时清除杂物，盖好盖板，还要将盖板缝隙密封，施工完后电缆进入电缆沟、隧道、竖井、建筑物、盘(柜)以及穿入管道处出入口应保证封闭，管口进行密封并做防水处理。 ⑥ 单芯电缆钢管敷设应三相同时穿入一个管径	② 电缆的端部应有可靠的防潮措施。 ③ 交联聚乙烯绝缘配电电缆敷设时最小弯曲半径，无铠装的单芯为直径的20倍，多芯为直径的15倍；有铠装的单芯为直径的15倍，多芯为直径的12倍。 ④ 机械敷设时，铜芯电缆允许牵引强度牵引头部时为70 N/mm^2，铝芯电缆为40 N/mm^2；钢丝网套牵引铅护套电缆时为10 N/mm^2，铝护套电缆为40 N/mm^2，塑料护套为7 N/mm^2。 ⑤ 电缆盘就位后，安装放线架需稳固，确保钢轴平衡，电缆盘距地高度在50～100 mm为宜，并有可靠的制动措施。电缆敷设时，电缆应从盘的上端引出，不应使电缆在支架上及地面摩擦拖拉。电缆进入电缆管路前，可在其表面涂上与其护层不起化学作用的润滑物，减小牵引时的摩擦阻力。 ⑥ 直线部分应每隔2500～3000 mm设置一个直线滑车(图二)。在转角或受力的地方应增加滑轮组("L"状的转弯滑轮)(图三)，设置间距要小，控制电缆弯曲半径和侧压力，并设专人监视，电缆不得有铠装压扁、电缆绞拧、护层折裂等机械损伤，需要时可以适当增加输送机。 ⑦ 电缆敷设时，转角处需安排专人观察，负荷适当，统一信号、统一指挥。在电缆盘两侧须有协助推盘及负责刹盘滚动的人员。拉引电缆的速度要均匀，机械敷设电缆的速度不宜超过15 m/min，在较复杂路径上敷设时，其速度应适当放慢。

续表

项目/工艺名称	图例	验收要点	标准规范
			⑧ 电缆进出建筑物、电缆井及电缆终端头、电缆中间接头、拐弯处、工井内电缆进出管口处应悬挂标志牌。沿支架桥架敷设电缆在其首端、末端、分支处应悬挂标志牌，电缆沟敷设应沿敷设线路每间隔 20 m 悬挂标志牌。电缆标牌上应注明电缆编号、规格、型号、电压等级及起止位置等信息(图四)。标牌规格和内容应统一，且具有防腐性
10 kV 电缆终端头制作	图一 图二 图三 图四	① 严格按照电缆附件的制作要求制作电缆终端。 ② 剥除外护套，应分两次进行，以避免电缆铠装层铠装松散。先将电缆末端外护套保留 100 mm，然后按规定尺寸剥除外护套。 ③ 安装接地装置时，金属屏蔽层及铠装应分别用两条铜编织带接地，必须分别焊牢或固定在铠装的两层钢带和三相铜屏蔽层上，二者分别用绝缘带包缠，在分支手套内彼此绝缘且两条接地线必须做防潮段，安装时错开一定距离(图一)。 ④ 三芯电缆的电缆终端采用分支手套，分支手套套入电缆三叉部位，必须压紧到位，收缩后不得有空隙存在，并在分支手套下端口部位，绕包几层密封胶加强密封。⑤ 外半导电层剥除后，绝缘表面必须用细砂纸打磨，去除嵌入在绝缘表面的半导电颗粒(图三)。	① 应根据电缆终端和电缆的固定方式，确定电缆终端的制作位置。 ② 电缆终端安装时应避开潮湿的天气，且尽可能缩短绝缘暴露的时间。如在安装过程中遇雨雾等潮湿天气应及时停止作业，并做好可靠的防潮措施。 ③ 冷缩和预制终端头，剥切外半导电层时，不得伤及主绝缘。外半导电层端口切削成约 4 mm 的小斜坡并打磨光洁，与绝缘圆滑过渡(图二)。 ④ 打磨后应清洁绝缘，应由线芯绝缘端部向半导电应力控制管方向进行。 ⑤ 热缩终端头，剥切外半导电层时，将应力疏散胶拉薄、拉窄，缠绕在半导电层与绝缘层的交接处，把斜坡填平，后再压半导电层和绝缘层各 5～10 mm，并清洁绝缘(图四)。 ⑥ 绝缘层端口处理时，将绝缘层端头(切断面)倒角 3 mm×45°。

续表

项目/工艺名称	图例	验收要点	标准规范
10 kV 电缆终端接头制作	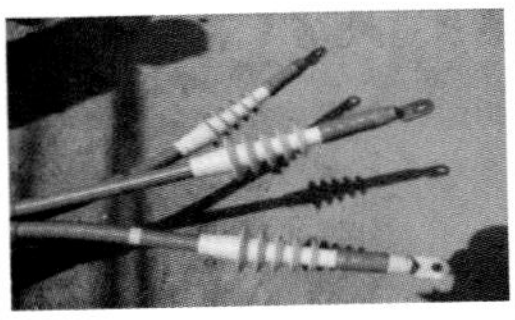 图五	⑥ 热缩的电缆终端安装时应先安装应力管，再安装外部绝缘护管和雨裙，安装位置及雨裙间间距应满足规定要求。 ⑦ 应采用相应颜色的胶带进行相位标识(图五)	⑦ 多段护套搭接时，上部的绝缘管应套在下部绝缘管的外部，搭接长度符合要求(无特别要求时，搭接长度不得小于10 mm)。 ⑧ 应确认相序一致。 ⑨ 若为原运行中老旧、破损电缆终端头头需重新制作，电缆终端头制作完毕应对该回电缆进行相序确认和交流耐压试验
10 kV 电缆中间接头制作	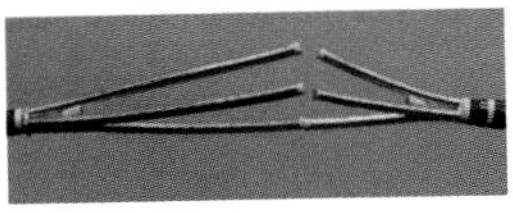 图一  图二 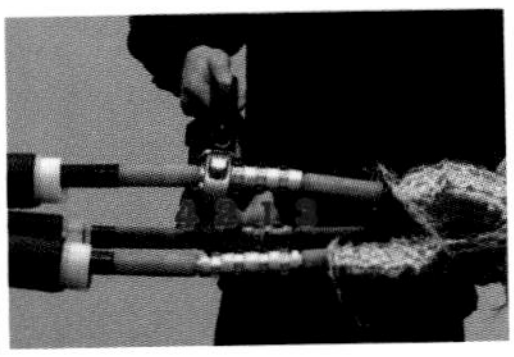 图三 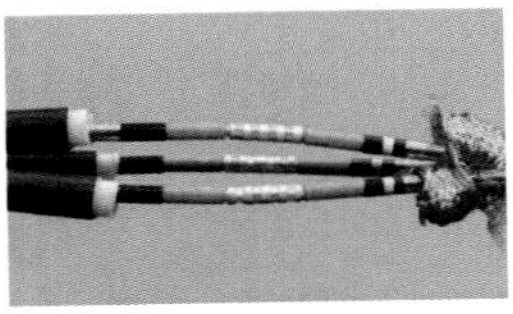 图四	① 剥除外护套，应分两次进行，以避免电缆铠装层铠装松散。先将电缆末端外护套保留100 mm，然后按规定尺寸剥除外护套。外护套断口以下100 mm部分用砂纸打毛并清洗干净，在电缆线芯分叉处将线芯校直、定位(图一)。 ② 根据制作说明书尺寸，剥除铜屏蔽层和外半导电层。外半导电层剥除后，绝缘表面必须用细砂纸打磨，去除嵌入在绝缘表面的半导电颗粒。 ③ 热缩应力控制管应以微弱火焰均匀环绕加热，使其收缩。 ④ 压接连接管，压接磨具应与连接管外径尺寸一致(图三)，压接后去除连接管表面棱角和毛刺，清洁绝缘与连接管(图四)。 ⑤ 在连接管上绕包半导电带，两端与内半导电屏蔽层应紧密搭接。	① 电缆安装时做好防潮措施。 ② 锯铠装时，其圆周锯痕深度应<2/3。 ③ 剥除内护套时，在剥除内护套处用刀子横向切一环形痕，深度不超过内护套厚度的一半。 ④ 根据说明书依次套入管材，顺序不得颠倒，所有管材端口应用塑料薄膜封口。 ⑤ 冷缩和预制中间接头，剥切外半导电层时，不得伤及主绝缘。外半导电层端口切削成约4 mm的小斜坡并打磨光洁，与绝缘圆滑过渡(图二)。 ⑥ 热缩中间接头，剥切外半导电层时，将应力疏散胶拉薄拉窄，缠绕在半导电层与绝缘层的交接处，把斜坡填平，后再压半导电层和绝缘层各5～10 mm。 ⑦ 清洁绝缘时，应由线芯绝缘端部向半导电应力控制管方向进行。 ⑧ 加热管材时应从中间向两端均匀、缓慢环绕进行，把管内气体全部排出。

续表

项目/工艺名称	图例	验收要点	标准规范
10 kV 电缆中间接头制作	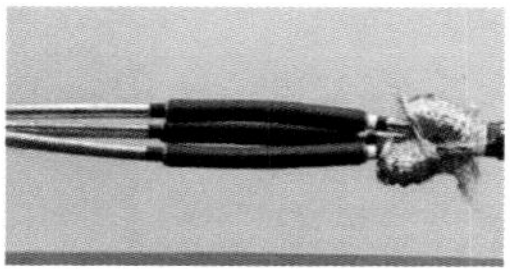 图五  图六 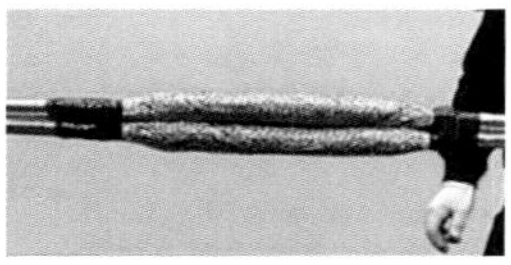 图七  图八 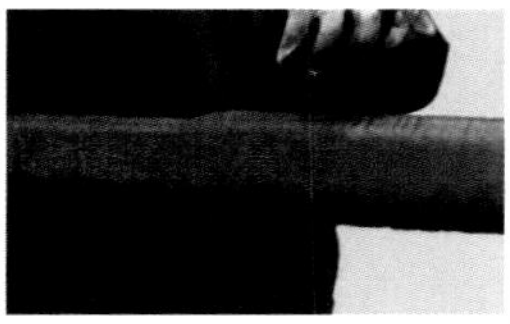 图九	⑥ 冷缩中间接头安装区域涂抹一层薄硅脂，将中间接头管移至中心部位，其一端应与记号平(图五)，抽出撑条时应沿逆时针方向进行，速度缓慢均匀。 ⑦ 固定铜屏蔽网应与电缆铜屏蔽层可靠搭接(图六、图七)。 ⑧ 冷缩中间接头的绕包防水带，应覆盖接头两端的电缆内护套，搭接电缆外护套不少于150 mm。 ⑨ 热缩中间接头待电缆冷却后方可移动电缆，冷缩中间接头放置30 min后方可进行电缆接头搬移工作。 ⑩ 热缩时禁止使用吹风机替代喷灯进行加热	⑨ 内绝缘管及屏蔽管两端绕包密封防水胶带，应拉伸200%，绕包应圆整紧密，两边搭接外半导电层和内外绝缘管及屏蔽管不得少于30 mm。 ⑩ 铜屏蔽网焊接每处不少于两个焊点，焊点面积不少于10 mm^2。 ⑪ 冷缩中间接头绕包防水胶带前，应先将两侧搭接的内护套进行拉毛，之后将绕包防水胶带拉伸至原来宽度3/4，半重叠绕包，与内护套搭接长度不小于10 cm，完成后，双手用力挤压所包胶带使其紧密贴附(图八)。 ⑫ 若为原运行中老旧、破损电缆中间接头需重新制作，在旧电缆中间接头解体或电缆开断前，应与电缆走向图纸核对相符，并使用专用仪器(如感应法)确认证实电缆无电后，用接地的带绝缘柄的铁钉钉入电缆芯后方可工作。电缆中间头制作完毕应对该回电缆进行相序确认和交流耐压试验
10 kV 电缆固定	 图一	① 固定点应设在应力锥下或三芯电缆的电缆终端下部等部位。 ② 电缆终端搭接和固定在必要时加装过渡排，搭接面应符合规范要求。 ③ 各相终端固定处应加装符合规范要求的衬垫。 ④ 电缆固定后应悬挂电缆标识牌，标识牌尺寸规格统一。	① 终端头搭接后不得使搭接处设备端子和电缆受力。 ② 铠装层和屏蔽均应采取两端接地的方式；当电缆穿过零序电流互感器时，零序TA安装在电缆护套接地引线端上方时，接地线直接接地；零序TA安装在电缆护套接地引线端下方时，接地线必须回穿零序TA一次，回穿的接地线必须采取绝缘措施。

项目/工艺名称	图例	验收要点	标准规范
10 kV电缆固定	图二	⑤ 固定在电缆隧道、电缆沟的转弯处,电缆桥架的两端和采用挠性固定方式时,应选用移动式电缆夹具。所有夹具松紧程度应基本一致,两边螺丝应交替紧固,不能过紧或过松。 ⑥ 电缆及其附件、安装用的钢制紧固件、除地脚螺栓外应用热镀锌制品。 ⑦ TA安装在电缆护套接地引线端上方时,接地线直接接地;TA安装在电缆护套接地引线端下方时,接地线必须回穿TA一次,回穿的接地线必须采取绝缘措施	③ 直埋电缆进出建筑物、电缆井及电缆终端、电缆中间接头处应挂标识牌。 ④ 沿支架桥架敷设电缆在其首端、末端、分支处应挂标识牌。 ⑤ 单芯电缆或多芯电缆分相后的各相电缆的刚性固定,宜采用铝合金等不构成磁性闭合回路材料的夹具。 ⑥ 垂直敷设或超过45°倾斜敷设的电缆在每个支架、桥架上每隔150~200 mm处应加以固定
电缆沟防火墙	图一 图二	① 户外电缆沟内的隔断应采用防火墙;电缆通过电缆沟进入保护室、开关室等建筑物时,应采用防火墙进行隔断。 ② 防火墙两侧应采用10 mm以上厚度的防火隔板封隔,中间应采用无机堵料、防火包或耐火砖堆砌,其厚度一般不小于250 mm(图一)。 ③ 防火墙应采用热镀锌角钢作支架进行固定。 ④ 防火墙内预留的电缆通道应进行临时封堵,其他所有缝隙均应采用有机堵料封堵。 ⑤ 防火墙顶部应加盖防火隔板,底部应留有两个排水孔洞	① 对于阻燃电缆在电缆沟每隔80~100 m设置一个隔断,对于非阻燃电缆,宜每隔60 m设置一个隔断,一般设置在临近电缆沟交叉处。 ② 防火墙内的电缆周围应采用不得小于20 mm的有机堵料进行包裹。 ③ 防火墙两侧的电缆周围利用有机堵料进行密实的分隔包裹,其两侧厚度大于防火墙表层20 mm。 ④ 防火墙上部的电缆盖上应涂刷明显标记(图二)
竖井封堵		① 电缆竖井处的防火封堵应采用角钢或槽钢托架进行加固,再用防火隔板托底封堵。 ② 托架和防火隔板的选用和托架的密度应确保整体有足够的强度,能作为人行通道。	

续表

项目/工艺名称	图例	验收要点	标准规范
竖井封堵		③ 底面的孔隙口及电缆周围应采用有机堵料进行密实封堵，电缆周围的有机堵料厚度不小于20 mm。 ④ 防火隔板上应浇铸无机堵料，无机堵料浇筑后在其顶部应使用有机堵料将每根电缆分隔包裹	① 有机堵料封堵应严密牢固，无漏光、漏风、裂缝和脱漏现象，表面光洁平整。 ② 无机堵料封堵表面光洁，无粉化、硬化、开裂等缺陷
盘柜封堵	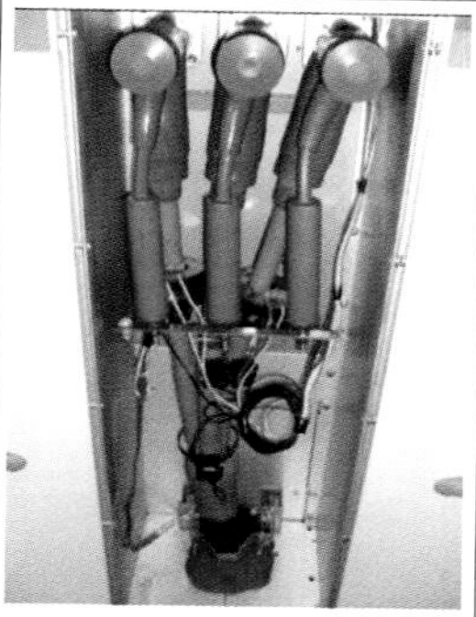 	① 在孔洞、盘柜底部铺设厚度为10 mm的防火板，在孔隙口及电缆周围采用有机堵料进行密实封堵，电缆周围的有机堵料厚度不小于20 mm。 ② 用防火包填充或无机堵料浇筑，塞满孔洞。 ③ 在预留孔洞的上部应采用钢板或防火板进行加固，以确保作为人行通道的安全性，如果预留的孔洞过大应采用槽钢或角钢进行加固，将孔洞缩小后方可加装防火板	① 防火包堆砌采用交叉堆砌方式，密实牢固，不透光，外观整齐。 ② 有机堵料封堵应严密牢固，无漏光、漏风裂缝和脱漏现象，表面光洁平整。 ③ 在孔洞底部防火板与电缆的缝隙处做线脚；防火板不能封隔到的盘柜底部空隙处，有机堵料严密堵实
电缆保护管封堵	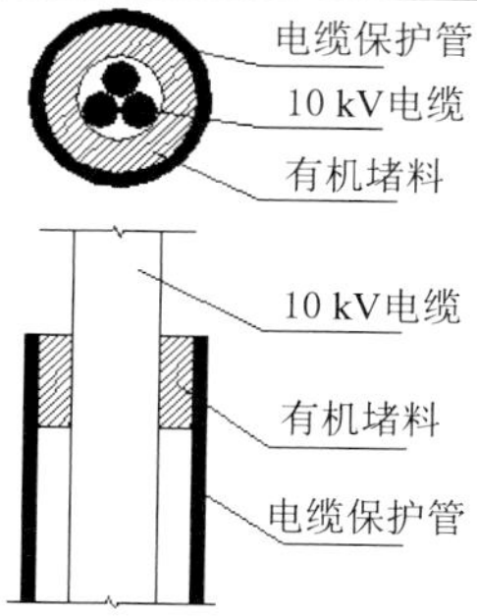  电缆保护管 10 kV电缆 有机堵料 10 kV电缆 有机堵料 电缆保护管	电缆管口应采用有机堵料严密封堵	管径小于50 mm的堵料嵌入的深度不小于50 mm，露出管口厚度不小于10 mm；随管径的增加，堵料嵌入管子的深度和露出的管口的厚度也相应增加，管口的堵料要做成圆弧形

项目/工艺名称	图例	验收要点	标准规范
防火包带或涂料		① 施工前应清除电缆表面灰尘、油污，注意不能损伤电缆护套。 ② 防火包带或涂料的安装位置一般在防火墙两端和配电电缆接头两侧的2～3 m长区段。 ③ 防火包带应采用单根绕包的方式，多根小截面的控制电缆可采取多根绕包的方式，两段的缝隙用有机堵料封堵严密。 ④ 用于耐火防护的材料产品，应按等效工程使用条件的燃烧试验满足耐火极限不低于1 h的要求，且耐火温度不宜低于1000 ℃	① 水平敷设的电缆应沿电缆走向进行均匀涂刷，垂直敷设的电缆宜自上而下涂刷。 ② 电缆防火涂料的涂刷一般为3遍（可根据设计相应增加），涂层厚度为干后厚度1 mm以上。 ③ 当电缆密集和束缚时，应逐根涂刷，不得漏刷，防火涂料表面应光洁、厚度均匀。 ④ 防火包带采取半搭盖方式绕包，包带要求紧密地覆盖在电缆上
工井防水封堵		① 排管在工井处的管口应封堵，防止雨水（或其他水源）经电缆进出线孔洞或缝隙灌入工井。 ② 采用三层防水封堵措施进行封堵，即：采用刚性无机防水堵漏材料封堵第一层；注入柔性专用防水膨胀胶封堵第二层，随即，使用无机防水堵漏材料封堵；使用防水胶做弹性密封，涂刷保护层；封堵厚度至少保证300 mm。 ③ 管孔300～500 mm深处施工辅助材料做填充物	对于孔洞中的电缆移动要轻抬放，电缆底部应垫放木块等垫衬物品，将电缆摆放于孔洞中间位置，再实施封堵施工

第三章　配电电缆及通道运维

为掌握线路的运行状况，及时发现电缆及通道缺陷和威胁安全运行的情况，确定检修内容，提高电缆线路的安全可靠性，电缆运维单位应根据相关规程制度，对配电电缆及通道开展运维工作。

第一节　配电电缆及通道巡视

配电电缆及通道巡视是指运维单位根据运行状态，对管辖范围内的电缆线路及通道进行的经常性观测、检测、记录等工作。运维人员应严格按照巡视周期，对管辖范围内的电缆及通道开展巡视，做到应巡尽巡。

一、巡视的范围

配电电缆线路巡视范围较广泛，一般包括三类：

① 电缆本体及电缆附件(接头、终端)。

② 电缆线路的附属设备，主要包括：环网柜、高分箱、避雷器、接地装置、供油装置、在线监测装置等。

③ 电缆线路的附属设施，主要包括：电缆支架、标识标牌、防火设施、防水设施等。

二、巡视的基本要求

1. 基本方针

配电电缆及通道运行维护工作应贯彻安全第一、预防为主、综合治理的方针。

2. 对运维人员的基本要求

对运维人员的基本要求如下：

① 运维人员应熟悉《中华人民共和国电力法》、《电力设施保护条例》、《电力设施保护条例实施细则》等国家法律、法规和《配电网运维规程》(Q/GDW 1519)、《电力电缆及通道运维规程》(Q/GDW 1512)及《国家电网公司电力设施保护工作管理办法》等公司有关规定。

② 运维人员应掌握电缆及通道状况，熟知有关规程制度，定期开展分析，提出相应的事故预防措施并组织实施，提高设备安全运行水平。

③ 运维人员应经过技术培训并取得相应的技术资质，认真做好所管辖电缆及通道的巡视、维护和缺陷管理工作，建立健全技术资料档案，并做到齐全、准确，与现场实际

相符。

3. 对运维单位的基本要求

对运维单位的基本要求如下：

① 运维单位应建立岗位责任制，明确分工，做到每条电缆及通道有专人负责。每条电缆及通道应有明确的运维管理界限。应与发电厂、变电所、架空线路、开闭所和临近的运行管理单位（包括用户）明确分界点，不应出现空白点。

② 运维单位应全面做好配电电缆及通道的巡视检查、安全防护、状态管理、维护管理和验收工作，并根据设备运行情况，制定工作重点，解决设备存在的主要问题。

③ 运维单位应开展电力设施保护宣传教育工作，建立和完善电力设施保护工作机制和责任制，加强配电电缆及通道保护区管理力度，防止外力破坏。在邻近配电电缆及通道保护区的打桩、深基坑开挖等施工过程中，应要求对方做好电力设施保护。

④ 运维单位对易发生外力破坏、偷盗的区域和处于洪水冲刷区易坍塌等区域内的配电电缆及通道，应加强巡视，并采取针对性保护措施。

⑤ 运维单位应建立配电电缆及通道资产台账，定期清查核对，保证账物相符。对与公用电网直接连接的且签订代维护协议的用户电缆应建立台账。

⑥ 运维单位应积极采用先进技术，实行科学管理。新材料和新产品应通过标准规定的试验、鉴定或工厂评估合格后方可挂网试用，在试用的基础上逐步推广应用。

⑦ 运维单位应加强配电电缆线路负荷和温度的检（监）测，防止过负荷运行，多条并联的电缆应分别进行测量。巡视过程中应检测电缆附件、接地系统等关键部位的温度。

⑧ 运维单位应严格按照试验规程对电缆金属护层的接地系统开展运行状态检测、试验，严禁金属护层不接地运行。

⑨ 运维单位应开展配电电缆线路状态评价，对异常状态和严重状态的电缆线路应及时检修。

⑩ 运维单位应监视重载和重要电缆线路因运行温度变化产生的伸缩位移，出现异常应及时处理。

⑪ 运维单位应参与配电电缆及通道的规划、路径选择、设计审查、设备选型及招标等工作。根据历年反事故措施、安全措施的要求和运行经验，提出改进建议，力求设计、选型、施工与运行协调一致。应按相关标准和规定对新投运的配电电缆及通道进行验收。

⑫ 运维单位应执行公司《电力电缆及通道运维规程》(Q/GDW 1512)要求，明确巡视检查与防护内容和范围，编制巡视计划，对所辖电缆及通道进行巡视与检查，全面准确掌握运行状况。将电缆通道纳入主设备管理范畴，实行电缆通道设备主人制，落实运维责任，在PMS系统中建立并动态维护运维人员信息档案。

⑬ 运维单位每年年底前应完成电缆通道资源利用情况梳理排查，并及时录入PMS系统，实行动态管理。对于重要电缆通道运维，应全面开展电缆通道风险评估，按照影响电网安全运行程度和所带用户的重要程度，明确重要电缆通道范围，并实行“差异化”

的运维策略；当电网存在线路检修等异常运行方式时，应动态调整重要电缆通道。

4. 运维班组应留存的资料

配电电缆及通道资料应有专人管理，建立图纸、资料清册，做到目录齐全、分类清晰、一线一档、检索方便。应根据配电电缆及通道的变动情况，及时动态更新相关技术资料，确保与线路实际情况相符。配电电缆所需资料如图3.1所示。

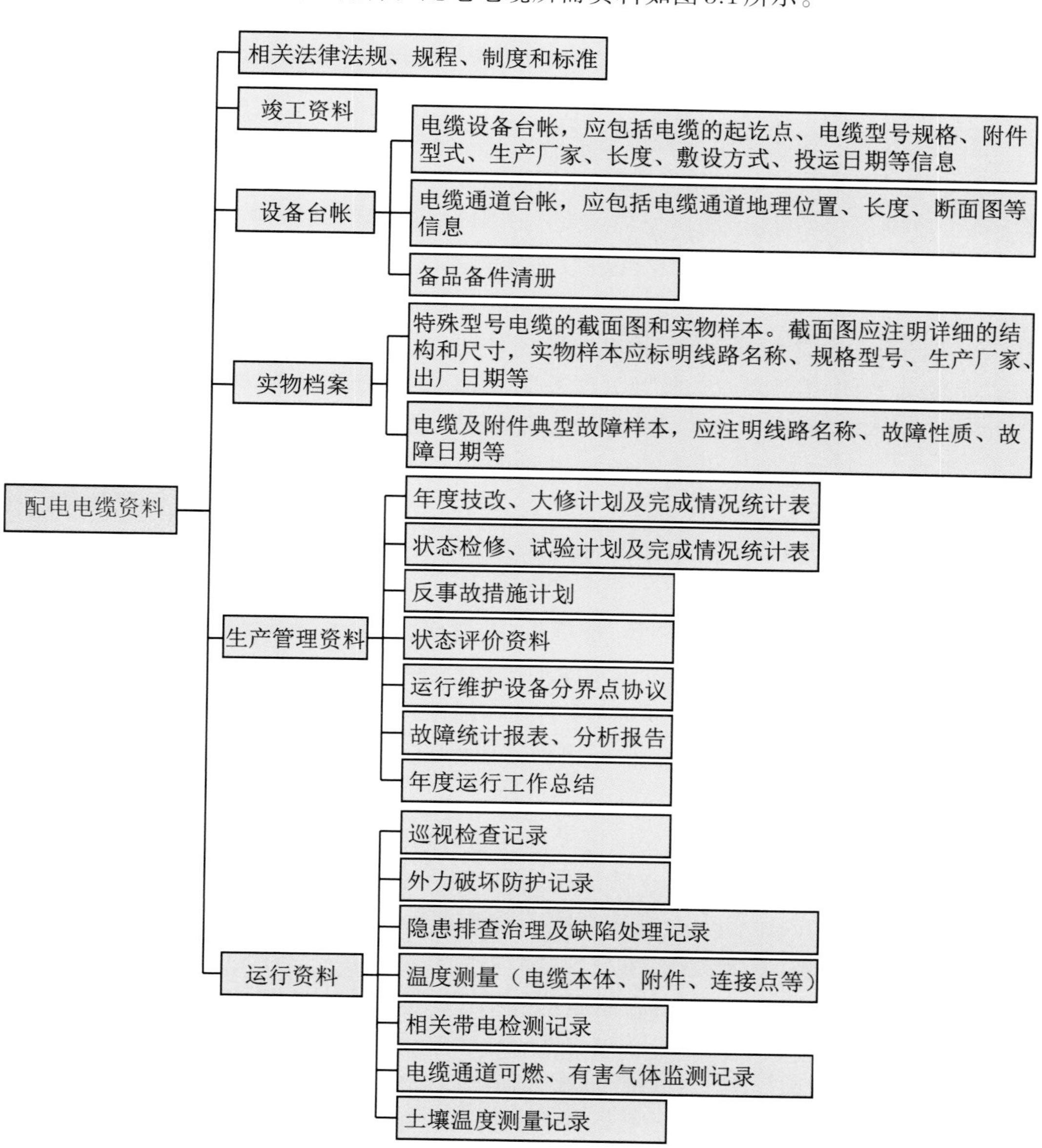

图3.1　配电电缆所需资料

其中,配电电缆竣工资料主要包括:

① 电缆及通道走廊以及城市规划部门批准文件。包括建设规划许可证、规划部门对于电缆及通道路径的批复文件、施工许可证等。

② 完整的设计资料,包括初步设计、施工图及设计变更文件、设计审查文件等。

③ 电缆及通道沿线施工与有关单位签署的各种协议文件。

④ 工程施工监理文件、质量文件及各种施工原始记录。

⑤ 隐蔽工程中间验收记录及签证书。

⑥ 施工缺陷处理记录及附图。

⑦ 电缆及通道竣工图纸应提供电子版,三维坐标测量成果。

⑧ 电缆及通道竣工图纸和路径图,比例尺一般为1:500,地下管线密集地段为1:100,管线稀少地段,为1:1000。在房屋内及变电所附近的路径用1:50的比例尺绘制。平行敷设的电缆,应标明各条线路相对位置,并标明地下管线剖面图。电缆如采用特殊设计,应有相应的图纸和说明。

⑨ 电缆敷设施工记录,应包括电缆敷设日期、天气状况、电缆检查记录、电缆生产厂家、电缆盘号、电缆敷设总长度及分段长度、施工单位、施工负责人等。

⑩ 电缆附件安装工艺说明书、装配总图和安装记录。

运维单位应做好配电电缆及通道资料的归档工作。档案资料管理的具体要求如下:

① 档案资料管理包括文件材料的收集、整理、完善、录入、归档、保管、备份、借用、销毁等工作。

② 档案资料管理坚持"谁主管、谁负责,谁形成、谁整理"的原则,应与检修业务同步进行资料收集整理,检修业务完成后及时归档档案资料。

③ 档案部门负责对本单位运维检修项目档案工作进行监督检查指导,确保运维检修项目档案的齐全完整、系统规范,并根据需要做好运维检修档案的接收、保管和利用工作。

④ 资料和图纸应根据现场变动情况及时做出相应的修改和补充,与现场情况保持一致,并将资料信息及时录入运检管理系统和GIS等信息系统。

⑤ 文件材料归档范围包含前述档案资料及备品备件、电缆检修报告,应确保归档文件材料的齐全完整、真实准确、系统规范。

⑥ 建设项目归档文件和案卷质量应符合《科学技术档案案卷构成的一般要求》(GB/T 11822)和《建设项目档案管理规范》(DA/T 28)的要求。

⑦ 归档文件材料应齐全、完整、准确,符合其形成规律;分类、组卷、排列、编目应规范、系统。

⑧ 各种原材料及构件出厂证明、质保书、出厂试验报告、复测报告要齐全、完整;证明材料字迹清楚、内容规范、数据准确,以原件归档;水泥、钢材等主要原材料的使用都应编制跟踪台账,说明在工程项目中的使用场合、位置,使其具有可追溯性。

⑨ 各类记录表格必须符合规范要求,表格形式应统一。各项记录填写必须真实可靠、字迹清楚,数据填写详细、准确,不得漏缺项,没有内容的项目要删除。

⑩ 设计变更、施工质量处理、缺陷处理报告等,应有闭环交代的详细记录(包括调查报告,分析、处理意见,处理结论及消缺记录,复检意见与结论等)。

⑪ 设计院的CAD竣工图应进行移交。在移交纸质文件的同时,应移交同步形成的电子、音像文件。归档的电子文件应包括相应的背景信息和元数据,并采用《电子文件归档与电子档案管理规范》(GB/T 18894)要求的格式。

⑫ 电子文件整理时应写明电子文件的载体类型、设备环境特征;载体上应贴有标签,标签上应注明载体序号、档案编号、保管期限、密级、存入日期等信息;归档的磁性载体应是只读型。

⑬ 移交的录音影像文件应保证载体的有效性、内容的系统性和整理的科学性。影像材料整理时应附文字说明,对事由、时间、地点、人物、背景、作者等内容进行著录,并同时移交电子文件。

三、巡视检查内容

1. 巡视类型

配电电缆及通道巡视检查主要分为定期巡视、故障巡视、特殊巡视三类。

定期巡视包括对电缆及通道的检查,可以按全线或区段进行。巡视周期相对固定,并可动态调整。电缆和通道的巡视可按不同的周期分别进行。

故障巡视应在电缆发生故障后立即进行,巡视范围为发生故障的区段或全线。对引发事故的证物证件应妥善保管设法取回,并对事故现场应进行拍摄、记录,以便为事故分析提供证据和参考。

特殊巡视应在气候剧烈变化、自然灾害、外力影响、异常运行和对电网安全稳定运行有特殊要求时进行,巡视的范围视情况可分为全线、特定区域和个别组件。对电缆及通道周边的施工行为应加强巡视,对已开挖暴露的电缆线路,应缩短巡视周期,必要时安装移动视频监控装置进行实时监控或安排人员看护。

特殊巡视主要包括以下几种情况:

① 设备重载或负荷有显著增加。

② 设备检修或改变运行方式后,重新投入系统运行或新安装设备的投运。

③ 根据检修或试验情况,有薄弱环节或可能造成缺陷。

④ 设备存在严重缺陷或缺陷有所发展时。

⑤ 存在外力破坏或在恶劣气象条件下可能影响安全运行的情况。

⑥ 重要保供电任务期间。

⑦ 其他电网安全稳定有特殊运行要求时。

2. 巡视周期

运维单位应根据电缆及通道特点划分区域,结合状态评价和运行经验确定电缆及通道的巡视周期。同时依据电缆及通道区段和时间段的变化,及时对巡视周期进行必要的调整。配电电缆及通道巡视周期如表3.1所示。

表 3.1　配电电缆及通道巡视周期

巡视对象	巡视周期
电缆通道外部及户外终端	1个月
电缆及通道内部巡视	3个月
开关柜、分支箱、环网柜内的电缆终端	结合停电巡视检查
单电源、重要电源、重要负荷、网间联络等电缆及通道	不应超过半个月
通道环境恶劣的区域	半个月
城市排水系统泵站供电电源电缆	每年汛期前进行巡视

3. 配电电缆巡视内容

电缆巡视应沿电缆逐个接头、终端建档，进行立体式巡视，不得出现漏点(段)。电缆巡视检查的要求及内容按照表3.2执行。

表 3.2　电缆巡视检查要求及内容

巡视对象	部件	要求及内容
电缆本体	本体	① 是否变形。 ② 表面温度是否过高
	外护套	是否存在破损情况和龟裂现象
附件	电缆终端	① 套管外绝缘是否出现破损、裂纹，是否有明显放电痕迹、异味及异常响声；套管密封是否存在漏油现象；瓷套表面不应严重结垢。 ② 套管外绝缘爬距是否满足要求。 ③ 电缆终端、设备线夹、与导线连接部位是否出现发热或温度异常现象。 ④ 固定件是否出现松动、锈蚀、支撑瓷瓶外套开裂、底座倾斜等现象。 ⑤ 电缆终端及附近是否有不满足安全距离的异物。 ⑥ 支撑绝缘子是否存在破损情况和龟裂现象。 ⑦ 法兰盘尾管是否存在渗油现象。 ⑧ 电缆终端是否有倾斜现象，引流线不应过紧
	电缆接头	① 是否浸水。 ② 外部是否有明显损伤及变形，环氧外壳密封是否存在内部密封胶向外渗漏现象。 ③ 底座支架是否存在锈蚀和损坏情况，支架是否存在偏移情况，应稳固。 ④ 是否有防火阻燃措施。 ⑤ 是否有铠装或其他防外力破坏的措施

巡视对象	部件	要求及内容
	避雷器	① 避雷器是否存在连接松动、破损、连接引线断股、脱落、螺栓缺失等现象。 ② 避雷器动作指示器是否存在图文不清、进水和表面破损、误指示等现象。 ③ 避雷器均压环是否存在缺失、脱落、移位现象。 ④ 避雷器底座金属表面是否出现锈蚀或油漆脱落现象。 ⑤ 避雷器是否有倾斜现象,引流线是否过紧。 ⑥ 避雷器连接部位是否出现发热或温度异常现象
	接地装置	① 接地箱箱体(含门、锁)是否缺失、损坏,基础是否牢固可靠。 ② 交叉互联换位是否正确,母排与接地箱外壳是否绝缘。 ③ 主接地引线是否接地良好,焊接部位是否做防腐处理。 ④ 接地类设备与接地箱接地母排及接地网是否连接可靠,是否松动、断开。 ⑤ 同轴电缆、接地单芯引线或回流线是否缺失、受损
附属设备	在线监测装置	① 在线监测硬件装置是否完好。 ② 在线监测装置数据传输是否正常。 ③ 在线监测系统运行是否正常
附属设施	电缆支架	① 电缆支架应稳固,是否存在缺件、锈蚀、破损现象。 ② 电缆支架接地是否良好
	标识标牌	① 电缆线路铭牌、接地箱(交叉互联箱)铭牌、警告牌、相位标识牌是否缺失、清晰、正确。 ② 路径指示牌(桩、砖)是否缺失、倾斜
	防火设施	① 防火槽盒、防火涂料、防火阻燃带是否存在脱落。 ② 变电所或电缆隧道出入口是否按设计要求进行防火封堵措施

4. 电缆通道巡视内容

通道巡视应对通道周边环境、施工作业等情况进行检查,及时发现和掌握通道环境的动态变化情况。在确保对电缆巡视到位的基础上宜适当增加通道巡视次数,对通道上的各类隐患或危险点安排定点检查。

对电缆及通道靠近热力管或其他热源、电缆排列密集处,应进行电缆环境温度、土壤温度和电缆表面温度监视测量,以防环境温度或电缆过热对电缆产生不利影响。通道巡视检查要求及内容按照表3.3执行。

表3.3 通道巡视检查要求及内容

巡视对象		要求及内容
通道	直埋	① 电缆相互之间，电缆与其他管线、构筑物基础等最小允许间距是否满足要求。 ② 电缆周围是否有石块或其他硬质杂物以及酸、碱强腐蚀物等
	电缆沟	① 电缆沟墙体是否有裂缝，附属设施是否存在故障或缺失。 ② 竖井盖板是否缺失，爬梯是否锈蚀、损坏。 ③ 电缆沟接地网接地电阻是否符合要求
	隧道	① 隧道出入口是否有障碍物。 ② 隧道出入口门锁是否锈蚀、损坏。 ③ 隧道内是否有易燃、易爆或腐蚀性物品，是否有引起温度持续升高的设施。 ④ 隧道内地坪是否倾斜、变形及渗水。 ⑤ 隧道墙体是否有裂缝，附属设施是否故障或缺失。 ⑥ 隧道通风亭是否有裂缝、破损。 ⑦ 隧道内支架是否锈蚀、破损。 ⑧ 隧道接地网接地电阻是否符合要求。 ⑨ 隧道内电缆位置正常，无扭曲，外护层无损伤，电缆运行标识清晰齐全；防火墙、防火涂料、防火包带应完好无缺，防火门开启正常。 ⑩ 隧道内电缆接头有无变形，防水密封是否良好；接地箱有无锈蚀，密封、固定是否良好
		⑪ 隧道内同轴电缆、保护电缆、接地电缆应外皮无损伤、密封良好、接触牢固。 ⑫ 隧道内接地引线无断裂，紧固螺丝应无锈蚀、接地可靠。 ⑬ 隧道内电缆固定夹具构件、支架，应无缺损、无锈蚀，应牢固无松动。 ⑭ 现场检查有无白蚁、老鼠咬伤电缆。 ⑮ 隧道投料口、线缆孔洞封堵是否完好。 ⑯ 隧道内其他管线有无异常状况。 ⑰ 隧道通风、照明、排水、消防、通讯、监控、测温等系统或设备是否运行正常，是否存在隐患和缺陷
	工作井	① 接头工作井内是否长期存在积水现象，地下水位较高、工作井内易积水的区域敷设的电缆是否采用阻水结构。 ② 工作井是否出现基础下沉、墙体坍塌、破损现象。 ③ 盖板是否存在缺失、破损、不平整现象。 ④ 盖板是否压在电缆本体、接头或者配套辅助设施上。 ⑤ 盖板是否影响行人、过往车辆安全

续表

巡视对象		要求及内容
	排管	① 排管包封是否破损、变形。 ② 排管包封砼层厚度是否符合设计要求，钢筋层结构是否裸露。 ③ 预留管孔是否采取封堵措施
	电缆桥架	① 电缆桥架电缆保护管、沟槽是否脱开或锈蚀，盖板是否有缺损。 ② 电缆桥架是否出现倾斜、基础下沉、覆土流失等现象，桥架与过渡工作井之间是否产生裂缝和错位现象。 ③ 电缆桥架主材是否存在损坏、锈蚀现象
	水底电缆	① 水底电缆管道保护区内是否有挖砂、钻探、打桩、抛锚、拖锚、底拖捕捞、张网、养殖或者其他可能破坏海底电缆管道安全的水上作业。 ② 水底电缆管道保护区内是否发生违反航行规定的事件。 ③ 临近河(海)岸两侧是否有受潮水冲刷的现象，电缆盖板是否露出水面或移位，河岸两端的警告牌是否完好
	其他	① 电缆通道保护区内是否存在土壤流失，造成排管包封、工作井等局部点暴露或者导致工作井、沟体下沉、盖板倾斜。 ② 电缆通道保护区内是否修建建筑物、构筑物。 ③ 电缆通道保护区内是否有管道穿越、开挖、打桩、钻探等施工。 ④ 电缆通道保护区内是否被填埋。 ⑤ 电缆通道保护区内是否倾倒化学腐蚀物品。 ⑥ 电缆通道保护区内是否有热力管道或易燃易爆管道泄漏现象。 ⑦ 终端站、终端塔(杆、T接平台)周围有无影响电缆安全运行的树木、爬藤、堆物及违章建筑等

5. 故障巡视分析案例

(1) 故障情况简介

① 2020年04月10日20:58，220 kV××变电站××开关电流Ⅰ段动作跳闸。

10 kV××线由220 kV××变电站出线，终点为10 kV××货场，全线为架空和电缆混合线路，线路总长16.608 km，其中架空线路51基杆塔共计9.27 km，电缆长度为5.610 km，接线图如图3.2所示。

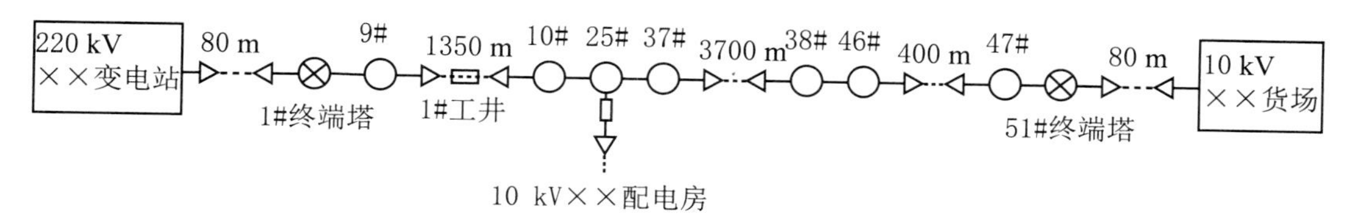

图3.2　10 kV××线接线图

此次开关跳闸故障点为10 kV××线9#～10#杆塔之间电缆段。故障区段基本情况如表3.4所示。

表3.4　故障区段基本情况

起始位置	终点位置	区段长度(km)	电缆全长(km)	电缆型号
9#终端塔	1#工井	0.25	1.35	YJV22-8.7/15 3×185 mm²
设计单位	××电力规划设计院			
施工单位	××××实业集团			
运维单位	××供电公司			
投运时间	2015年07月20日			
资产属性	省(直辖市、自治区)公司			

(2) 故障巡视及处理

4月10日20时58分，运检中心接到调度命令后，立即组织专业巡视人员、技术人员、管理人员紧急赶赴现场进行故障巡视。时值夜间，安排2人一组进行故障查找，故障巡视队伍首先采用手电筒对沿线架空线路进行故障巡视，排除鸟害、绝缘子自爆、树障原因跳闸。鉴于该条线路自带用户支线较多，经××市电力调度控制中心批准，依次拉开××配电房、××货场开关，试送主线仍未成功，排除用户设备故障问题。鉴于后期一直下中雨，次日上午安排专人对电缆终端塔进行登杆检查，经排查，电缆终端设备线夹、避雷器桩头均完好无损，并且该条线路电缆通道内一直无施工隐患点，故初步怀疑是电缆中间接头故障导致的线路跳闸。

鉴于10 kV ××线37#~38#杆塔之间下穿公路，电缆路径长，中间接头多，且之前有过故障历史，首先对该段电缆中间接头井逐一检查，也未发现问题。后又从220 kV××变电站开始向大号侧，逐一开井通风检查，查到1#中间接头井时，发现井内有明显故障痕迹，气体检测合格后下井发现该处电缆中间接头爆裂。初步判断此起跳闸原因为10 kV××线9#~10#杆塔之间电缆段1#中间接头爆裂破损。运检中心立即将这一情况反映到市公司运检部，并及时安排电缆抢修工作。现场故障情况如图3.3、图3.4所示。

图3.3　电缆中间接头1#井

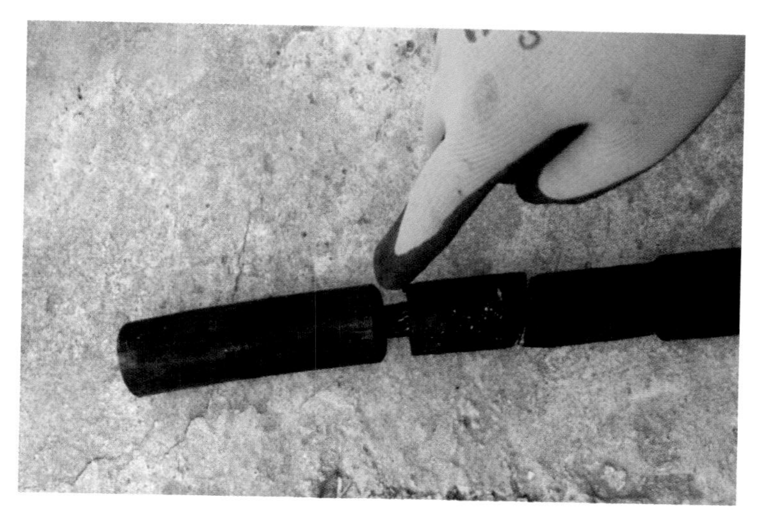

图3.4　中间接头爆裂情况

(3) 故障原因及防范措施

① 故障原因

此次故障为10 kV××线1#电缆井内中间接头爆裂导致的开关跳闸，故障原因为电缆中间接头设备安装人员施工工艺存在缺陷。

② 暴露的问题

a. 电缆附件安装过程中，电缆运检人员对安装工艺未能有效监督，对具体尺寸要求是否存在误差、绝缘带和密封带缠绕是否满足要求，是否采取有效的防尘、防灰、防潮保护措施未能严格把控。

b. 在日常运维过程中，缺乏有效的手段诊断电缆中间接头的运行状况。

③ 防范措施

a. 对电缆附件安装工艺实施有效监督，主业人员全程跟踪管控附件安装过程，确保附件安装环境、安装工艺符合设备生产厂家图纸要求，在附件安装过程中有效监督附件安装质量。

b. 迎峰度夏、迎峰度冬及高负荷期间，定期开展红外测温等带电检测工作，掌握中间接头及终端头的运行状况。

c. 及时对电缆通道及电缆井盖和盖板进行检查和维护。

d. 汛期定期对电缆井内进行抽水清淤。

第二节　配电电缆及通道维护

配电电缆及通道维护是指运维单位依据电力电缆线路及通道的状态监测和试验结果、状态评价结果，考虑设备风险因素，动态制订设备的维护检修计划，合理安排状态检修的计划和内容。

一、维护的一般要求

① 通道维护主要包括通道修复、加固、保护和清理等工作。

② 通道维护原则上不需停电，宜结合巡视工作同步完成。

③ 维护人员在工作中应随身携带相关资料、工具、备品备件和个人防护用品。

④ 在通道维护可能影响电缆安全运行时，应编制专项保护方案，施工时应采取必要的安全保护措施，并应设专人监护。

二、维护的内容

1. 通道维护内容

① 更换破损的井盖、盖板、保护板，补全缺失的井盖、盖板、保护板。破损的井盖如图3.5所示。

② 维护工作井口。

③ 清理通道内的积水、杂物。

④ 维护隧道人员进出竖井的楼梯(爬梯)。

图3.5　破损的井盖

⑤ 维护隧道内的通风、照明、排水设施和低压供电系统。

⑥ 维护电缆沟及隧道内的阻火隔离设施、消防设施。

⑦ 剪、砍伐电缆终端塔(杆)、T接平台周围安全距离不足的树枝和藤蔓。

⑧ 修复存在连接松动、接地不良、锈蚀等缺陷的接地引下线。

⑨ 更换缺失、褪色和损坏的标桩、警示牌和标识标牌，及时校正倾斜的标桩、警示牌和标识标牌如图3.6所示。

⑩ 对锈蚀电缆支架进行防腐处理，更换或补装缺失、破损、严重锈蚀的支架部件。

⑪ 保护运行电缆管沟可采用贝雷架、工字钢等设施，做好悬吊、支撑保护，悬吊保护时应对电缆沟体或排管进行整体保护，禁止直接悬吊裸露电缆。

图3.6　倾斜的警示牌

⑫ 绿化带或人行道内的电缆通道改为慢车道或快车道时，应进行迁改。在迁改前应要求相关单位根据承重道路标准采取加固措施，对工作井、排管、电缆沟体进行保护。

⑬ 有挖掘机、吊车等大型机械通过非承重电缆通道时，应要求相关方采取上方垫设钢板等保护措施，保护措施应防止噪音扰民。

⑭ 电缆通道所处环境改变致使工作井或沟体的标高与周边不一致，应采取预制井筒或现浇方式将工作井或沟体标高进行调整。

2. 电缆本体及附件维护的主要内容

① 修复有轻微破损的外护套、接头保护盒。

② 补全、修复防火阻燃措施。

③ 补全、修复缺失的电缆线路本体及其附件标识。

④ 修复、更换存在局部放电缺陷的电缆终端。

⑤ 修复发热的电缆终端接线端子等。

3. 电缆环网柜/分支箱维护的主要内容

① 清除柜体污秽，修复锈蚀、油漆剥落的柜体。

② 修复、更换性能异常的带电显示器等辅助设备。

第三节　配电电缆及通道安全防护

一、保护区要求

电缆及通道应按照《电力设施保护条例》及其实施细则有关规定，采取相应防护措施。电缆及通道应做好电缆及通道的防火、防水和防外力破坏。对电网安全稳定运行和可靠供电有特殊要求时，应制定安全防护方案，开展动态巡视和安全防护值守。

保护区定义如下：

① 地下电力电缆保护区的宽度为地下电力电缆线路地面标桩两侧各0.75 m所形成两平行线内区域，如图3.7所示。

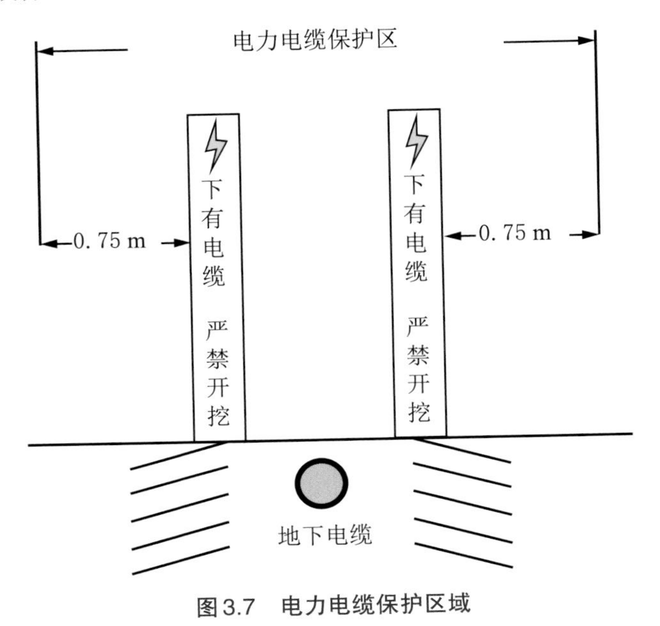

图3.7　电力电缆保护区域

② 江河电缆保护区的宽度为：敷设于二级及以上航道时，为线路两侧各100 m所成的两平行线内的水域；敷设于三级及以下航道时，为线路两侧各50 m所形的两平行线内的水域。

③ 海底电缆管道保护区的范围，按照下列规定确定：沿海宽阔海域为海底电缆管道两侧各500 m；海湾等狭窄海域为海底电缆管道两侧各100 m；海港区内为海底电缆管道两侧各50 m。

④ 电缆终端和T接平台保护区根据电压等级参照架空电力线路保护区执行。

禁止在电缆通道附近和电缆通道保护区内从事下列行为：

① 在通道保护区内种植林木、堆放杂物、兴建建筑物和构筑物。

② 未采取任何防护措施的情况下，电缆通道两侧各2 m内的机械施工。

③ 直埋电缆两侧各50 m以内，倾倒酸、碱、盐及其他有害化学物品。

④ 在水底电缆保护区内抛锚、拖锚、炸鱼、挖掘。

二、外力破坏(外破)防护

随着城市改造步伐不断加快,各种市政施工全面铺开,近几年来施工(机械)破坏是电缆线路外力破坏的主要形式。施工(机械)破坏主要是由于打桩机、钻机、挖掘机、镐头机、非开挖拖拉管等大型机械在电缆线路保护区内违章作业及重车通行、重物坠落等,造成电缆线路损坏或故障如图3.8所示。

图3.8　外破导致电缆故障

(一)外破的主要原因

外破导致的线路停运,已成为电缆主要的故障原因之一。其形成的主要外因:施工单位不认真查阅资料,不按交底材料施工甚至不联系电缆及通道的运维单位,随意野蛮施工等。外破形成的主要内因:供电公司自身也由于前期规划考虑不足、基本台账信息的缺失等历史遗留问题,以及运维不到位等。

(二)外破的危害

外破发生后,可能造成单相接地,导致非故障相电压升至$\sqrt{3}$倍,易使线路绝缘薄弱点击穿,对外破的施工机具及操作人员造成较大的安全隐患。同时,可能引起短路、断线等故障,引起跳闸事故。一旦发生外破,受限于电缆本身的空间和工艺要求,其修复的时间长,花费大,大大降低了可靠性。

(三)防外破措施

① 对未经允许在电缆通道保护范围内进行的施工或其他可能威胁电网安全运行的行为,运维单位应立即制止并对施工现场进行拍照记录,必要时向有关单位和个人送达隐患通知书。对于造成事故或设施损坏者,应视情节与后果移交相关执法部门依法

处理。

② 建立政企联动工作机制,积极向地方政府规划、市政等有关部门沟通汇报,及时掌握电缆通道沿线施工动态,提前做好通道防护工作。

③ 建立警企联动工作机制,营造严厉打击外力破坏事件的高压态势,有效遏制建设施工、盗窃等电缆外破故障发生。

④ 建立群防群治的工作机制,加大电缆通道外力破坏举报的奖励和宣传力度,充分调动公司系统内外部人员积极性,及时发现和消除通道外破隐患。

运维人员在日常工作中,应在以下方面加强管理,以防止电缆外力破坏和设施被盗:

① 应及时掌握电缆通道穿(跨)越铁路、公路、河流等详细状况。

② 电缆路径上应设立明显的警示标志,对可能发生外力破坏的区段应加强监视,根据施工情况,缩短巡视周期,并采取可靠的防护措施。

③ 工井正下方的电缆,应采取防止坠落物体破坏的保护措施。

④ 应时刻监测电缆通道结构、周围土层和临近建筑物等的稳定性,发现异常应及时采取防护措施。

⑤ 敷设于公用通道中的电缆应制定专项管理和技术措施,并加强巡视检测。通道内所有电力电缆及光缆应明确设备归属及运维职责。

⑥ 对盗窃易发地区的电缆设施应加强巡视,工井盖应采取相应的技防措施。退运报废电缆应随同配套工程同步清理。

⑦ 允许在电缆及通道保护范围内施工的,运维单位应严格审查施工方案,制定安全防护措施,并与施工单位签订保护协议书,明确双方职责。施工期间,安排运维人员到现场进行监护,确保施工单位不得擅自更改施工范围。对临近电缆及通道的施工,运维人员应对施工方进行交底,包括路径走向、埋设深度、保护设施等。并按不同电压等级要求,提出相应的保护措施。市政管线、道路施工涉及非开挖电力管线时,要求建设单位邀请具备资质的探测单位做好管线探测工作,且召开专题会议讨论确定实施方案。因施工挖掘而暴露的电缆,应由运维人员在场监护,并告知施工人员有关施工注意事项和保护措施。对于被挖掘而露出的电缆应加装保护罩,需要悬吊时,悬吊间距应不大于1.5 m。工程结束覆土前,运维人员应检查电缆及相关设施是否完好,安放位置是否正确,待恢复原状后,方可离开现场。

当电缆线路发生外力破坏时,应保护现场,留取原始资料,及时向有关管理部门汇报。运维单位应定期对外力破坏防护工作进行总结分析,制定相应防范措施。

(四) 外破故障案例

1. 故障情况简介

2019年08月20日09:43,220 kV××变××开关电流Ⅰ段动作跳闸。

10 kV××线由220 kV××变电站出线,终点为10 kV××变电站,全线为电缆敷设线路,采用排管与电缆沟混合敷设,电缆线路总长9.874 km。10 kV××线路路径示意图如图3.9所示。

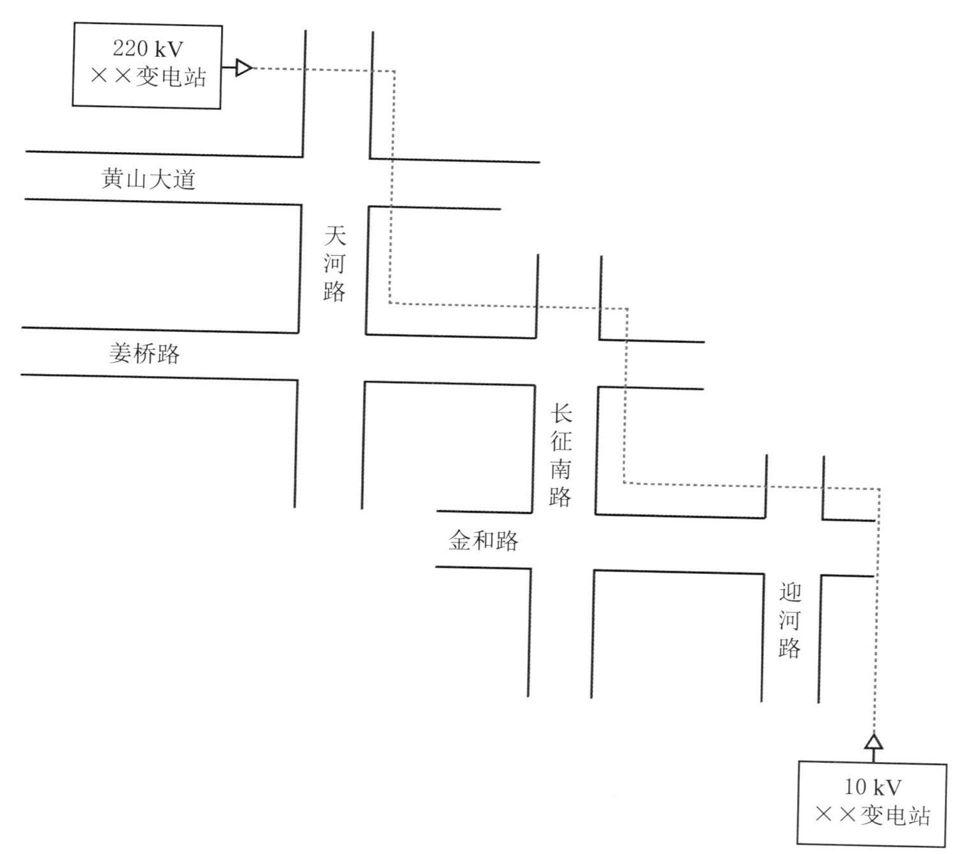

图3.9　10 kV ××线路路径示意图

故障区段基本情况如表3.5所示。

表3.5　故障区段基本情况

起始工井	终点工井	区段长度(km)	电缆全长(km)	电缆型号
1#	4#	0.21	0.28	YJV22-8.7/15 3×400 mm^2
设计单位	××电力规划设计院			
施工单位	××××实业集团			
运维单位	××供电公司			
投运时间	2017年02月16日			
资产-属性	××电灌站用户资产			

2. 故障巡视及处理

(1) 故障巡视

8月20日09时43分，××公司××运检中心接到调度命令后，立即组织专业巡视人员、技术人员、管理人员紧急赶赴现场进行故障点查找及巡视。巡视人员从220 kV××变电站开始沿着电缆路径进行巡视，发现××变南侧架空线路下方有挖掘机施工，该处施工点位于220 kV 2780线、220 kV 2C36线、220 kV 2C39线下方，属于线路工区运维线路，一直有专人在现场24小时蹲守管控，经查看，现场无异常情况，判断此处不是故障点。

巡视人员继续沿着电缆路径进行巡查，直至长征南路与中环线交叉口北侧，发现一顶管机正在顶管施工作业，初步怀疑此处即为故障点。经询问，施工单位为××电力建设有限公司，该建设公司正在进行位于××高新技术产业开发区的××能源有限公司10 kV电源线路工程顶管施工作业，施工队于2019年8月20日7时30分开始作业，询问得知现场作业负责人在施工作业前已经探明地下电缆位置及走向，清楚电缆施工作业安全距离要求，顶管施工时刻意保持水平方向6 m、垂直方向5 m的安全距离，并且施工时一直未有异常状况发生。现场作业负责人说在中环线南侧还有一处顶管机正在从事同一工程的施工作业，巡视人员判断中环线南侧顶管机施工作业点可能性非常大。

巡视人员立刻继续向南巡查，发现长征南路与金和路交叉口南侧有一处顶管机正在向北打导向，如图3.10所示。

图3.10　10 kV ××线长征南路与金和路交叉口南侧顶管机施工作业点

巡视人员立即勒令停止作业。巡视人员对位于长征南路与金和路交叉口北侧的转弯井进行开井检查发现电缆有被拖动的痕迹，经询问，现场作业人员在顶管作业前未探明地下电缆位置及走向，巡视人员判断此处为故障点可能性非常大，立刻要求施工人员到达导向头前端位置进行人工开挖，发现PVC管道已破坏，电缆外护套皮已被机器顶破碎，约1.5 m长电缆已全部外漏，其中A相和C相电缆已明显弯折，B相电缆已彻底断裂。如图3.11所示。

巡视人员判断此处即为线路跳闸故障点，初步判断跳闸原因为××电力建设有限公司承接的10 kV电源线路工程顶管机野蛮施工作业，最终造成电缆外破跳闸故障。运检中心立即将这一情况反映到市公司运检部，并及时安排电缆抢修工作。

图3.11　人工开挖出的破损电缆

（2）故障抢修处理

巡视人员将电缆外破故障上报后，立即对施工方进行电缆位置及走向安全技术交底，并下发消除安全隐患告知书。公司制订好电缆抢修方案后，电缆运检班组于2019年8月24日立刻组织人员进行抢修，将故障点北侧电缆中间接头井内预留电缆开断并向南拖动2.5 m距离后在原地采用冷缩式中间接头，故障点处电缆开断后采用模塑熔接式直通接头。经过开断、剥切、打磨、铜导体恢复、绝缘材料填充、熔接、核相、试验等精细环节，历经12小时，完成电缆抢修恢复工作。

3. 暴露问题及防范措施

（1）已采取的防范措施

① 电缆通道内有电缆路径标识牌，电缆沿线路径埋有"下有电缆，禁止开挖"的醒目标识牌，如图3.12所示。

② 10 kV ××线为10 kV ××变电站的双回路电源线之一，电缆运检班工作人员按照巡视周期对电缆段进行正常巡视。

③ 电缆运检班工作人员对周边居民及施工单位进行电力保护宣传教育，并对电缆走向及安全距离进行安全技术交底。

④ 电缆运检班工作人员及时对电缆通道及电缆井盖和盖板进行检查和维护。

（2）暴露问题

① 施工单位野蛮施工，无施工安全意识，在施工作业前不对施工路径进行巡查，不探明电力设施相对位置，为施工安全埋下巨大隐患。

② 缺乏有效处罚措施，电力设备运维部门对肇事施工单位不能进行有效的经济处罚或者申请追究刑事责任，导致施工单位肇事成本低，破坏电力设施后只需负责修好即可，不用承担其余任何责任。

③ 宣传力度不够，虽然设备运维人员经常进行电力保护宣传教育，但不能够引起百姓的重视，不足以引起百姓对人身事故和电力设备事故产生敬畏。

图3.12 警示标识牌

④ 电力设备管控方式被动,设备运维仅靠运维人员巡视发现隐患,再去管控、消除隐患,管控方式被动。不能够要求社会所有人员在电力设施保护区内施工前必须到电力设备运维部门备案并办理施工许可,从而形成主动管控。

⑤ 电力设备运维形式守旧,依然依靠人员巡视的方式去管控隐患,未能将视频在线监控装置安装在电力设施通道内,通过远程监控通道运行环境,节省人力,事半功倍。

(3) 进一步防范措施

① 加强施工管控,对已发现的电力保护区内施工严格管控,不满足安全措施的立即勒令停工整改,联合政府相关部门加强管控力度、提升管控效果,树立电力企业严格管控电力保护区内施工的坚决形象,让施工单位形成自觉遵守电力设施保护要求的良好形势。

② 加强对违章施工的处罚力度,对违章施工的单位进行严厉的批评教育,勒令停工整改。加强宣传力度,收集制作相关电力设备事故、人身事故的警示宣传片进行宣传教育,增强视觉震撼效果,提升警示强度。

③ 转变电力设施管控方式,要求任何社会施工单位在电力设施保护区内施工前必须到电力设备运维管理部门备案并办理施工许可,从而能够提前掌握施工信息,达到主动管控电力设备周围隐患的效果。

④ 投入新技术、新设备进行电力设备运维管理,在电缆通道安装在线视频监控装置,使运维人员在远方即可远程监控设备现场环境状况,掌握电缆运行环境,提升电缆运维管理水平。

⑤ 针对肇事的责任单位和个人,联系政府电力设备管理部门、安监等相关部门配合开展事件调查,依法采取经济处罚、限期整改等处理措施,并参照《最高人民法院关于审理破坏电力设备刑事案件具体应用法律若干问题的解释》(法释〔2007〕15号),对此次因外力破坏导致电缆故障的行为索赔直接经济损失(包括电量损失费和修复费用)。

第四节　配电电缆安全作业管理

配电电缆接线方式通常为“一线两端多点”，甚至是“多线多端多点”，因此其既有线路工作特点，又有变配电站工作的特点。作业时，根据不同敷设方式，可能会涉及各种附属设施内的工作。因此配电电缆工作是一项工作性质多种，施工环境多样，涉及电气设备多变的具有高危险性的复杂工作。作业人员应熟悉《安规》的相关规定，并要充分理解且严格遵守与执行。

一、配电电缆工作的基本要求

① 工作前，应核对配电电缆标志牌的名称与工作票所填写的相符，以及安全措施正确可靠。

② 配电电缆的标志牌应与电网系统图、电缆走向图和电缆资料的名称一致。

③ 电缆隧道应有充足的照明，并有防火、防水及通风措施。

④ 填用电力电缆第一种工作票的工作应经调控人员的许可。填用电力电缆第二种工作票的工作可不经调控人员的许可。若进入变、配电站、发电厂工作都应经运维人员许可。

⑤ 变、配电站的钥匙与配电电缆附属设施的钥匙应由专人严格保管，使用时要登记。

二、配电电缆施工时的安全措施

① 电缆直埋敷设施工前应先查清图纸，再开挖足够数量的样洞和样沟，摸清地下管线分布情况，以确定电缆敷设位置及确保不损坏运行电缆和其他地下管线。

② 为防止损伤运行电缆或其他地下管线设施，在城市道路红线范围内不应使用大型机械来开挖沟槽，硬路面面层破碎可使用小型机械设备，但应加强监护，不准深入土层。若要使用大型机械设备时，应履行相应的报批手续。

③ 掘路施工应具备相应的交通组织方案，做好防止交通事故的安全措施。施工区域应用标准路栏等严格分隔，并有明显标记，夜间施工应佩戴反光标志，施工地点应加挂警示灯。

④ 沟槽开挖深度达到1.5 m及以上时，应采取措施防止土层塌方。

⑤ 在下水道、煤气管线、潮湿地、垃圾堆或有腐质物等附近挖沟槽时，应设监护人。监护人应密切注意挖沟槽人员，防止煤气、硫化氢等有毒气体中毒及沼气等可燃气体爆炸。

⑥ 沟槽开挖时，应将路面铺设材料和泥土分别堆置，堆置处和沟槽之间应保留通道供施工人员正常行走。在堆置物堆起的斜坡上不准放置工具材料等器物。

⑦ 挖到电缆保护板后，应由有经验的人员在场指导，方可继续进行，以免误伤电缆。

⑧ 挖掘出的电缆或接头盒，若下方需要挖空时，应采取悬吊保护措施。电缆悬吊

应每1～1.5 m吊一道；接头盒悬吊应平放，不准使接头盒受到拉力；若电缆接头无保护盒，则应在该接头下垫上加宽加长木板，方可悬吊。电缆悬吊时，不准用铁丝或钢丝等。

⑨ 移动电缆接头一般应停电进行。若必须带电移动，应先调查该电缆的历史记录，由有经验的施工人员，在专人统一指挥下，平正移动，以防损伤电缆接头。

⑩ 开断电缆前，应与电缆走向图核对相符，并使用仪器确认电缆无电压后，用接地的带绝缘柄的铁钎钉入电缆芯后，方可工作。扶绝缘柄的人应戴绝缘手套并站在绝缘垫上，并采取防灼伤措施。使用远控电缆割刀开断电缆时，刀头应可靠接地，周边其他施工人员应临时撤离，远控操作人员应与刀头保持足够的安全距离，防止弧光和跨步电压伤人。

⑪ 开启电缆井井盖、电缆沟盖板及电缆隧道人孔盖时应注意站立位置，以免坠落，开启电缆井井盖应使用专用工具。开启后应设置遮栏(围栏)，并派专人看守。作业人员撤离后，应立即恢复。

⑫ 电缆隧道应有充足的照明，并有防火、防水、通风的措施。

⑬ 制作环氧树脂电缆头和调配环氧树脂工作过程中，应采取有效的防毒和防火措施。

⑭ 在10 kV跌落式熔断器与10 kV电缆头之间，宜加装过渡连接装置，使工作时能与跌落式熔断器上桩头有电部分保持安全距离。在10 kV跌落式熔断器上桩头有电的情况下，未采取安全措施前，不准在熔断器下桩头新装、调换电缆尾线或吊装、搭接电缆终端头。如必须进行上述工作，则应采用专用绝缘罩隔离，在下桩头加装接地线。工作人员站在低位，伸手不准超过熔断器下桩头，并设专人监护。上述加绝缘罩工作应使用绝缘工具。雨天禁止进行以上工作。

⑮ 使用携带型火炉或喷灯时，火焰与带电部分的距离：电压在10 kV及以下者，不准小于1.5 m；电压在10 kV以上者，不准小于3 m。不准在带电导线、带电设备、变压器、油断路器(油开关)附近以及在电缆夹层、隧道、沟洞内对火炉或喷灯加油及点火。在电缆沟盖板上或旁边进行动火工作时需采取必要的防火措施。

⑯ 电缆施工完成后应将穿越过的孔洞进行封堵。

⑰ 非开挖施工的安全措施：a. 采用非开挖技术施工前，应首先探明地下各种管线及设施的相对位置。b. 非开挖的通道，应离开地下各种管线及设施足够的安全距离。c. 通道形成的同时，应及时对施工的区域进行灌浆等措施，防止路基的沉降。

三、配电电缆线路试验安全措施

① 配电电缆试验要拆除接地线时，应征得工作许可人的许可(根据调度员指令装设的接地线，应征得调度员的许可)，方可进行。工作完毕后立即恢复。

② 电缆耐压试验前，加压端应做好安全措施，防止人员误入试验场所。另一端应设置围栏并挂上警告标示牌。如另一端是上杆的或是锯断电缆处，应派人看守。

③ 电缆耐压试验前，应先对设备充分放电。

④ 电缆的试验过程中，更换试验引线时，应先对设备充分放电。作业人员应戴好绝缘手套。

⑤ 电缆耐压试验分相进行时，另两相电缆应可靠接地。

⑥ 电缆试验结束，应对被试电缆进行充分放电，并在被试电缆上加装临时接地线，待电缆尾线接通后才可拆除。

⑦ 电缆故障声测定点时，禁止直接用手触摸电缆外皮或冒烟小洞。

四、有限空间作业管理

有限空间是指封闭或部分封闭、进出口受限但人员可以进入，未被设计为固定工作场所，作业人员不能长时间在内工作，自然通风不良，易造成有毒有害、易燃易爆物质积聚或氧含量不足的空间。电力有限空间主要包括：地下有限空间、地上有限空间及密闭设备内部空间，如图3.13所示。

有限空间作业是指人员进入有限空间实施的作业活动，包括在有限空间进行的清理、安装、检修、巡视、检查和涂装等工作。其存在的主要安全风险包括中毒、缺氧窒息、燃爆以及淹溺、高处坠落、触电、物体打击、机械伤害、灼烫、坍塌、掩埋和高温高湿等。

图3.13 有限空间

（一）现场作业安全管理要求

有限空间作业现场应确定作业负责人、监护人员和作业人员，不得在没有监护人的情况下作业。作业前必须进行风险辨识，对有限空间及其周边环境进行调查，分析有限空间内气体种类并进行评估检测，做好记录。依据《国网安徽省电力有限公司关于进一步规范有限空间作业安全风险管控的通知》，有限空间作业应在确认作业环境、作业程序、安全防护设备、个体防护装备及应急救援设备符合要求后，方可安排作业人员进入有限空间。具体要求如下：

① 有限空间作业应编制“三措一案”（施工方案或检修方案）管理，经业主单位审核

同意后实施。

② 有限空间作业应纳入月或周计划管理，提前做好安全管控措施。因抢修需要立即开展此类作业的，应经本单位专业部门对工作必要性、安全性论证后，由分管领导批准。

③ 进入井、箱、柜、深基坑、隧道、电缆夹层以及主变、GIS 设备等封闭、半封闭设备内等有限空间作业，应坚持“先通风、再检测、后作业”的原则，作业前必须严格按要求开展安全风险辨识与复测，分析有限空间内气体种类并进行评估监测，做好记录。检测人员应严格按照审批后的施工方案中的检测方法进行检测，检测时应当采取相应的安全防护措施，防止中毒窒息等事故发生，如图 3.14 所示。

图 3.14 有毒气体检测

④ 有限空间作业现场的氧气含量应在 19.5%～23.5%。有害有毒气体、可燃气体、粉尘容许浓度应符合国家标准的安全要求，不符合时应采取清洗、清空或置换等措施，危险有害因素含量符合相关要求后，方可进入有限空间作业。有限空间作业常见有毒气体浓度判定限值如表 3.6 所示。

表 3.6 有限空间作业常见有毒气体浓度判定限值

有限空间作业常见有毒气体浓度判定限值气体名称	评判值	
	mg/m^3	ppm(20 ℃)
硫化氢	10	7
氯化氢	7.5	4.9
氰化氢	1	0.8
磷化氢	0.3	0.2
溴化氢	10	2.9
氯	1	0.3
甲醛	0.5	0.4
一氧化碳	30	25
一氧化氮	10	8

续表

有限空间作业常见有毒气体浓度判定限值气体名称	评判值	
	mg/m³	ppm(20 ℃)
二氧化碳	18000	9834
二氧化氮	10	5.2
二氧化硫	10	3.7
二硫化碳	10	3.1
苯	10	3
甲苯	100	26
二甲苯	100	22
氨	30	42
乙酸	20	8
丙酮	450	186

注：表中数据均为该气体容许浓度的上限值。

⑤ 出入口应保持畅通并设置明显的安全警示标志，并根据需要在缆沟出入口设置安全防护围栏，夜间应设警示红灯，如图3.15所示。

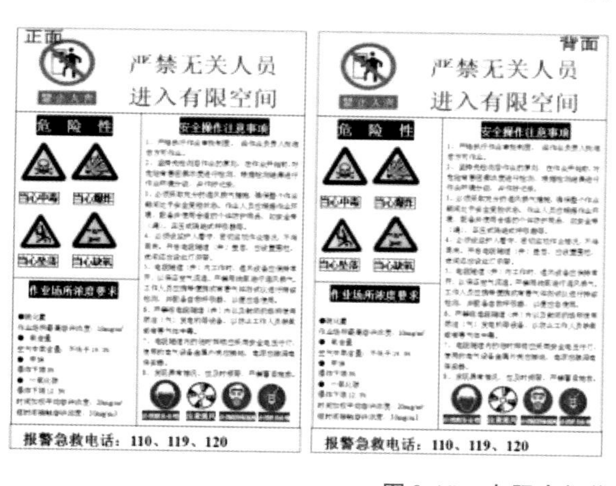

图3.15　有限空间作业警示标志

⑥ 应在作业入口处设专责监护人。监护人员应事先与作业人员规定明确的联络信号，并与作业人员保持联系，作业前和离开时应准确清点人数。

⑦ 在主变、GIS设备等封闭、半封闭设备内工作，还应严格遵守设备说明书及制造商要求，对设备内环境、元器件进行保护。

⑧ 进入潮湿、有电气设备的有限空间及在潮湿的有限空间内使用电气设备时，作业人员应穿绝缘鞋。

⑨ 施工人员上下应使用梯子(软梯)，并同时使用防坠器，不得乘用提土工具上下。

⑩ 在有限空间作业中，应保持通风良好，不得使用纯氧进行通风换气，不得使用燃油动力机械设备。

⑪ 在氧气浓度、有害气体、可燃性气体、粉尘的浓度可能发生变化的环境中作业应

保持必要的测定次数或连续检测。检测的时间不宜早于作业开始前30 min。作业中断超过30 min,应当重新通风、检测合格后方可进入。当孔深超过5 m时,用风机或风扇向孔内送风不少于5 min。孔深超过10 m时,应用专用风机向孔内送风,风量不得少于25 L/s。现场图示如图3.16所示。

图3.16　机械通风

⑫ 基坑深度达2 m时应用取土机械取土。人工挖孔和提土操作应设专人指挥,并密切配合。人力提土绞架刹车装置、电动葫芦提土机械自动卡紧保险装置应安全可靠,提土斗应使用结实可靠、并与提升荷载相匹配的轻型工具,吊运土不得满装,吊运土方时孔内人员应靠孔壁站立。

⑬ 有限空间作业场所应使用安全矿灯或36 V以下的安全灯,潮湿环境下应使用12 V的安全电压,使用超过安全电压的手持电动工具,应按规定配备剩余电流动作保护装置(漏电保护器)。在金属容器等导电场所,剩余电流动作保护装置(漏电保护器)、电源连接器和控制箱等应放在容器、导电场所外面,电动工具的开关应设在监护人伸手可及的地方。

⑭ 有限空间应避免交叉作业。

⑮ 有限空间作业原则上按照三级风险实施控制。

⑯ 有限空间作业时工作负责人应长驻现场,负责总体指挥、协调和监护;存在两个及以上作业面时,应设临时工作负责人和专责监护人。

⑰ 在有限空间作业场所,应配备安全和抢救器具,如防毒面罩、呼吸器具、通信设备、梯子、绳缆以及其他必要的器具和设备(图3.17～图3.19)。坑深超过15 m时,坑底作业宜配备呼吸器、水等必要防护用品,以便在出现塌方等危险情况时,确保坑底作业人员安全。

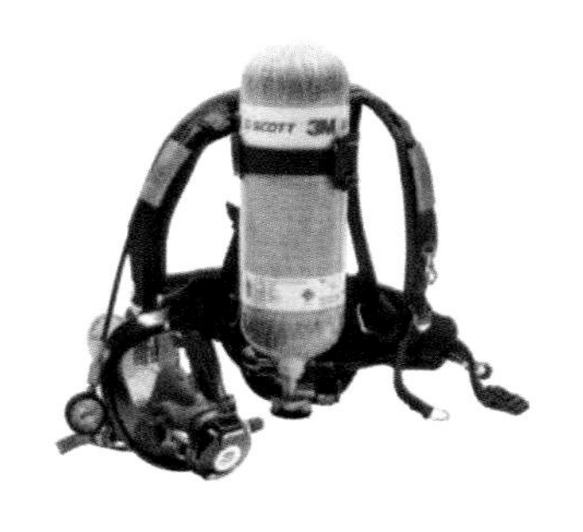

图3.17　正压式空气呼吸器

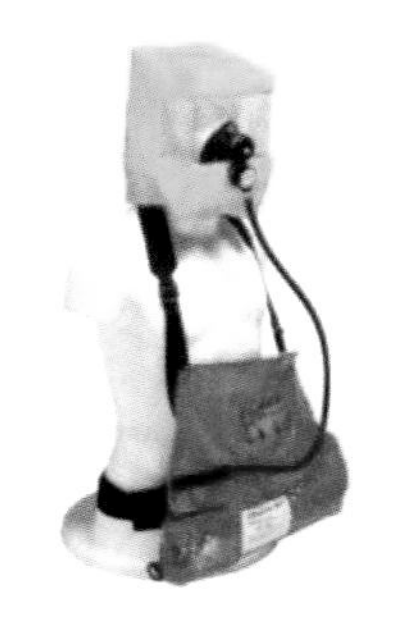

图3.18　隔绝式紧急逃生呼吸器

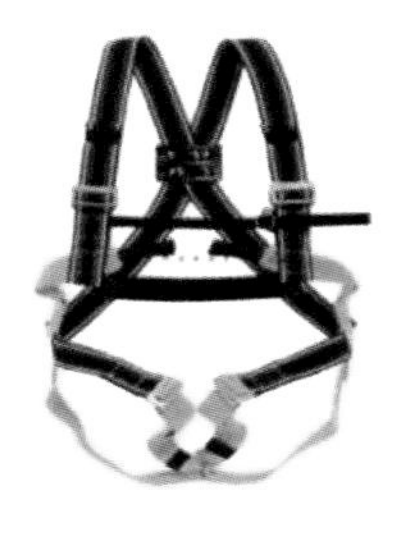

(a) 全身式安全带

(b) 速差自控器

(c) 安全绳

(d) 三脚架(挂点装置)

图3.19　坠落防护用品

⑱ 发现通风设备停止运转、有限空间内氧含量浓度低于或者有毒有害气体浓度高于国家标准或者行业标准规定的限值时,应立即停止有限空间作业,清点作业人员,撤离作业现场。

⑲ 在有限空间作业中发生事故,现场有关人员应当立即报警,严禁盲目施救。

⑳ 应急救援人员实施救援时,应当做好自身防护,佩戴必要的呼吸器具、救援器材。

(二) 有限空间应急处置

有限空间作业期间发生下列情况之一时,作业人员应立即撤离有限空间:

① 作业人员出现身体不适。

② 安全防护设备或个体防护装备失效。

③ 气体检测报警仪报警。

④ 监护人员或作业负责人下达撤离命令。

(三) 一氧化碳(CO)中毒案例

2020年7月2日,某公司220 kV输变电线路工程,施工专业分包单位在基坑浇筑作业中,在未采取通风和检测措施的情况下,2名作业人员冒险进入基坑(基础深为13 m,孔径为2 m)绑扎声测管,长时间未出基坑,随后有3人进入基坑查看情况,盲目施救,发生5名人员窒息死亡。

调查过程中,基坑内8 m以下一氧化碳含量已超过1000 ppm,远超人体作业环境

（一氧化碳含量不超过24 ppm的标准）。违反《国家电网公司生产现场作业“十不干”》第9条：有限空间内气体含量未经检测或检测不合格的不干。未严格执行“先通风、再检测、后作业”的要求，在未做任何安全组织、技术措施，无任何救援设备情况下盲目施救，导致事故扩大。

五、配电电缆作业危险源辨识及预控

配电电缆作业时，相关危险点及预控措施详情如表3.7所示。

表3.7　配电电缆作业危险点及预控措施

作业内容	环境特征	危险点内容	预控措施
所有电缆作业	首要	走错仓位误登同杆或邻近其他有电线路引起触电	配电电缆施工前应提前查阅电缆设备资料和图纸，变电站工作核对电压等级、电缆线路和仓位铭牌，防止走错间隔或仓位
			在线路杆塔侧工作时要核对电压等级、电缆线路名称、终端杆塔编号，防止误登同塔架设或邻近其他有电杆塔
			应使用合格的、相应电压等级的验电器验电，并按《安规》要求挂好接地线，装设好遮拦、标示牌，以防突然来电及防止感应电触电
		误碰邻近有电设备引起触电	作业点与有电部位应保持安全距离，临近有电设备应做好隔离措施，将有电设备隔离，并按规定悬挂标志牌，在有电设备附近施工时应有专人监护
		认错电缆	电缆施工前必须要核对图纸，必要时使用专业仪器确认
动火作业	通用	误伤运行电缆、接头	根据批准后的专项措施方案对运行电缆采取隔离保护措施并开具相应的动火工作票
			进行动火作业时，如遇运行电缆，接头应铺上阻燃布
		触电	火焰与有电设备应按规定保持相应的安全距离
		易燃材料引起火灾	动火作业前及时清理现场遗留油污、易燃材料
			禁止在油漆未干的结构或场所附近动火
			施工现场应配备充足、有效的灭火器材
			动火现场需增设专职监护人，做到特殊工种人员持证上岗
		暗火复燃	动火结束后及时清除现场残留火种，以免残留火种引起火灾
	液化气	液化气减压阀失灵或橡皮圈老化造成中毒或爆燃	使用液化气前应检查钢瓶、喷枪是否损伤，胶管是否老化龟裂，钢瓶阀门关闭是否严密，调压阀是否完好
		钢瓶、胶管损伤引起火灾	正确使用喷枪，防止在使用时因损伤胶管引起气体泄漏
			液化气钢瓶附近不得有热源、明火，液化气钢瓶严禁携带进入工井、敞开井等狭小场所内

续表

作业内容	环境特征	危险点内容	预控措施
	喷灯	触电伤人	火焰与带电部分的距离：电压在10 kV及以下者，不得小于1.5 m；电压在10 kV以上者，不得小于3 m
		火灾	不准在带电导线、带电设备、变压器、油断路器(油开关)附近以及在电缆夹层、隧道、沟洞内对火炉或喷灯加油或点火
		易燃气体爆燃	在电缆沟盖板上或旁边进行动火工作时需采取必要的防火措施
有限空间内的作业(包括工井、敞开井、隧道、桥梁)	工井式出入口	井盖跌落损伤电缆	井盖开启前应该注意井盖是否下陷松动
			开启、覆盖时必须使用专用工具
		人员坠落或工器具坠落伤害	井口开启后必须放置井圈，上下应使用木梯
	敞开井式出入口	盖板跌落损伤电缆	盖板开启、覆盖过程必须有专人在两侧监护，宽度超过2.2 m的盖板，应使用吊装工具甚至吊车开启、覆盖。盖板一经搬离台口，必须在其他位置放置，放置地点应平整，盖板覆盖前应检查拉环是否完好
	竖井式出入口	攀爬坠落	进入前应先检查井内情况，上下扶梯时应检查扶梯是否牢固，脚踏处是否有水或油污，要做到慢上慢下
	通用	交通事故	隧道、工井、敞开井等出入口设置隔离护栏、悬挂警示标志，繁忙道口设置专人指挥交通
		人员摔伤	及时清理内部积水、淤泥，以避免人员滑倒
		有毒有害气体中毒	人员进入有限空间前用有毒有害气体测报仪检测，测试过程必须充分，作业过程中应每隔1~2小时测试一次；测报仪必须有效，测报仪要按规定定期检测校验
			充分做好通风及排水工作，有限空间内有人作业时保持连续通风，作业应配备简易防毒面具
			狭小空间油漆、涂料作业时应戴口罩，应定时休息；挥发性气体浓度过高时应停止作业
		人员坠落或工器具坠落伤害	熟悉内部结构、通道情况，留出人行通道，确保施工场所宽敞，确保照明充足
			看清高度及行走路线，正确佩戴安全帽，空间内上下层传递物件不可直接抛接，应使用吊具
			作业区域四周设置隔离护栏、悬挂警示标志，做到施工区城全封闭
			镂空区域周围按规定设置牢固隔离护栏、护板，并悬挂警示标志，以免人员或工器具坠落
			空间内的角铁等尖锐物件应该做适当的包裹
			坠落高度基准面2 m及以上工作时应视作高处作业，应做好高处作业相关安全措施

续表

作业内容	环境特征	危险点内容	预控措施
		误伤运行电缆、接头引起燃烧或爆炸	施工范围中裸露的运行电缆接头必须采取阻燃布进行隔离
			严禁将施工工器具放置在电缆上，按规定对接头部位着重保护，施工过程中避免扰动接头装置
			若遇交叉的运行电缆，应做好相应的隔离措施。施工现场应配备充足、有效的灭火器材
		施工电气机械设备触电	施工电气、机械设备绝缘良好，不使用线芯裸露的设备，并由专人进行保养、检查
			施工电气、机械设备漏电保护装置应完善，接地规范，并应定期检查；照明应使用安全电压的防爆灯具
			防止排水水泵绝缘老化漏电，吊放水泵时应使用绳索，不得直接拖拉电源线，水泵应放置在集水坑内
			施工电气、机械设备挂放牢固，引出的电源线应绑扎牢固
		火灾	有限空间内动火作业应根据批准后的专项措施方案对运行电缆采取隔离保护措施，并开具相应的动火工作票
			无动火工作票或未采取相应专项措施前，有限空间内禁止任何形式的明火工作
电缆试验	通用	认错电缆	提前查阅设备资料和图纸；施工前现场核对被测量线路的电压等级、电缆线路名称、线路编号和终端杆编号或换位箱、接地箱铭牌；工作前进行验电接地，防止走错间隔
		照明不足、空间狭小	熟悉变电站内或试验场所设备情况，正确佩戴安全帽；确保照明充足，预留安全通道并装设安全护栏
		误碰邻近有电设备引起触电	作业点与有电部位应保持足够的安全距离，临近有电设备应做好隔离措施，将有电设备有效隔离，并按规定悬挂标志牌，在有电设备附近施工时应有专人监护
		试验过程中人员触电	试验时注意周边有电设备并保持安全距离，戴好绝缘手套及铺设橡皮绝缘毯，防止误碰有电试验设备；试验装置的金属外壳应可靠接地；试验前应检查漏电开关可靠动作
		电缆及附件击穿造成伤害	电缆故障声测定点时，禁止直接用手触摸电缆外皮或冒烟小洞
			试验时作业人员禁止滞留在杆塔或作业平台上，且应保持安全距离
		感应电触电	试验前应按规定做好验电、接地工作，以防突然来电及防止感应电触电
			试验中要拆除接地线时，应征得许可人(调度)的许可，工作完毕后应立即恢复
			电缆耐压试验分相进行时，另外两相电缆应接地
		试验时误伤他人	电缆试验前，加压端应做好安全措施，防止人员误入试验场所；另一端应设置围栏并挂上警告标示牌；如另一端是上杆电缆或是锯新电缆处，应派人看守，避免其他人员误入危险区域，引起误伤

作业内容	环境特征	危险点内容	预控措施
		接、拆试验电源时人员触电	试验设备接线、操作应由两人进行，一人操作，一人监护；接线完成后应复查无误后才能加压
		放电时电弧伤人	放电时应使用合格的、相应电压等级的放电设备
		试验结束后剩余电荷伤人	试验结束后或换相接线时应该充分放尽电缆内的剩余电荷后有效接地，避免引起后来操作的人员触电，或者损坏线路设备
		试验结束后接线遗留致设备损毁	试验结束后，应及时拆除试验接线，并检查被检测设备上是否有遗漏的试验接线，清理施工现场
	受限空间内试验（工井、敞开井、隧道、桥梁等）	空间狭小造成人员误碰试验电缆、设备、引线	确保照明充足，预留安全通道并装设安全护栏；试验工作时保持安全距离并设专人监护
			工井内试验尽量将引线引至工井外地面上，若无条件满足且需要在工井内试验，需要做好周边有电设备的安全措施
			隧道内试验尽量将引线引至隧道竖井环境开闸处，若无条件满足且需要在隧道通道内试验，需要做好周边有电设备的安全措施
电缆敷设	沟槽开挖时造成伤害	碰坏地下设施伤人	开挖沟槽时应查清地下设施资料、图纸，应预先开挖样洞探查，必要时与相关单位联系并办理相关手续，谨慎使用机械设备
		毒气伤人	在垃圾堆等处挖掘时，必须两人进行，防止沼气中毒
			在煤气管线附近挖掘时，监护人必须随时注意挖土人，防止煤气中毒
		挖掘工器具伤人	严格按规定使用锹、镐等工器具，防止工具脱落或操作失误
		打击伤害	严禁随意抛物，进入施工区城的工作人员应正确佩戴安全帽
		坠入沟槽伤害	开挖时，预留安全通道并装设安全护栏。夜间施工使用警示灯或明显的标志
		滑倒伤人	及时清理开挖工作区域内的积水、积雪、积冰
		沟槽坍塌伤人	沟槽开挖深度超过1.5 m时应及时采取支撑措施
		车辆伤人	施工区域全封闭维护；夜间施工使用警示灯或设置带夜光的明显标志；施工人员应穿荧光马甲
	空压机操作	皮管脱落伤人	空压机皮管应绑扎牢固，使用中应随时检查，以免脱落甩出伤人
		振动伤人	操作空压机限时作业，轮流替换
	电缆运输、装卸、牵引	放线架倒塌伤人	严格按敷设规程要求进行施工，科学搭设放线架
		挤压伤人	电缆盘禁止平放运输，吊车装卸电缆时，起重工作应由专人统一指挥

作业内容	环境特征	危险点内容	预控措施
			电缆盘挂牢吊钩,挂钩人员撤离后方可起吊
			与工作无关人员禁止在起重区域内行走或停留,正在吊物时任何人员不准在吊杆和吊物下停留或行走
			重物放稳后方可摘钩,运输过程中电缆盘必须捆绑牢固,严禁客货混载
			卸电缆盘应使用吊车或将其沿着坚固的铺板渐渐滚下,与电缆盘相反方向的制动绳应满足牵引力要求,并固定在牢固地点,电缆盘下方禁止站人,不允许将电缆盘从车上直接推下
		起重伤害	使用车辆起重设备需经过年检,确保机械装置、操作系统、液压装置等不存有隐患
			起重指挥与挂钩工必须经过培训,持证工作
			不使用锈蚀、断丝、受损的钢丝绳,天气或环境条件恶劣时避免起重作业
			起重时,吊臂离有电架空线应符合安全距离
			避免吊车支腿撑不到位、超负荷吊物的情况。电缆盘装运应使用符合要求的紧线器或将电缆盘搁置在垫木上,防止盘倾翻
		人员拌伤、摔伤、传动挤伤	电缆盘滚动时,盘上严禁站人
			正确放置卷扬机,防止受力时,卷扬机移位伤人及钢丝绳伤人。严禁使用不符标准的钢丝绳
		损伤其他设备、电缆,造成事故	电缆牵引时沿线应派人值守,牵引端处应有专人看护,应配备通讯器材,随时观察电缆牵引时电缆本体及牵引绳索的受力情况,以免损伤电缆及邻近其他设备(包括其他运行电缆)
电缆加固保护、带电搬线	通用	误伤运行电境、接头引起燃烧或爆炸	避免使用尖锐工器具,若必须使用,应对运行电缆采取相应的保护措施
			电缆固定或移动时,不准使用铁丝或钢丝等绑扎,以免引起环流或损伤电缆护层及绝缘层
			施工范围中如遇运行电缆接头,必须采取隔离保护措施
			严禁将施工工器具放置在电缆上,按规定对接头部位着重保护,施工过程中避免扰动接头装置
			遇交叉的运行电缆,应做好相应的隔离保护措施
	带电搬线		带电搬电缆应该由有经验的人员统一指挥进行
			严禁将电缆搁置在角钢、金属支架、水泥构架边缘等棱角坚硬处,若必须搁置则应在电缆下垫衬专用绝缘衬垫
			施工现场应配备充足、有效的灭火器材
测量、红外/紫外测温	通用	触电	作业点与有电部位保持安全距离;作业时必须有人监护
		坠落伤害	坠落高度基准面 2 m 及以上时应视作高处作业,应做好高处作业相关安全措施

续表

作业内容	环境特征	危险点内容	预控措施
	测量	触电伤人	在带电设备周围禁止使用钢卷尺、皮卷尺和线尺(夹有金属丝者)进行测量工作
	测温	眼睛灼伤	避免直视阳光,有激光测距时应避免对准眼睛照射
电缆附属设施施工	通用	触电	作业点与有电部位应保持安全距离,作业时必须有人监护
		误伤运行电缆	避免使用尖锐工器具,若必须使用,应对运行电缆采取相应的保护措施
		坠落伤害	坠落高度基准面2 m及以上时应视作高处作业,应做好高处作业相关安全措施
	铭牌安装	铭牌挂错	提前查阅设备资料和图纸;施工前核对电压等级,电缆线路名称,换位箱、接地箱铭牌
	标示牌安装	损伤地下设施	工作前查清地下设施资料、图纸,必要时与相关单位联系、定位,基坑开挖时,不盲目施工
		伤及行人	及时处理余土,设立明显警示标志
	支架安装	人员伤害	角铁等尖锐物件应该做适当的包裹
		感应电触电	金属支架必须按规定接地且接地电阻符合相关规定
	孔洞封堵	碎片伤人	用凿子凿坚硬或脆性物体时,应戴防护眼镜,必要时装设遮板,以免溅出的碎片伤人
	清扫	人员摔伤	清理出的淤泥应统一堆放,积水应排入污水管道内

第四章　配电电缆交接试验

第一节　交接试验总体要求

一、配电电缆交接试验项目

电力电缆及附件在敷设和安装完成后，由于安装、运输、现场敷设等因素，即使已通过出厂试验的电力电缆及附件的电气性能也可能遭受影响。因此，为了验证电缆线路的可靠性，避免在施工过程中出现的缺陷影响电缆线路的安全运行，需要通过试验的方法进行验收，这一类试验称为交接试验。

配电电缆交接试验项目包括主绝缘及外护套绝缘电阻测量、主绝缘交流耐压试验、电缆线路两端相位检查，具备条件的宜开展局部放电检测和介质损耗检测。

二、试验总体要求

交接试验中电缆线路主绝缘耐压试验、局部放电检测和介质损耗检测，对含已投运或故障等原因重新安装电缆附件的电缆线路，按照非新投运线路要求执行。对整根电缆和附件更换的线路，按照新投运线路要求执行。局部放电检测中新投运电缆部分与非新投运电缆部分应分别评价。

主绝缘停电试验应分别在每一相上进行，对一相进行试验或测量时，金属屏蔽和其他两相线芯一起接地。被测电缆的两端应与电网的其他设备断开连接，避雷器、电压互感器等附属设备需要拆除。电缆终端处的三相间需留有足够的安全距离。

对金属屏蔽一端接地，另一端有护层电压限制器的单芯电缆主绝缘停电试验时，应将护层电压限制器短接，使这一端的电缆金属屏蔽临时接地。对于采用交叉互联接地的电缆线路，应将交叉互联箱作分相短接处理，并将护层电压保护器短接。

三、试验准备及安全要求

（一）人员组合

本工作需5人，具体分工情况见表4.1。

表4.1　人员分工

人员类别	职责	作业人数
工作负责人（专职监护人）	① 对工作全面负责，在测试工作中对作业人员明确分工，保证工作质量。 ② 对电缆交接试验结果负责。 ③ 识别现场作业危险源，组织落实防范措施。 ④ 工作前对工作班成员进行危险点告知，交代安全措施和技术措施，并确认每一个工作班成员都已知晓。 ⑤ 对作业过程中的安全进行监护	1人
作业人员	验电、放电、挂拆接地、电缆测试	4人

（二）主要装备和工器具

电力电缆交接试验的主要装备和工器具见表4.2。

表4.2　主要装备和工器具

序号	工器具名称	数量	单位	备注
1	验电器	1	支	选取相应电压等级
2	接地线	2	条	选取相应电压等级
3	绝缘手套	2	副	选取相应电压等级
4	放电棒	1	支	
5	绝缘垫	2	块	
6	试验引线	若干	根	
7	安全遮拦（围栏）	若干	套	
8	安全标示牌	1	套	包括“在此工作”“从此进入”“止步，高压危险”
9	绝缘电阻表	1	只	选取相应电压等级
10	温湿度计	1	只	
11	万用表	1	只	
12	交流耐压试验设备	1	套	选取相应电压等级
13	振荡波局放检测设备	1	套	选取相应电压等级
14	超低频介质损耗检测设备	1	套	选取相应电压等级

（三）现场操作前的准备

① 检查仪器仪表、安全工器具是否齐全，功能是否正常且在有效期内。

② 工作负责人核对电缆线路双重名称与工作票是否一致。

③ 工作负责人组织人员在测试操作区域装设安全围栏，悬挂标示牌，检测前封闭安全围栏。

④ 工作负责人召集工作人员交代工作任务，对工作班成员进行危险点告知，交代安全措施和技术措施，确认每一个工作班成员都已知晓。检查工作班成员精神状态是

否良好、人员是否合适。

⑤ 做好验电、放电和接地工作。

⑥ 拆除电缆两端连接设备、清扫电缆两侧终端。

⑦ 使用万用表检查试验电源是否符合要求。

（四）安全措施和注意事项

① 电缆交接试验应在良好的天气下开展，若遇雷电、雪、雹、雨、雾等不良天气应暂停检测工作。试验过程中若遇天气突然变化，有可能危及人身和设备安全时，应立即停止工作，撤离人员，恢复设备正常状况，或采取临时安全措施。

② 工作前认真核对现场停电设备与工作范围。装设接地线时，接地线应连接可靠，不准缠绕。现场安全措施的设置要求正确、完备，工作区域挂好标示牌。配备专人监护，若影响安全即刻停止操作。

③ 应确保操作人员和测试仪器与电力设备的加压部分保持足够的安全距离。注意周边有电设备并保持安全距离，戴好绝缘手套并铺设绝缘垫，防止误碰有电设备。

④ 对电缆放电时站在绝缘垫上戴好绝缘手套使放电棒端部渐渐靠近试品的金属引线，反复几次放电，待放电不再有明显火花时，再用直接接地的接地线放电。

⑤ 连接试验引线时，应先放电、挂好接地线再连接试验引线（试验时临时拆除被试相接地），拆除试验引线时先放电、挂好接地线再拆除试验引线。

⑥ 加压试验时应大声呼喊，确保试验区域无相干人员，试验对侧有专人看护。

（五）工作流程

配电电缆交接试验工作流程如图4.1所示。

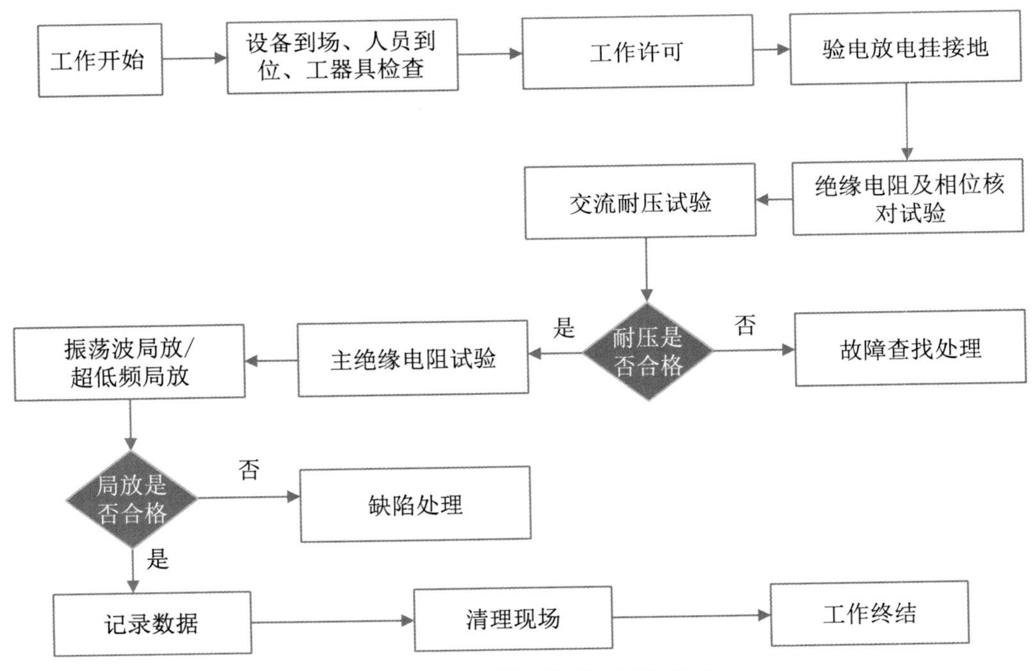

图4.1　配电电缆交接试验工作流程

第二节　绝缘电阻及相位核对试验

一、主绝缘及外护套绝缘电阻测量

（一）试验目的

测量绝缘电阻是检查电力电缆线路绝缘状态最简单、最基本的方法。一般使用绝缘电阻表，可以检查出电缆主绝缘或外护套是否存在明显的缺陷或损伤。

（二）试验原理

电力电缆线路的绝缘电阻大小同加在电缆导体上的直流测量电压及通过绝缘的泄漏电流有关，绝缘电阻R和泄漏电流I的关系符合欧姆定律，即

$$R=U/I \tag{4.1}$$

绝缘电阻的大小取决于绝缘的体积电阻和表面电阻的大小，把直流电压U和绝缘的体积电流I_v之比称为体积电阻R_v，U和表面泄漏电流I_s之比称为R_s，即

$$R_v=U/I_v \tag{4.2}$$

$$R_s=U/I_s \tag{4.3}$$

正确反映电力电缆绝缘品质的是绝缘的体积电阻R_v。

（三）试验设备

绝缘电阻试验设备为绝缘电阻表简称摇表或者兆欧表，一般为充电电子式，量程从低到高有所不同。直流电源由电池通过直流转直流电压变换器产生，其通常由电池、高频振荡器、功率放大器、高频升压变压器及倍压整流电路等组成。常用数字式绝缘电阻表如图4.2所示。

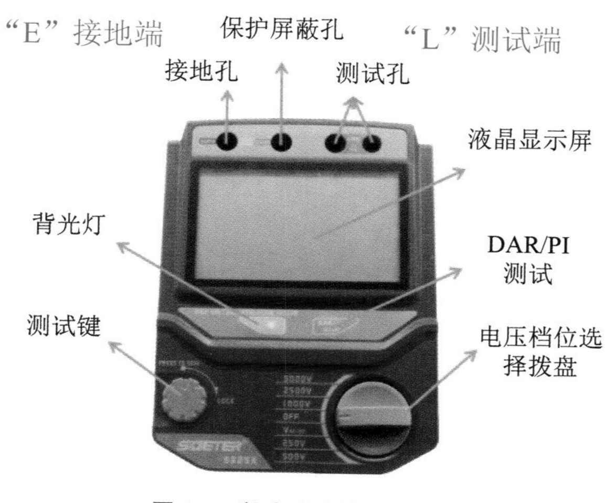

图4.2　数字式绝缘电阻表

（四）试验要求

① 测量绝缘电阻时，应分别在电力电缆的每一相上进行。对一相进行测量时，其他两相导体、金属屏蔽或金属套和铠装层一起接地。试验结束后应对被试电缆进行充分放电。

② 主绝缘电阻测量时应采用2500 V及以上电压进行测量，外护套绝缘电阻宜采用500 V或1000 V。

③ 耐压试验前后，绝缘电阻应无明显变化。外护套绝缘电阻不低于0.5 MΩ•km。

④ 在对电缆进行绝缘电阻测量时，由于电缆的分布电容的大小与长度成正比且比较大，因此在加压测量前后都要注意较长时间的放电，以防止烧坏兆欧表或造成测量误差。

⑤ 每次测试完毕后不要关闭仪器电源，应先断开"L"端与电缆的连接。

⑥ 注意保证测试线之间及测试线"L"与地之间的绝缘良好。

⑦ 当测试电压较高时应注意"G"端的连接。

⑧ 测试时，应记录环境温度。

⑨ 绝缘电阻测试过程中应有明显的充电现象。

⑩ 电缆较长时充电时间较长，试验时必须给予足够的充电时间，待绝缘电阻表读数稳定时方可记录。

⑪ 在测量电缆线路绝缘电阻时，必须进行感应电压测量。当感应电压超过绝缘电阻表输出电压时，应选用输出电压等级更高的绝缘电阻表。

（五）操作流程

① 记录电缆铭牌，运行编号及大气条件等参数。

② 试验前拉开电缆两端的线路和接地刀闸，将电缆与其他设备完全断开。

③ 试验人员戴绝缘手套，用已接地的放电棒对电缆三相充分放电。

④ 根据电缆铭牌和绝缘试验内容选取合适的电压等级，使用之前校验绝缘电阻表开路和短路试验是否正常。

⑤ 用干燥清洁的柔软布擦去电缆头表面的脏污，以消除表面泄露电流的影响，如湿度较大需加屏蔽线。

⑥ 连接好试验接线，对一相进行测量时，其他两相导体、金属屏蔽或金属套和铠装层一起接地，对端三相悬空，且确保有人看护。将测试线一端接绝缘电阻表"L"端，"E"端接地。具体试验接线如图4.3和图4.4所示。

⑦ 用绝缘手套将"L"端接至电缆测试端，拆除地线，选择正确电压进行测量，待1分钟后读取绝缘电阻表值并记录。

⑧ 测试完毕后，停止加压，对被试电缆充分放电并恢复接地线。

⑨ 按上述步骤进行其他两相绝缘电阻试验。

⑩ 按图4.5进行外护套绝缘电阻测试接线，三相导体一起接地，屏蔽层悬空。将测试线接绝缘电阻表"L"端和电缆屏蔽线，"E"端接地。

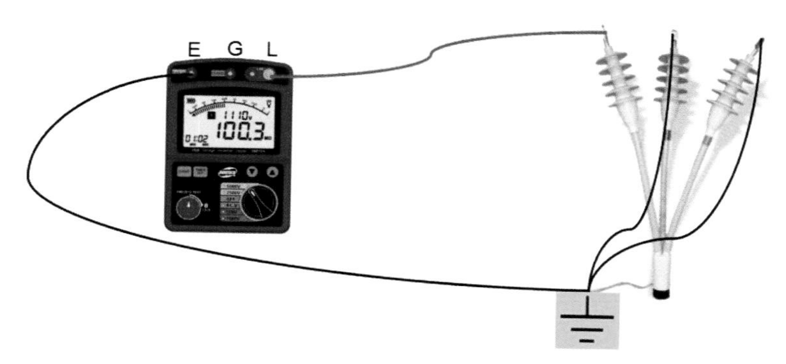

图4.3　主绝缘试验一般接线图

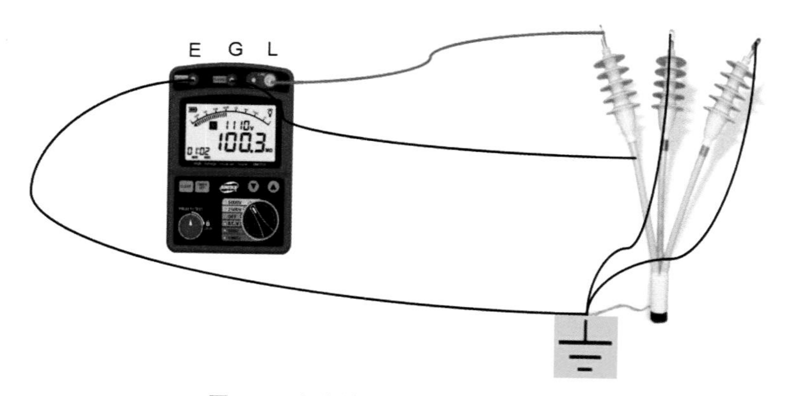

图4.4　主绝缘试验带屏蔽线接线图

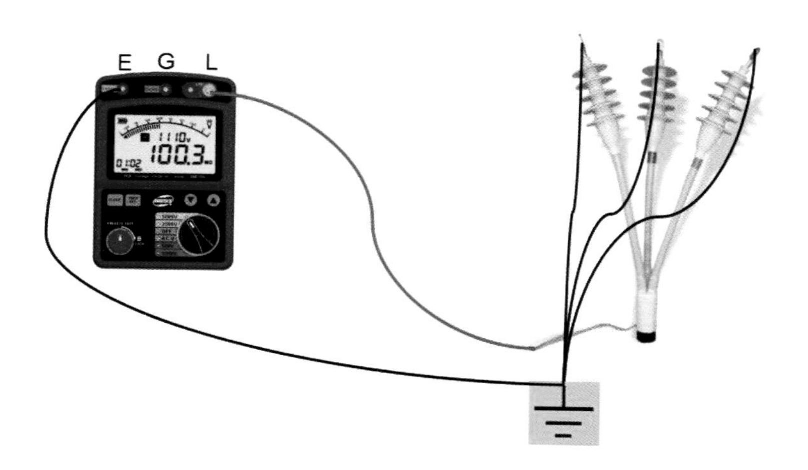

图4.5　外护套绝缘试验接线图

⑪ 选择正确电压进行测量，待1分钟后读取绝缘电阻表值并记录。

⑫ 测试完毕后，停止加压，对被试电缆充分放电并恢复屏蔽接地。

二、电力电缆线路两端相位核查

（一）试验目的

电力电缆线路在敷设、安装附件后，为了保证两端的相位一致，需要对两端的相位进行检查。这项工作对于单相用电设备关系不大，但对于输电网络、双电源系统和有备用电源的用户等必须核对相位保持一致方可正常运行。

（二）试验原理

一般采用绝缘电阻表进行核对。在测完三相绝缘电阻后，通知对侧人员将电缆其中一相接地拆除（以A相为例），另两相接地。试验人员使用绝缘电阻表分别测量电缆三相主绝缘，绝缘电阻非零时的芯线为A相。试验完毕后，对被试电缆放电恢复接地并记录。重复上述操作，以确认三相相位是否正确。

（三）试验要求

① 相位核对时，应分别在电力电缆的每一相上进行。对一相进行测量时，其他两相导体、金属屏蔽或金属套和铠装层一起接地。试验结束后应对被试电缆进行充分放电。

② 相位核对时可采用500 V电压进行测量。

③ 相位核对前应有临时的ABC相位标识。

④ 在对电缆进行绝缘电阻测量时，由于电缆分布电容的大小与长度成正比且比值比较大，因此在加压测量前后注意都要较长时间的放电，以防止烧坏兆欧表或造成测量误差。

⑤ 每次测试完毕后不要关闭仪器电源，应先断开“L”端与电缆的连接。

⑥ 注意保证测试线之间及测试线“L”与地之间的绝缘良好。

（四）操作流程

① 佩戴绝缘手套将接线“L”与电缆A相线芯连接，“E”与接地连接。

② 佩戴绝缘手套将A相两端接地拆除。接线如图4.6所示。

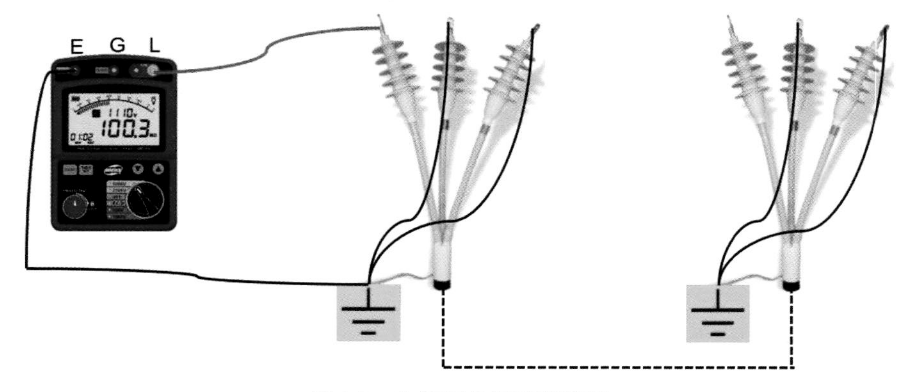

图4.6 电缆相位核对接线图

③ 打开绝缘电阻表,选择电压500 V,启动测量当时间达60 s或阻值稳定后记录试验数据,结束测试关闭电源。

④ 佩戴绝缘手套,站在绝缘垫上使用放电棒对A相电缆进行放电,先经高阻放电再进行直接放电。

⑤ 佩戴绝缘手套将A相测试端接地线恢复。

⑥ 佩戴绝缘手套将A相试验接线拆除,将接线"L"更换至B相线芯,拆除B相测试端接地。接线如图4.7所示。

⑦ 打开绝缘电阻表,选择电压500 V,启动测量观察试验数据是否为0并记录,结束测试关闭电源。

⑧ 佩戴绝缘手套将B相测试端接地线恢复。

⑨ 佩戴绝缘手套将B相试验接线拆除,将接线"L"更换至C相线芯,拆除C相测试端接地。

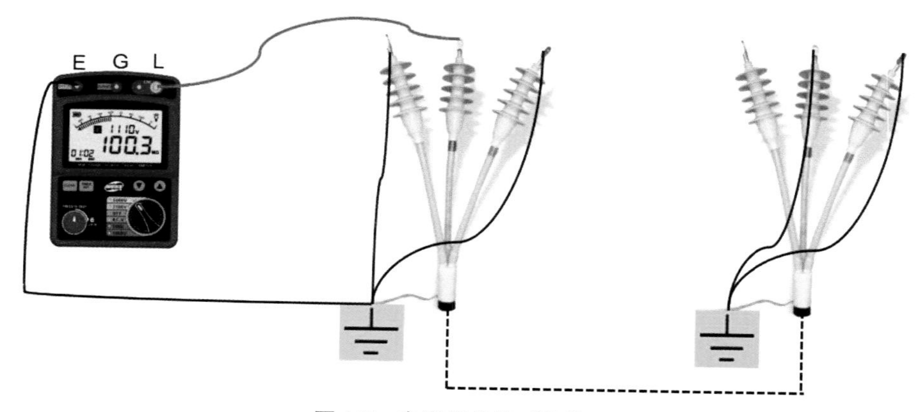

图4.7　电缆相位核对接线图

⑩ 打开绝缘电阻表,选择电压500 V,启动测量观察试验数据是否为0并记录,结束测试关闭电源。

⑪ 佩戴绝缘手套将C相测试端接地线恢复。

⑫ 重复上述步骤进行BC相相位核对测试。

(五) 带电核相

对已送电的线路也可以通过核相仪对线路进行带电核相。

(1) 就地型无线高压核相仪

就地型无线高压核相仪的原理是通过核相仪的两个采集器对被测两条高压线路的相位进行采集,经过处理后再发射出去,再通过核相仪手持式主机接收并进行相位对比,然后根据对比结果进行定性判断,并显示相位角度差。该测试方法一般要求两条线路测试点距离不超过100 m。核相仪如图4.8所示。

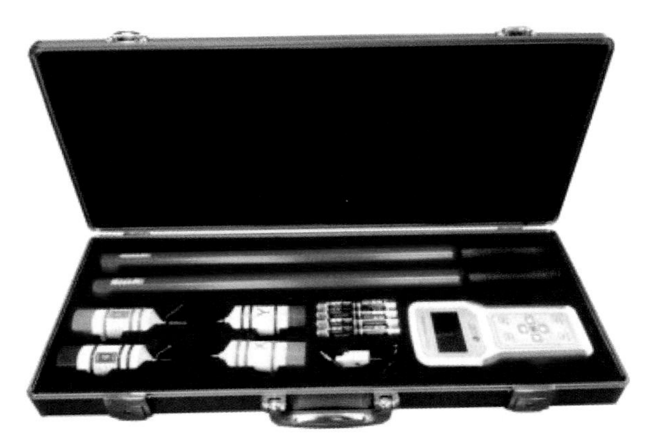

图4.8　带电高压核相仪

（2）网络定相系统

此类系统通过确定一个基准相色，然后通过网络服务器与专用无线核相仪进行数据交流，令每一次核相都可以有一个统一的参考值，只需要一台专用无线核相仪便可以完成远距离核相，并且因为是统一的核相标准，所以在核相的同时，还能够完成定相工作，从而保证区域内的相色标识的统一。需在电网或子电网的范围内设立一台电网网络定相基站，该基站可以全天不间断地采集当地电网的三相工频电压波形的相位角信息以及GPS时间信息，然后通过有线网络或2G/3G/4G网络接入专用网络，并通过专用网络将采集到的相位信号和GPS卫星时间信号上传至"后台服务器"。当使用专用无线核相仪进行网络核相时，无线核相仪通过无线网络与采集器通信得到待测线路的相位信息，然后通过专用网络将数据传送到"后台服务器"，"后台服务器"通过对比基站与无线核相仪的实时相位数据，从而确定待测线路的相色、相序。

第三节　交流耐压试验

一、试验目的

交流耐压试验是电力电缆敷设完成后进行的基本试验项目，是判断电力电缆线路是否可以投入电网运行的基本判据。当电力电缆线路中存在微小缺陷时，在运行过程中可能会逐渐发展为局部缺陷或整体缺陷。因此，为了考验电力电缆承受电压的能力、校验电力电缆敷设和附件安装质量，在电力电缆投运前需要进行交流耐压试验。

二、试验原理

对于电缆而言，其电容量相对其他类型设备较大，在进行耐压试验时，要求试验电压高、试验设备容量大，现场往往难以解决。为了克服这种困难，采用串联电抗器谐振的方法进行耐压试验，通过调节试验回路的频率ω，使得$\omega L=1/(\omega C)$，此时回路形成谐振，这时的频率为谐振频率。设谐振回路品质因数为Q，被试电缆上的电压为励磁电压的Q倍，这时通过增加励磁电压就能升高谐振电压，从而达到试验目的。此外，对于

35 kV及以下电压等级的电缆，当现场设备容量不足的情况下，可采用0.1 Hz超低频交流电压的试验方法，根据无功功率的计算公式$Q=2\pi fCU^2$，理论上0.1 Hz的试验设备容量可以比工频交流试验设备容量降低500倍，此外0.1 Hz超低频试验设备远小于工频试验设备，具有设备轻便、易于接线等优点。

假设对一条电缆长度为2 km的YJV22-8.7/15 kV-3×300 mm²电缆进行变频耐压试验，试验电压为21.75 kV、2.5 U_0(5 min)，U_0为相电压。试验设备如下：

① 变频电源。输入电压380 V，三相，50 Hz；输出电压0～350 V；输出容量：30 kW；输出电流：85 A。

② 励磁变压器。输入：350 V，30 Hz，85 A；输出电压/电流：1.5 kV/20 A，3 kV/10 A，4.5 kV/5 A，6 kV/5 A；额定容量：30 kV。

③ 试验电抗器4只。额定电压：27 kV；额定电流：3 A；额定容量：81 kVA；额定电感量：40 H。

④ 110/0.001分压器。电容量：1000 pF；额定电压：110 kV；精度：1级。

电缆电容量参数可由表4.3查得。下面进行交流耐压参数计算。

表4.3　交联聚乙烯电缆电容量参数

电缆导体截面积(mm²)	电容量(uF/km)				
	YJV、YJLV 6/6 kV、6/10 kV	YJV、YJLV 8.7/10、8.7/15 kV	YJV、YJLV 12/20 kV	YJV、YJLV 21/35 kV	YJV、YJLV 26/35 kV
1×35	0.212	0.173	0.152		
1×50	0.237	0.192	0.166	0.118	0.114
1×70	0.270	0.217	0.187	0.131	0.125
1×95	0.301	0.240	0.206	0.143	0.135
1×120	0.327	0.261	0.223	0.153	0.143
1×150	0.358	0.284	0.241	0.164	0.153
1×185	0.388	0.307	0.267	0.180	0.163
1×240	0.430	0.339	0.291	0.194	0.176
1×300	0.472	0.370	0.319	0.211	0.190
1×400	0.531	0.418	0.352	0.231	0.209
1×500	0.603	0.438	0.388	0.254	0.232
1×630	0.667	0.470	0.416	0.287	0.256

谐振时的频率为

$$f=\frac{1}{2\pi\sqrt{L(C_x+C_0)}}=\frac{1}{2\times 3.14\sqrt{40\times(0.37\times 2+0.001)\times 10^{-6}}}=29.3(\text{Hz})$$

试验电压下电缆的电流为

$$I=2\pi fCU=2\times 3.14\times 29.3\times(0.37\times 2+0.001)\times 10^{-6}\times 21.75\times 10^3=2.96(\text{A})$$

试验容量为

$$S=UI=21.75\times 2.96=64.38(\text{kVA})$$

以上式中：L为试验电抗器电感量，C_x为电缆估算电容量，通过查表可得，C_0为分压电容器电容量。

通过计算可得该电缆只需1只电抗器即可满足试验要求。

三、试验设备

（一）变频串联谐振试验系统的设备构成

1. 变频电源

变频电源的主要作用是为整套试验装置提供幅值和频率都可调节的电压，变频电源输出功率应满足试验要求，一般大于等于励磁变压器的输出容量。为保证试验人员和试品的安全还应具有过电压保护、过电流保护、放电保护等保护功能。

2. 励磁变压器

励磁变压器的作用是将变频电源的输出电压升到合适的试验电压，满足谐振电抗器、负载在一定品质因数下的电压要求(励磁变压器的容量一般与变频电源相同)，同时起到高、低压隔离的作用。

3. 谐振电抗器

谐振电抗器用于与试验回路中的电容进行谐振，以获得被试电缆上的高电压。根据需要，谐振电抗器可以并联连接使用也可以串联连接使用，组成谐振电抗器组，以满足试验电压、容量和频率的要求。

4. 电容分压器

电容分压器是高电压测试器件，用来测量高压侧电压并提供保护信号，系统在计算各参数时应考虑电容分压器的电容量。电容分压器由高压臂C_1和低压臂C_2组成，测量信号从低压臂C_2上引出，作为试验电压测量和保护信号用。电容分压器及接线原理如图4.9所示。

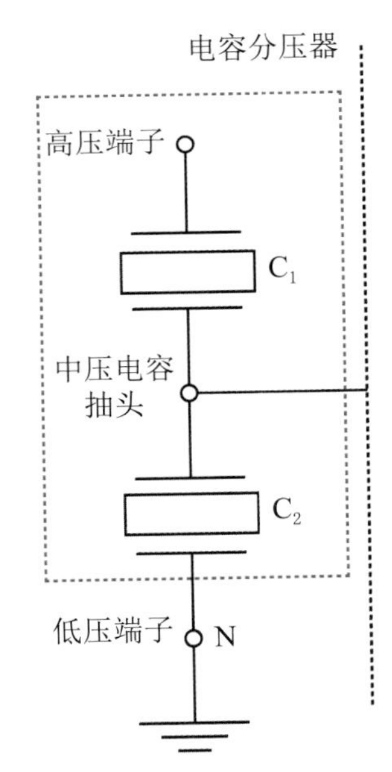

图4.9　电容分压器接线原理图

5. 补偿电容器

补偿电容器主要用来补偿试验回路电容，使试验回路满足谐振条件和试验要求。当被试电缆的等效电容比较小时，系统谐振频率较高，可能不在系统规定的工作频率范围内，为了降低系统的谐振频率，可以通过在分压器两端并联一个或者多个补偿电容器的方法把系统谐振频率降低到期望的频率范围内，当被试电缆等效电容值较大时，可以不用增加补偿电容。

变频串联谐振试验系统的主要设备如图4.10所示。

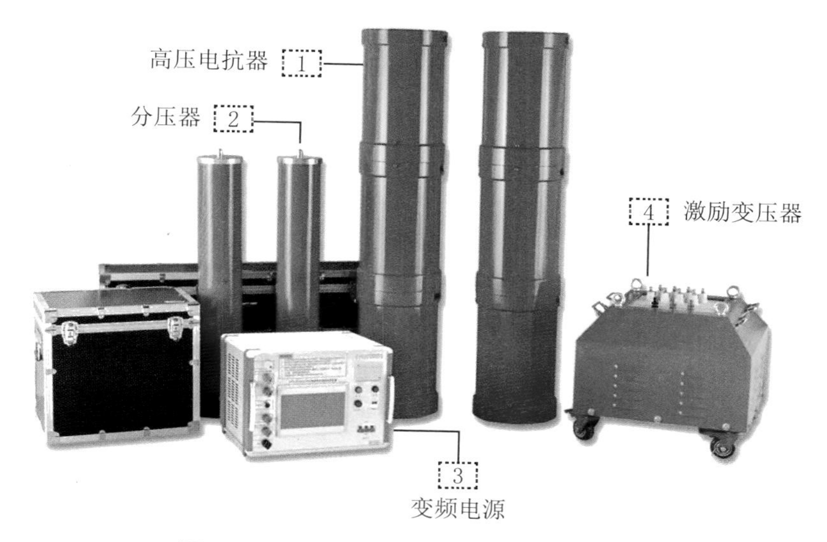

图4.10　变频串联谐振试验系统的主要设备

（二）0.1 Hz超低频试验系统

1. 特点

0.1 Hz超低频试验系统主要有以下特点：

0.1 Hz试验设备实际容量远比工频交流耐压试验设备小，设备体积也远小于工频试验设备，具有设备轻便、体积小等优点，另外设备成本接近直流测试系统。超低频耐压试验设备一般为一体化设备，现场易于接线、操作简易。用0.1 Hz超低频正弦电压试验时，也可以测量电缆的介质损耗，对检测绝缘中的水树，全面地评价电缆的绝缘状况提供参考。

2. 设备构成

0.1 Hz超低频试验系统的设备构成主要包括控制器和高压发生器。

控制器控制整套试验装置，为高压电源提供超低频信号输入，主要由电源模块、微机控制超低频信号发生器、电压整定控制、过电流保护、过电压保护等功能电路块组成。

高压发生器主要给被试电缆提供试验所需的高电压，由升压变压器、高压整流器、电压电流采样部件等组成。

0.1 Hz超低频试验装置因为体积小、质量轻，一般情况下可以把控制器、高压电源、分压器集成到一起，形成一体化设备，这样现场接线更加简洁可靠。常用超低频试验系统如图4.11所示。

四、试验要求

试验安全要求参考绝缘电阻试验，规程要求参考《配电电缆线路试验要求》(Q/GDW 11838)的规定，配电电缆主绝缘交流耐压采用20～300 Hz的交流电压对电缆线路进行试验时要求如表4.4所示。试验中如无破坏性放电发生，则认为耐压试验通过。

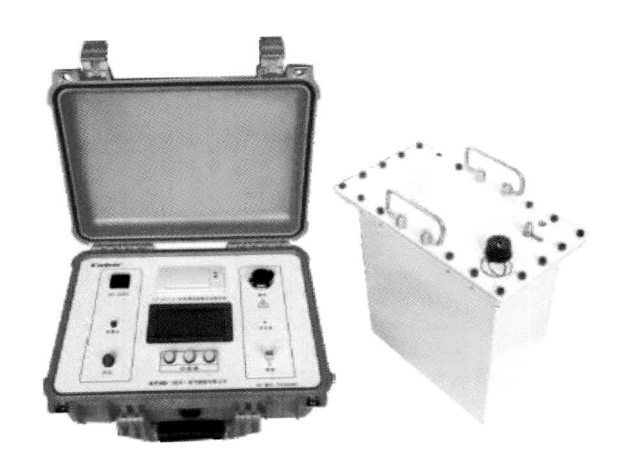

图4.11　0.1 Hz超低频一体化设备(左)和可分离式设备(右)

表4.4　配电电缆主绝缘交流耐压试验要求

电压形式	**额定电压** U_0/U(kV)			
	18/30 kV及以下		21/35 kV与26/35 kV	
	新投运线路或不超过3年的非新投运线路	非新投运线路	新投运线路或不超过3年的非新投运线路	非新投运线路
	试验电压(时间)			
20～300 Hz交流电压	2.5 U_0(5 min)或2.0 U_0(60 min)	2.0 U_0(5 min)或1.6 U_0(60 min)	2.0 U_0(60 min)	1.6 U_0(60 min)
超低频电压	3.0 U_0(15 min)或2.5 U_0(60 min)		2.5 U_0(15 min)或2.0 U_0(60 min)	

五、操作流程

(一) 串联谐振交流耐压

① 检查并核实电缆两端是否满足试验条件。正确连接试验设备,先将试验设备外壳接地,变频电源输出与励磁变压器输入端相连,励磁变压器高压侧尾端接地,高压输出与电抗器尾端连接,如电抗器两节串联使用,注意上下节首尾连接,电抗器高压端与分压器和电缆被试芯线相连,若试品容量较小可并联补偿电容器,若试品容量较大可并联电抗器,非试验相、电缆屏蔽层及铠装层接地。高压引线应尽可能短,绝缘距离足够试验接线准确无误且连接可靠。变频谐振交流耐压试验接线如图4.12和图4.13所示。

② 开始试验前再次检查接线无误。试验时先合上电源开关,再合上变频电源控制开关和工作电源开关,整定过电压保护动作值为试验电压值的1.1～1.2倍,检查电源各

仪表档位和指示是否正常。

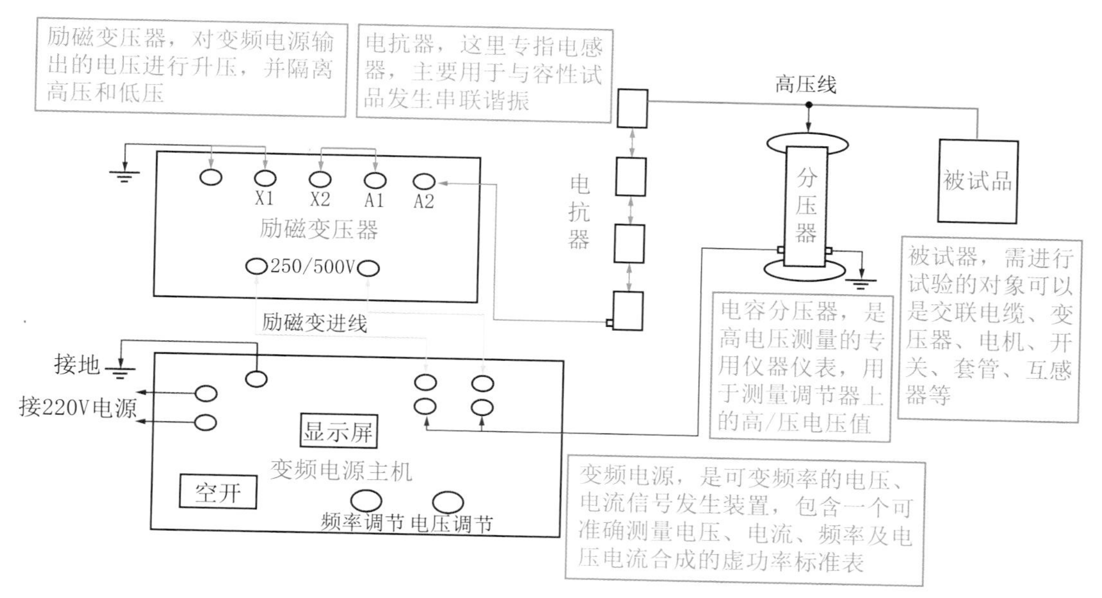

图4.12　变频谐振交流耐压试验原理图

图4.13　变频谐振交流耐压试验实物接线图

③ 合上变频电源主回路开关，调节电压至试验电压的3%～5%，然后调节频率，观察励磁电压和试验电压。当励磁电压最小，输出的试验电压最高时，则回路发生谐振，此时应根据励磁电压和输出的试验电压的比值计算出系统谐振时的Q值，根据Q值估算出励磁电压能否满足耐压试验值。若励磁电压不能满足试验要求，应停电后改变励磁变压器高压绕组接线方式，提高励磁电压。若励磁电压满足试验要求，按升压速度

(1～2 kV/s)要求升压至耐压值，记录电压和时间(加压过程应有专人监护，全体试验人员应精力集中，随时准备异常情况发生；一旦出现放电和击穿现象，应听从试验负责人的指挥，将电压降至零，切除试验电源，情况分析清楚后方可重新进行试验)。升压过程中注意观察电压表和电流表及其他异常现象，到达试验时间后进行降压，依次切断变频电源主回路开关、工作电源开关、控制电源开关和电源开关，对电缆进行充分放电并接地后，拆改接线。

重复上述操作步骤进行其他相试验。试验前后需进行绝缘电阻测试，并记录试验过程数据。

(二) 0.1 Hz超低频交流耐压

① 检查并核实电缆两侧是否满足试验条件。正确连接试验设备，先将试验设备外壳接地，高压输出端接被试电缆，控制器输出与高压发生器输入连接，非试验相、电缆屏蔽层及铠装层接地。高压引线应尽可能短，绝缘距离足够，试验接线准确无误且连接可靠。超低频耐压试验接线如图4.14所示。

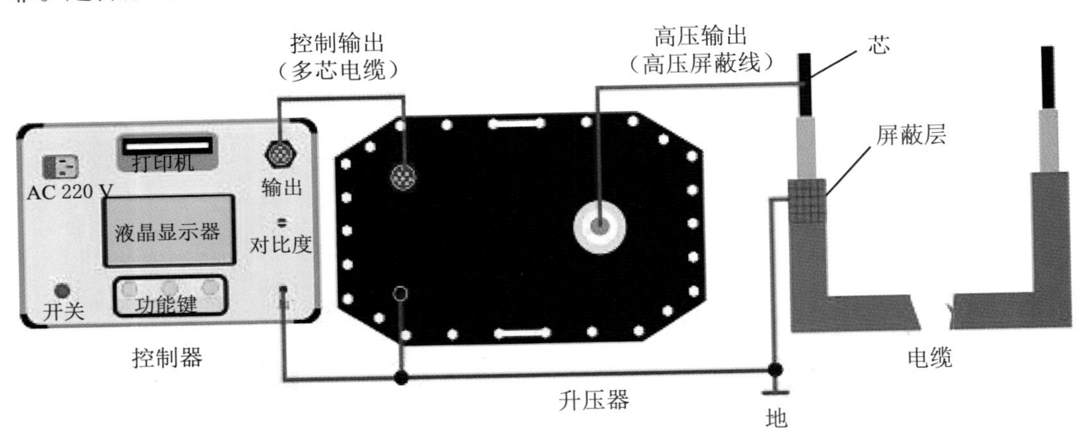

图4.14　0.1 Hz超低频耐压试验接线

② 开始试验前再次检查接线无误。试验时首先合上电源开关，再合上控制器电源控制开关和工作电源开关，设定好试验频率、升压试验时间和电压以及高压侧的过电流保护值和过电压保护值。

③ 按升压要求加压(加压过程应有专人监护，全体试验人员应精力集中，随时准备异常情况发生；一旦出现放电、击穿、输出波形畸变等现象，应听从试验负责人的指挥，将电压降至零，切除试验电源，情况分析清楚后方可重新进行试验)，升至试验电压后开始记录试验时间并读取试验电压值。试验过程中注意观察电压表和电流表及其他异常现象，到达试验时间后，降压，切断电源，对电缆进行充分放电并接地后，拆改接线。

重复上述操作步骤进行其他相试验。试验前后需进行绝缘电阻测试，并记录试验过程数据。

第四节　振荡波局放检测试验

一、试验目的

振荡波试验是电力电缆交接试验的补偿试验项目，当电力电缆线路在敷设和附件安装工程过中可能存在安装失误、工艺不良等较小缺陷时，一般交流耐压和绝缘试验无法检测出，而振荡波技术可有效发现因制造、敷设、安装引起的各类电缆缺陷，特别是对于中间接头局部放电缺陷的检出最为有效。因此，为了电力电缆线路投运后长期安全稳定运行，在具备条件的情况下应进行该项试验。

二、试验原理

振荡波试验的主要原理包括阻尼振荡电压激发和利用波反射法采集分析局放信号。振荡波电压的产生是利用恒流源以线性升压方式对被测电缆充电蓄能，自动加压至预设电压值，整个升压过程电缆绝缘无静态直流电场存在。加压完成后，高压光触开关在1 μs内闭合LC回路，由测试仪器电感和被试电缆电容形成振荡回路，产生频率在20～500 Hz幅值逐次衰减的交流电压，试验加压及振荡过程如图4.15所示。在振荡电压的激发下，电缆内部潜在缺陷激发局放电压信号，测控主机通过局放分压/耦合单元采集振荡波和局放信号。对被试电缆逐级加压测试，采集数据并分析可得到电缆局放放电特征和放电位置。局放的脉冲信号如图4.16所示。

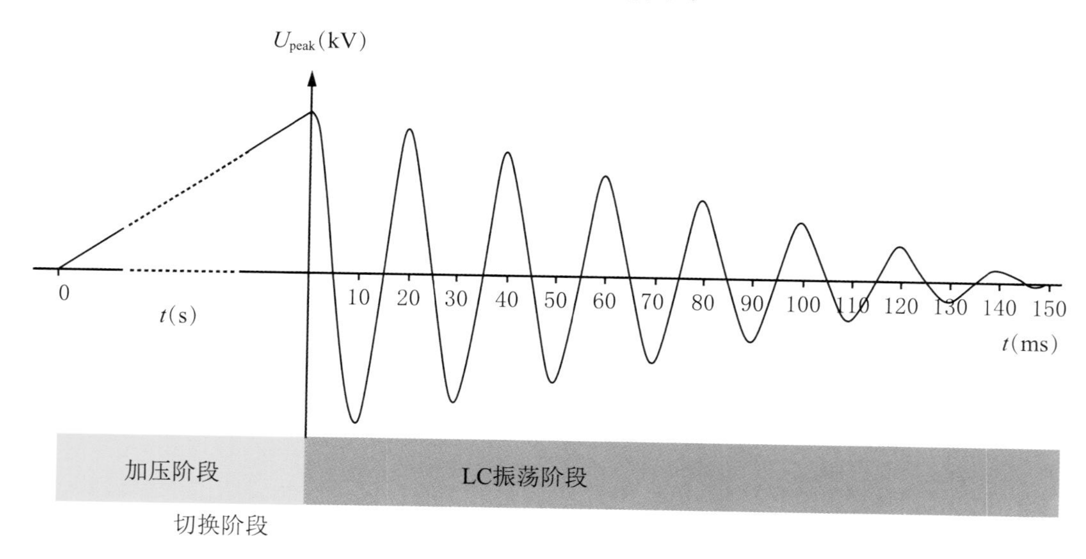

图4.15　试验加压及振荡过程

三、试验设备

OWTS电缆振荡波测试系统，由振荡波局部放电检测及定位仪、补偿电容模块、局部放电标定、电缆参数测试仪等组成。其中，振荡波局部放电检测及定位仪是整套系统的核心,用于向电缆施加振荡波高压,在电缆缺陷处激励局部放电,并完成局部放电的检测、记录、分析及定位;补偿电容模块是一个0.1 μF无局放电容,主要用于被测电缆过短的情况下(一般短于50 m),增大振荡回路的电容,确保振荡频率低于500 Hz。其使用时与电缆并联连接,共同构成整个振荡波发生回路的电容部分;局部放电标定及电缆参数测试仪主要用于测试电缆基本参数如局放脉冲传播速度、衰减参数等。

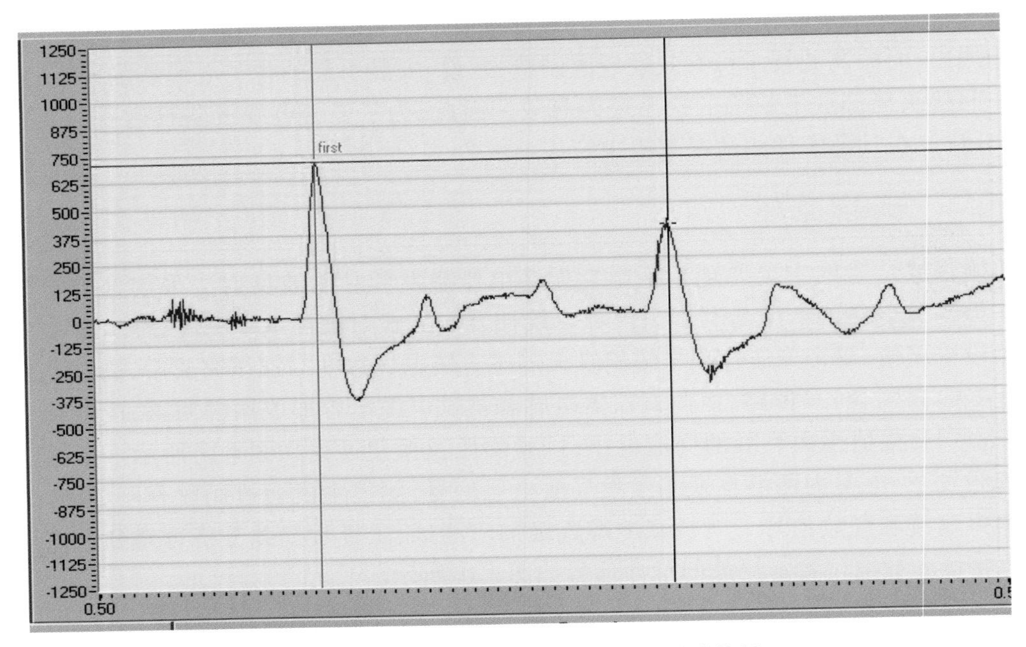

图4.16　局放点向电缆两端分别发出脉冲信号

系统的重要特点之一是功能单元模块化,每个模块重量均小于40 kg,便于现场搬运。振荡波局部放电检测及定位仪由以下模块组成:高压直流电源及电感模块;高压电子开关模块;高压耦合电容器及局部放电检测阻抗;信号滤波、放大、采集及分析模块。振荡波电缆局部放电检测系统原理和接线图如图4.17和图4.18所示。

四、试验要求

试验安全要求参考绝缘电阻试验,规程根据《配电电缆线路试验要求》(Q/GDW 11838)的规定,配电电缆振荡波试验电压应满足:① 波形连续8个周期内的电压峰值衰减不应大于50%;② 频率应介于20～500 Hz;③ 波形为连续两个半波峰值呈指数规律衰减的近似正弦波;④ 在整个试验过程中,试验电压的测量值应保持在规定电压值的±3%以内。配电电缆振荡波试验局部放电检测要求如表4.5所示。

五、操作流程

① 将被试电缆线路转检修,拆除电缆终端。

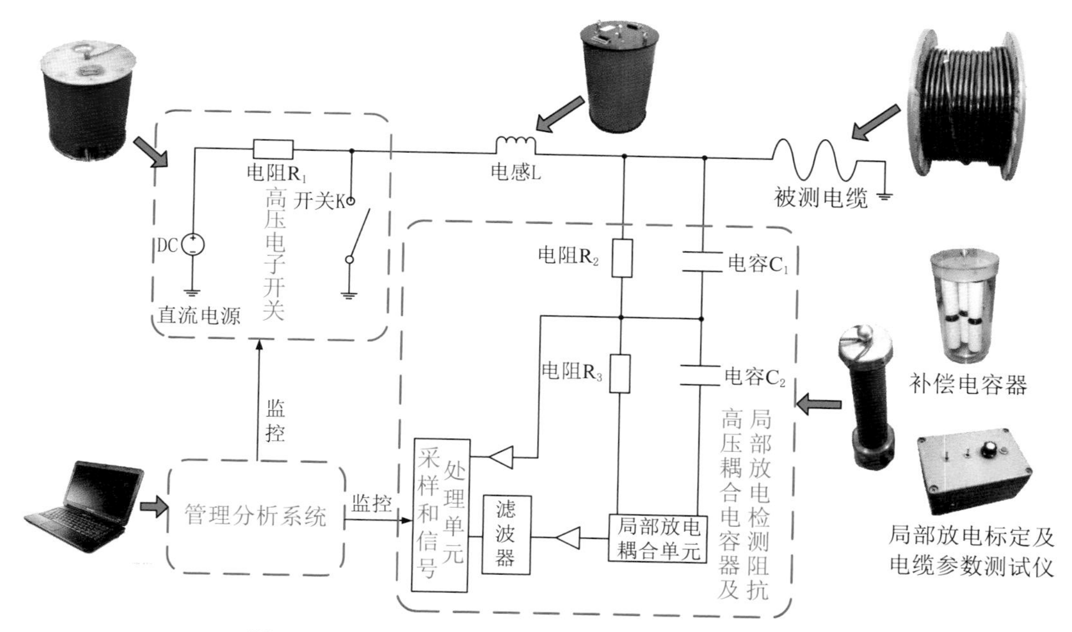

图 4.17　振荡波电缆局部放电检测系统原理及组成图

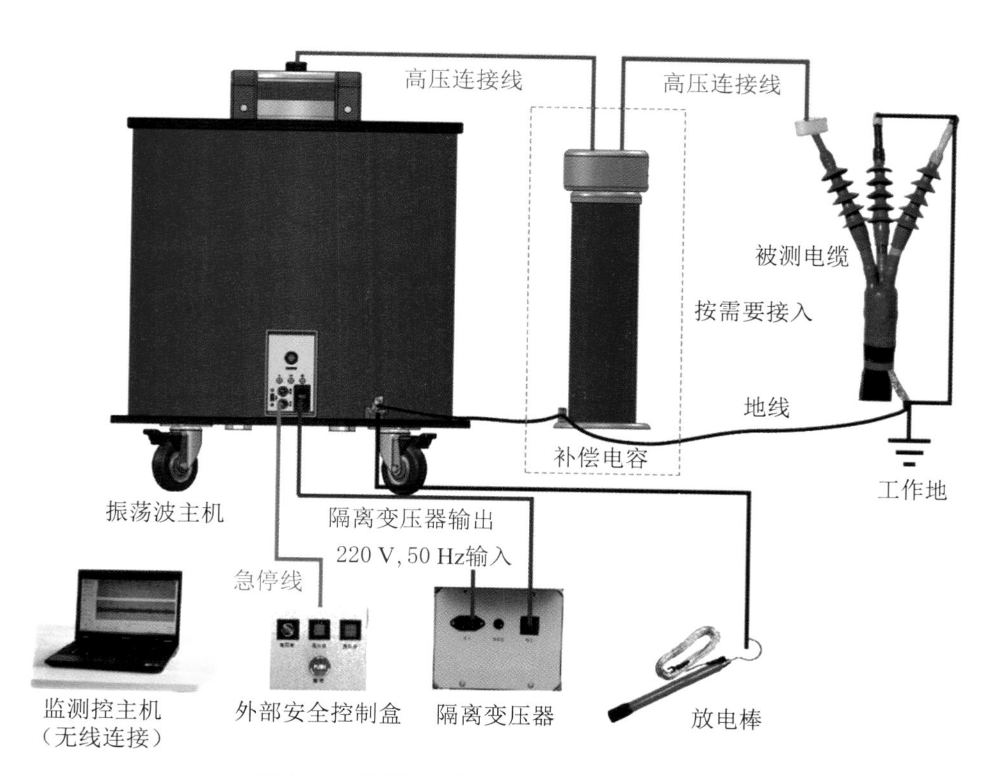

图 4.18　振荡波电缆局部放电检测试验接线图

表4.5　配电电缆振荡波试验局部放电检测要求

电压形式	最高试验电压		最高试验电压激励次数	试验要求	
	全新电缆	非全新电缆		新投运电缆部分	非新投运电缆部分
振荡波电压	2.0 U_0	1.7 U_0	不低于5次	起始局放电压不低于1.2 U_0； 本体局放检出值不大于100 pC； 接头局放检出值不大于200 pC； 终端局放检出值不大于2000 pC	本体局放检出值不大于100 pC； 接头局放检出值不大于300 pC； 终端局放检出值不大于3000 pC

② 将电缆接地并充分放电。

③ 测量电缆三相绝缘电阻，做好记录。

④ 使用时域脉冲反射仪测量电缆长度及电缆接头位置。

⑤ 进行振荡波检测仪器接线，确认无误后，启动系统，输入电缆基本信息。

⑥ 局放校准：

a. 校准前，要检验校准仪的电量是否充足，校准仪标定脉冲的频率设置是否正确。

b. 校准仪信号输出线正极接电缆导体，负极接电缆屏蔽接地线，保证校准信号线与电缆终端连接可靠。

c. 对于三芯电缆，校准其中一相即可，单芯电缆则应各相单独校准，校准时由高到低从100 nC到100 pC依次校准，当某一量程由于衰减或干扰校准失败时，停止后面较低量程的校准。振荡波校准软件界面如图4.19所示。

d. 校准时必须保证入射波波峰达到当前量程的80%，否则将造成实际测试放电量出现偏差。

e. 校准过程要注意仪器显示的电缆波速，当波速偏差较大时(交联聚乙烯电缆波速为165～175 m/μs，油纸电缆波速为150～160 m/μs)，应重新进行电缆长度的测量。

⑦ 加压测试，分别对三相电缆按表4.6顺序和要求进行测试并保存数据。

a. 要根据每档电压作用下仪器检测的电缆局部放电水平选择合适量程。量程选择过大，会导致检测结果偏大；量程选择过小，局部放电脉冲幅值超量程会导致定位分析过程中丢失部分脉冲信息，影响分析结果。

b. 在第一次出现局部放电信号的电压下保存起始放电电压，在最高测试电压(新电缆为2.0 U_0)下选择并保存熄灭放电电压。加压测试电压及局放波形图如图4.20和图4.21所示。

⑧ 测量电缆三相绝缘电阻，做好记录。

⑨ 恢复电缆和检测仪器到试验前状态。

⑩ 做好测量数据记录，并出具检测报告。

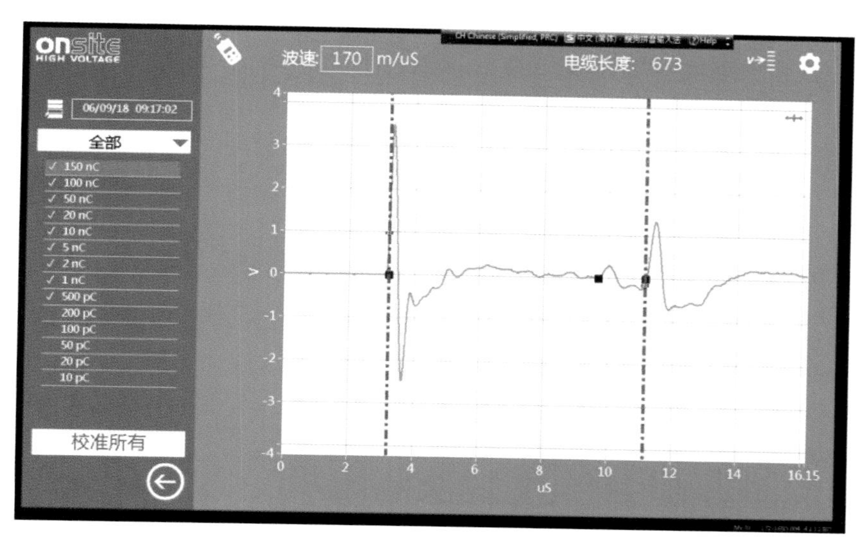

图4.19　振荡波校准软件界面

表4.6　加压测试步骤

电压等级($\times U_0$)	加压次数	测试目的
0	1次	测量环境背景局部放电水平
0.5,0.7,0.9	各1次	① 测试局部放电起始电压; ② 测试电缆在U_0电压下的局部放电情况; ③ 电缆在1.7 U_0电压下测试局部放电熄灭电压
1.0	3次	
1.2,1.3	各1次	
1.5	3次	
1.7	5次	
2.0	5次	对新投运电缆所加最高电压,测试局部放电熄灭电压
0	1次	放电

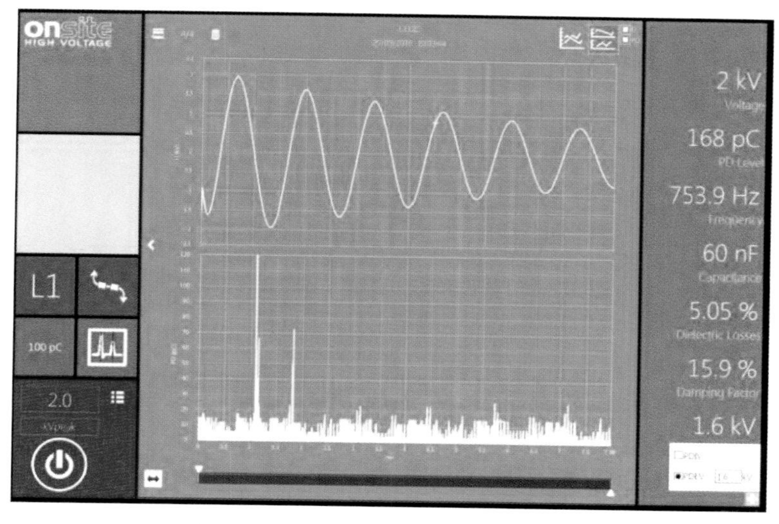

图4.20　加压测试电压及局放波形图

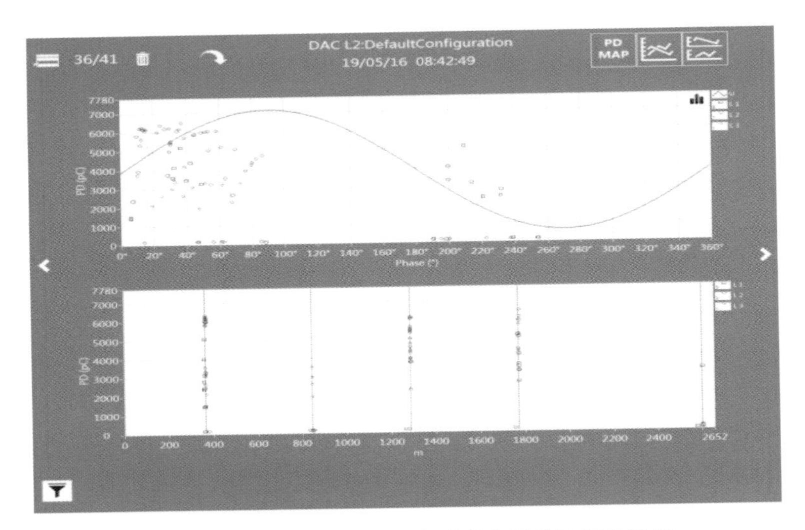

图4.21　加压测试过程中实时观察局放特征及位置

六、案例分析

案例一:XX-1公司振荡波测试

试验电缆基本信息:10 kV电缆,全长:1380 m,中间头位置:653 m,电缆投运时间为2011年,交联聚乙烯电缆。现场测试如图4.22所示。

图4.22　故障查找现场测试图

振荡波加压测试前,检测电缆三相绝缘阻值,A相43 MΩ,B相1.6 GΩ,C相57 MΩ。A、C相绝缘阻值与B相相比严重偏低。局放定位图如图4.23所示。

对局放测试数据进行分析,由局放分布图可以判断在电缆A相和C相653 m处存在局放,靠近中间接头位置,局放量最高超过3200 pC,已达到严重缺陷,需要立即修复。电缆解剖情况如图4.24所示。

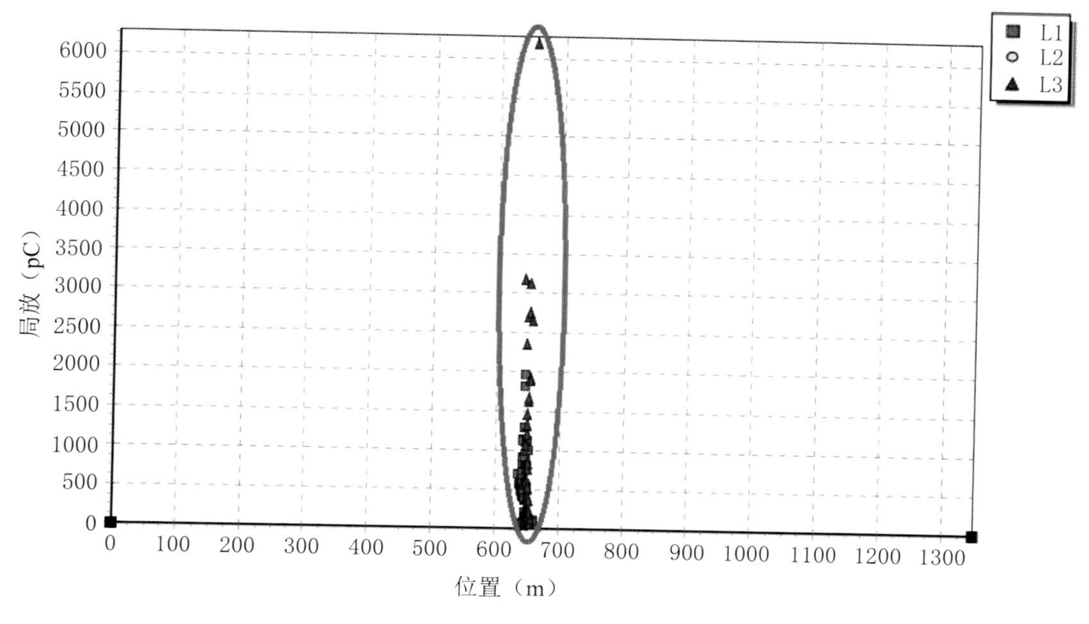

图4.23 局放定位图

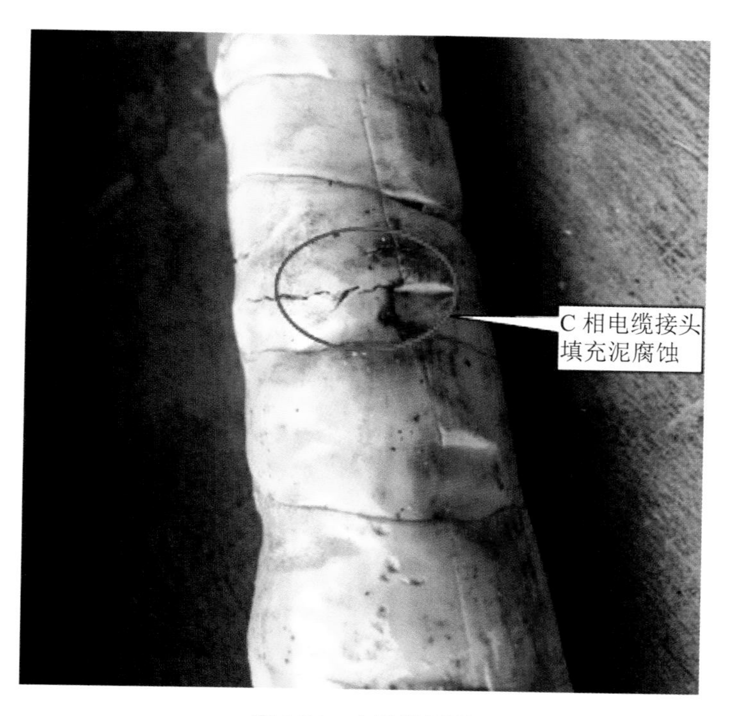

图4.24 电缆解剖图

现场勘查距离测试端653 m处发现中间接头，距离接头1.2 m处发现本体外护套破损，经解体，电缆本体钢铠及屏蔽层严重锈蚀，中间接头可见明显水珠。

处理后再次进行了振荡波测试，通过数据分析局放现象消失。

案例二：XX-2公司振荡波测试

试验电缆基本信息：10 kV电缆全长750 m。中间接头位置：420 m。交联聚乙烯电缆，2014年10月投运。

振荡波加压测试前，检测电缆三相绝缘阻值，A相2.5 GΩ、B相26 MΩ、C相25 MΩ，绝缘阻值正常。局放定位图如图4.25所示。

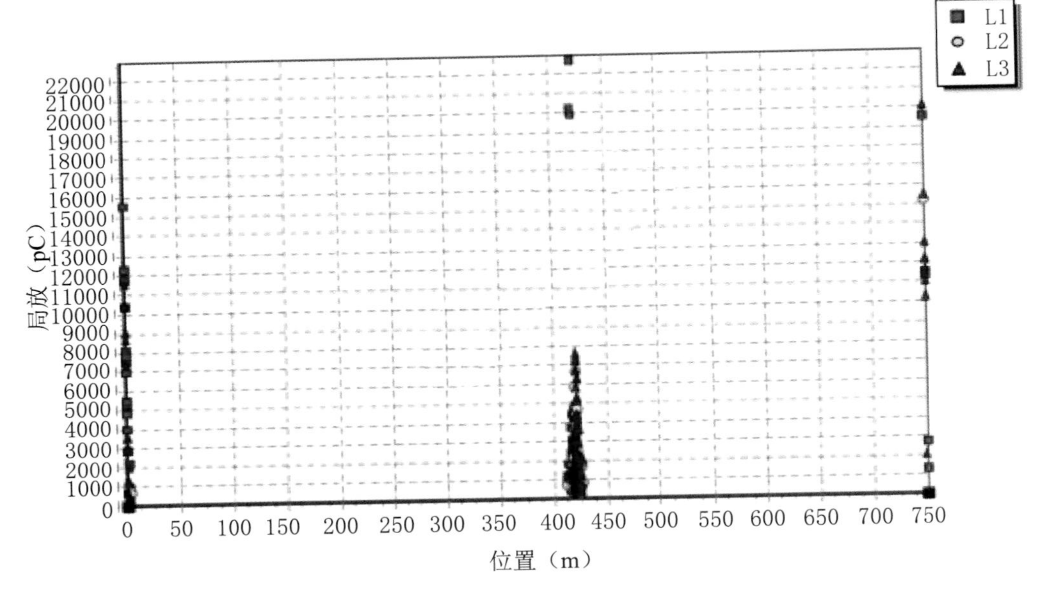

图4.25　局放定位图

对局放测试数据进行分析，由局放分布图可以判断在电缆420 m处存在局放，且B相局放量超过7000 pC，已达到严重缺陷，需要对电缆接头立即修复更换。电缆解剖图如图4.26所示。

图4.26　电缆解剖图

经查局放位置确认为中间接头，解剖电缆头发现电缆接头制作工艺粗糙，三相中间接头的主绝缘发现有划痕，未按施工工艺要求用砂纸打磨，外半导电层有尖角，主绝缘环切留有毛刺。更换接头后复测无局放，正常投运。

案例三：XX-3公司振荡波测试

试验电缆基本信息：10 kV 电缆全长1680 m，846 m处有中间接头，交联聚乙烯电缆，2012年投运。

振荡波加压测试前，检测电缆三相绝缘阻值，A相52 MΩ，B相55 MΩ，C相53 MΩ，绝缘阻值偏低。局放定位图如图4.27所示。

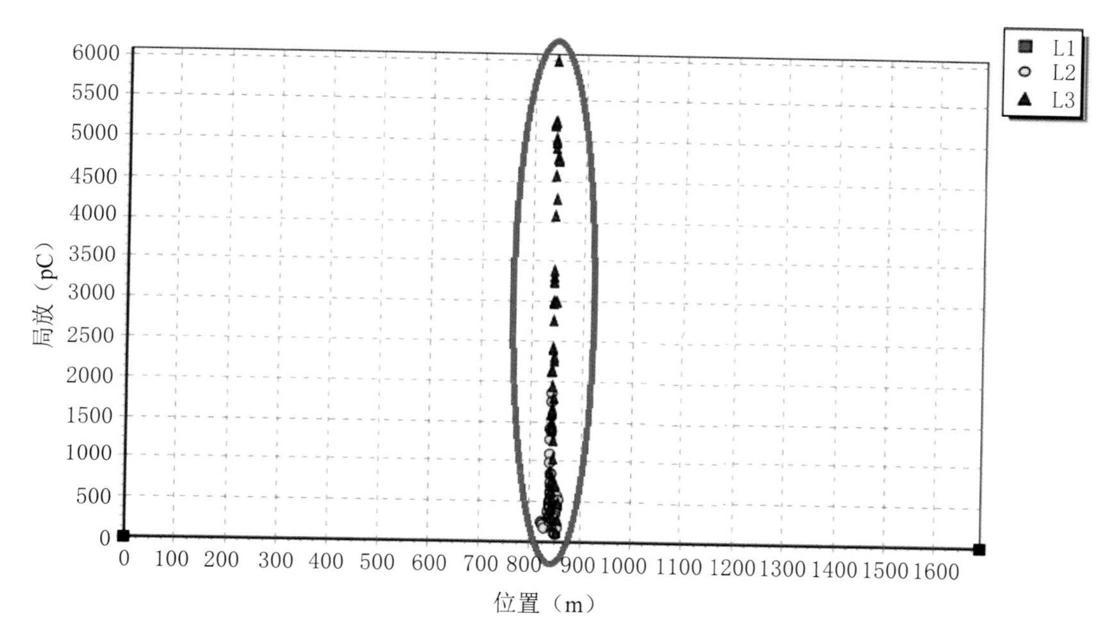

图4.27　局放定位图

对局放测试数据进行分析，由局放分布图可以判断在电缆846 m中间接头处存在局放，且B相局放量最大为6000 pC，已达到严重缺陷，需要及时对局放电进行修复或者更换处理。电缆解剖图如图4.28所示。

图4.28　电缆解剖图

现场勘查距离测试端846 m处发现中间接头，经解体分析，发现受潮严重，解体时导体内有积水并且半导电有硅脂干涸结晶，更换接头并再一次进行振荡波复测，无局放现象。

第五节　超低频介质损耗试验

一、试验目的

超低频介质损耗试验是电力电缆交接试验的补偿试验项目，当电力电缆主绝缘出现老化，包括水树枝老化、电树枝老化、热老化、机械老化、电化学老化等，一般交流耐压和绝缘试验无法检测出缺陷，对此可通过电缆介损测试进行状态评价，根据试验结果可评估电缆的老化程度。因此，为了电力电缆线路投运后长期安全稳定运行，在具备相关条件的情况下应进行该项试验。

二、试验原理

电缆的介质损耗主要是由绝缘材料在电场作用下产生介质电导和介质极化的滞后效应，在其内部引起的能量损耗，叫作介质损耗$\tan\delta$。在电缆的全寿命周期内，电缆必须经受热、电气、机械的和恶劣环境的种种考验，长期绝缘特性会逐步降低。介质损耗能反映出电缆绝缘的一系列缺陷，包括电缆受潮、接头老化、水树发展程度以及局部放电等。这是由于当这些缺陷产生时，流过绝缘体的电流中有功分量增大，介质损耗也增大。介质损耗不但会使绝缘的温度升高，加速绝缘介质老化，而且当温度升高到一定程度后会引起绝缘发生热击穿而失效。大型水树枝在加压下发展为电树枝的过程如图4.29所示。

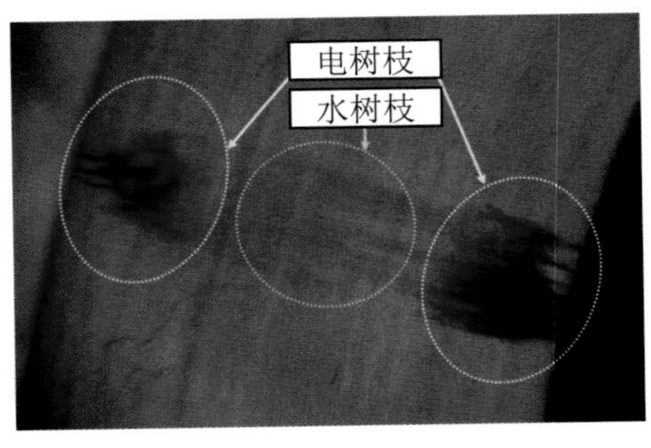

图4.29　大型水树枝在加压下发展为电树枝的过程

超低频介质损耗测量技术是在超低频正弦电压激励下测量电缆的整体介质损耗水平来评估电缆绝缘状态的一种检测技术，在0.1 Hz超低频正弦电压下进行超低频介损测试，对被测电缆施加$0.5U_0$、$1.0U_0$、$1.5U_0$三个电压步骤，每相电缆单独进行测试。通过采集电缆的泄漏电流信号，比较电流与电压之间的相位差得到介损值。在每个测试电压下，分别测量5个介质损耗$\tan\delta$数值，测量结果给出$\tan\delta$平均值、$\tan\delta$差值和$\tan\delta$标准偏差，以及介损值随测试电压变化曲线。目前，国内外针对超低频$\tan\delta$测量判断电缆线路的缺陷状况做了大量试验与研究，获得了以下主要结论：

① 同一电压下，随着测量次数的增加，$\tan\delta$值下降。甚至随着测试电压的升高，$\tan\delta$值下降，则可认为电缆的中间接头轻微受潮。$\tan\delta$值下降是由于在加压过程中水分受热蒸发，导致电缆接头绝缘恢复。

② 对于运行中的电缆，若其超低频$\tan\delta$值严重偏离正常值，通常为电缆接头有大量水分浸入的缘故。

③ 当被测电缆接头或电缆终端里没有水时，这些电缆附件将不影响$\tan\delta$值读数。接头的安装工艺错误等人为缺陷导致的较小局部放电时，此类缺陷无法通过测量$\tan\delta$值发现。

因此，通过获取"$\tan\delta$平均值(VLF-TD)""$\tan\delta$随时间稳定性(VLF-TD Stability)""$\tan\delta$变化率(VLF-DTD)"三个指标来评价一条XLPE电缆线路的整体劣化状况，包括电缆本体的整体老化水平以及电缆本体、终端或接头是否存在浸水的情况。

在电缆本体出现水树枝等绝缘老化以及中间接头、终端等电缆附件出现轻微进水、受潮等阶段，若未出现放电性缺陷，绝缘电阻测量、局部放电检测等手段均未显示异常，可通过测量电缆介质损耗来反映电缆绝缘的整体状态，诊断附件是否存在潮湿进水，以便及时帮助运行人员发现一些潜在的早期缺陷。在电缆绝缘电阻下降、出现局部放电等明显缺陷特征时，也可通过介质损耗测量来辅助诊断电缆的绝缘状态。

三、试验要求

试验安全要求参考绝缘电阻试验，规程要求参考Q/GDW 11838《配电电缆线路试验要求》的规定，超低频介质损耗检测可结合超低频耐压试验同步开展。介质损耗检测试验前后，各相主绝缘电阻值应无明显变化。超低频试验电压应满足：a. 波形为超低频正弦波；b. 频率应为0.1 Hz；c. 在整个试验过程中，试验电压的测量值应保持在规定电压值的±5%，正负电压峰值偏差不超过2%。配电电缆超低频介质损耗检测要求如表4.7所示。

表4.7　配电电缆超低频介质损耗检测要求

电压形式	试验电压		介损检测数量	试验要求	
	全新电缆	非全新电缆		全新电缆	非全新电缆
超低频正弦波电压	$1.0U_0$、$2.0U_0$	$0.5U_0$、$1.0U_0$、$1.5U_0$	每级电压下不低于5	$1.0U_0$下介质损耗偏差$<0.1\times10^{-3}$；$2.0U_0$与$1.0U_0$超低频介质损平均值的差值$<0.8\times10^{-3}$；$1.0U_0$下介质损耗平均值$<1.0\times10^{-3}$	$1.0U_0$下介质损耗偏差$<0.5\times10^{-3}$；$0.5U_0$与$1.0U_0$超低频介质损平均值的差值$<80\times10^{-3}$；$1.0U_0$下介质损耗平均值$<50\times10^{-3}$
工频电压	$1.0U_0$		—	$<1.0\times10^{-3}$	

图4.30和图4.31所示为一条健康电缆和水树老化严重的电缆的介质损耗检测结果对比图。可以明显看到有水树老化的电缆其介质损耗值随电压的升高而增大，说明此

电缆内部已经出现接头或其他部位浸水导致水树发展的现象，应当加强监测，必要时进行检修。

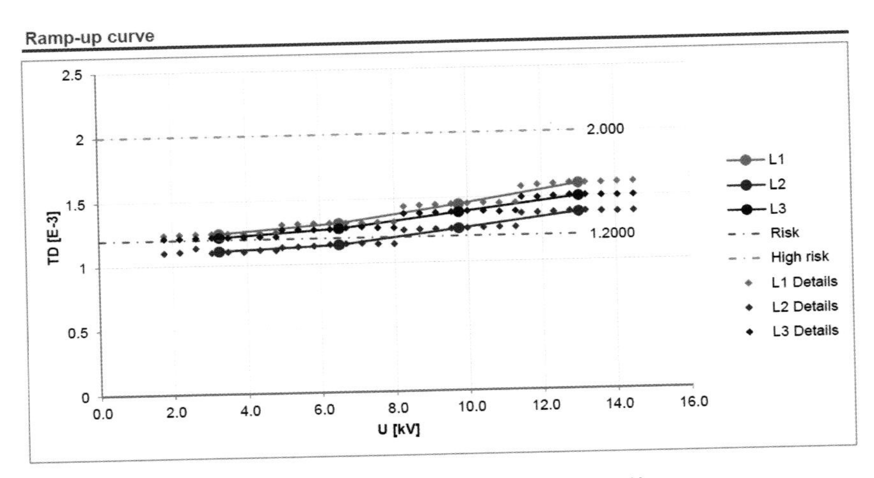

图4.30 健康状态下的电缆介质损耗值

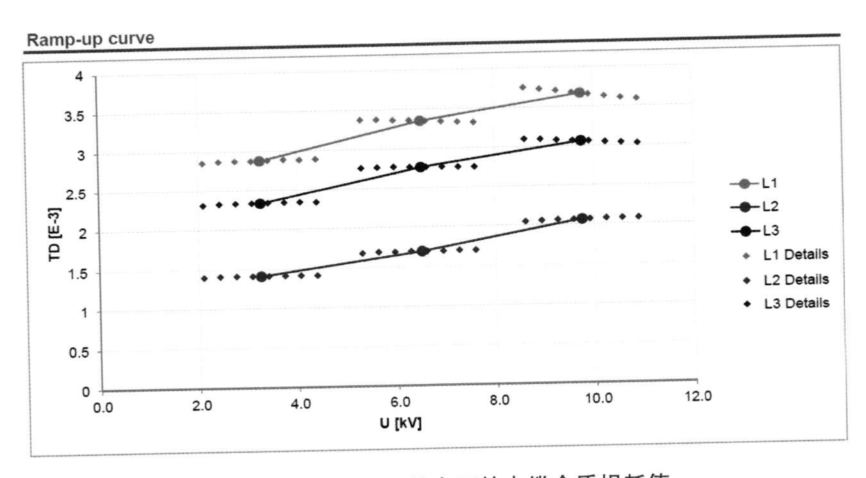

图4.31 进水受潮状态下的电缆介质损耗值

四、操作流程

① 将电缆与两侧设备断开。

② 电缆测距：测距仪对电缆线路的长度、接头位置与数量进行测试。

③ 绝缘电阻测量：超低频介损测试前，采用2500 V绝缘摇表测量电缆的绝缘电阻。

④ 试验接线：检查电缆终端清洁并处于良好状态，将高压连接电缆一侧与被测电缆终端连接，另一侧与测试主机连接，将其他相电缆终端与检测装置接地。接线如图4.32所示。

⑤ 参数设置：测试前在测试主机上设置电缆名称、长度、电缆绝缘类型、敷设方式等信息，选择交联电缆测试程序。

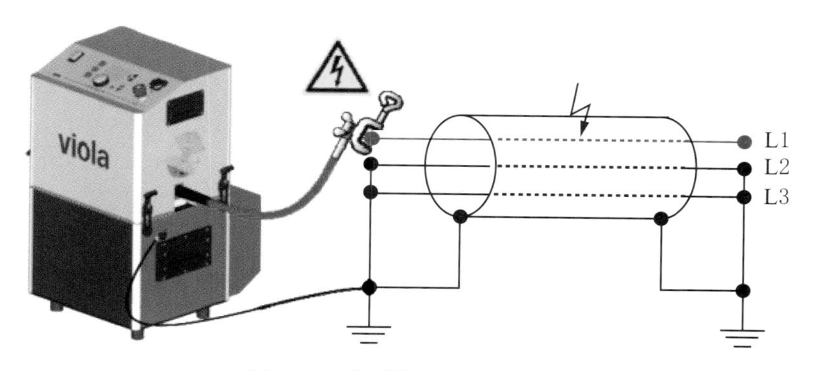

图 4.32　介质损耗测试接线图

⑥ 介损测试：对被测电缆进行加压，自动测试 $0.5U_0$、$1.0U_0$、$1.5U_0$ 三个电压下相关介损数据，得到介损值以及测试曲线。加压测试如图 4.33 所示。

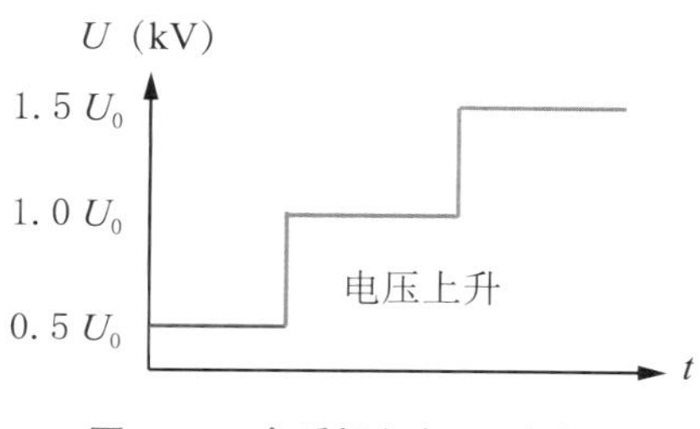

图 4.33　介质损耗加压测试图

⑦ 数据保存：将测试结果与测试报告，通过 USB 接口保存至 PC 机。实际测试如图 4.34 所示。

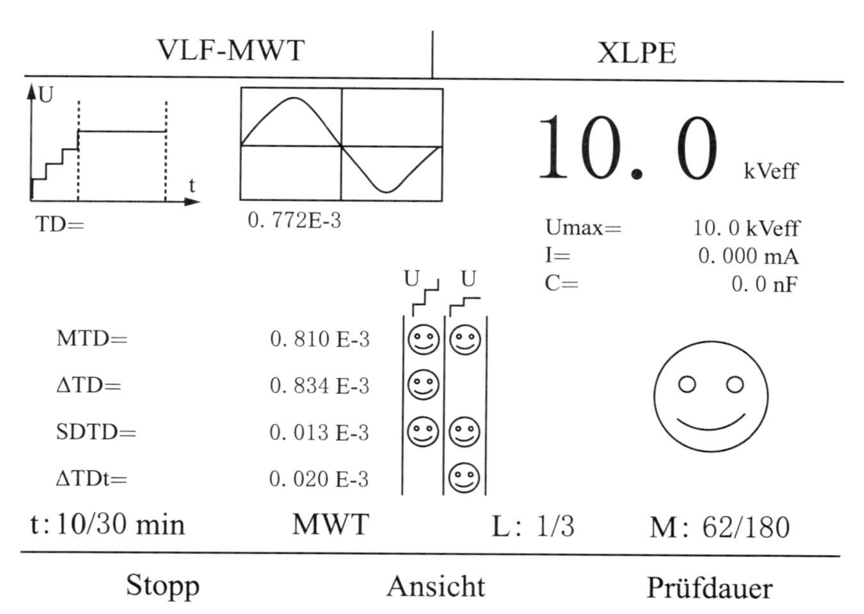

图 4.34　介质损耗实际测试界面图

第五章　电缆故障查找

第一节　电缆线路常见故障及处理流程

一、电缆常见故障

（一）电缆故障原因分类

电缆故障产生的原因和故障的表现形式是多方面的，有逐渐形成的，也有突然发生的。国内电缆故障产生的原因如图5.1所示。

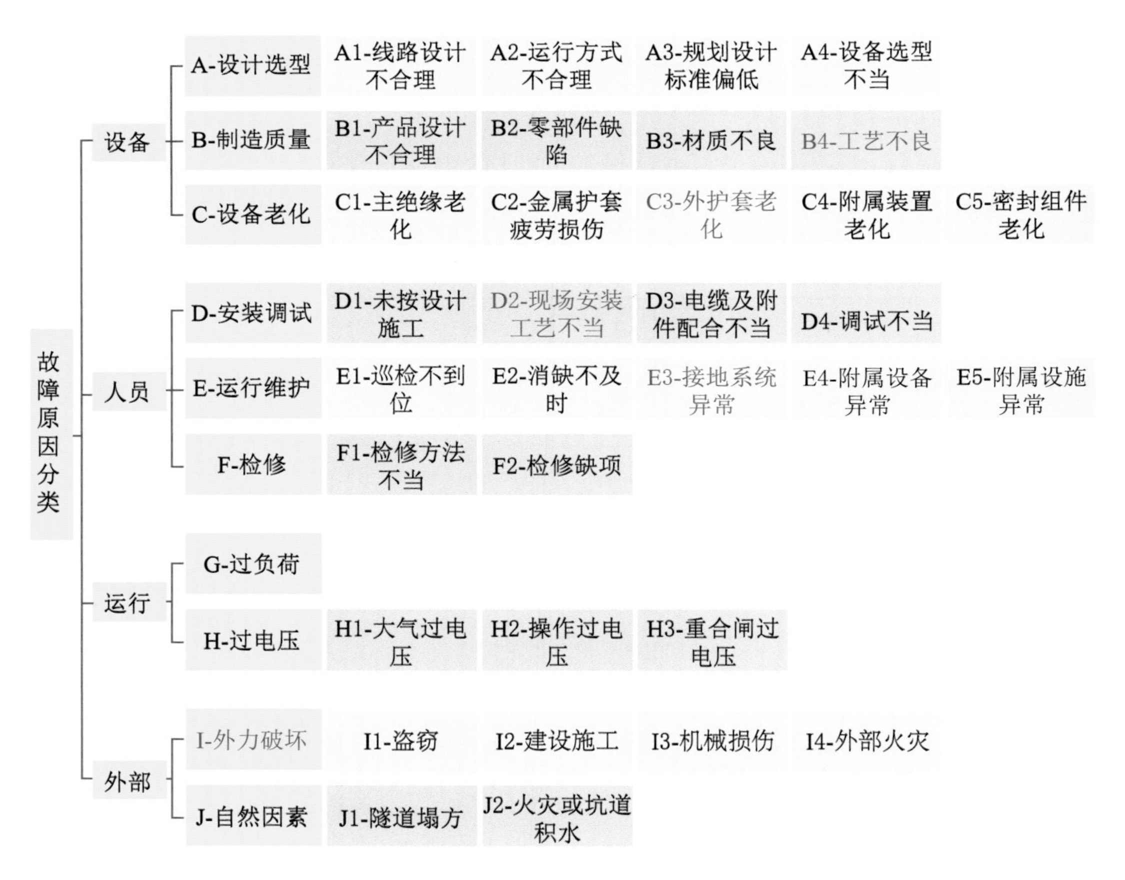

图5.1　电缆故障原因（标红为多发原因）

电缆故障主要原因是外力破坏、附件质量、施工工艺、电缆本体，比例分类大致如图5.2所示。

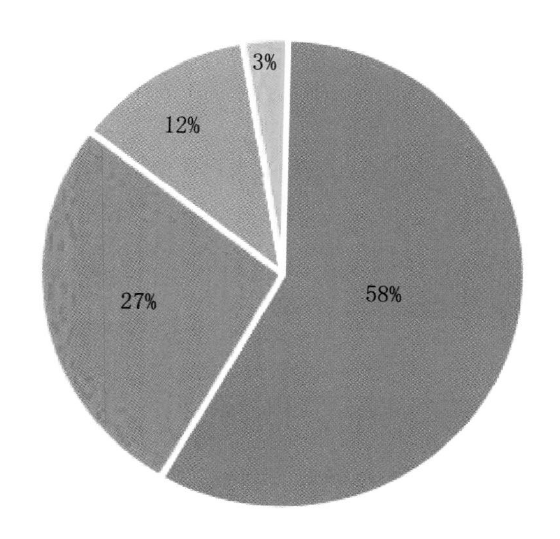

图5.2　电缆线路故障原因分类

电缆故障中，附件质量主要包括：

① 附件制作未按技术标准操作，制作工艺不良。

② 制作附件时，周围环境湿度过大，潮气容易进入。

③ 附件材料使用不当，电缆附件不符合国家标准。

施工工艺主要包括：

① 敷设过程中，用力不当，牵引力过大，使用的工具、器械不对，造成电缆护层机械损伤。

② 接头摆放不当，接头弯曲应力锥移位。

电缆本体质量问题主要包括：

① 电缆制造过程中，不可避免的产生气隙，导致绝缘性能降低。

② 电缆层内混入杂质，或半导体层有缺陷或线芯绞合不紧，或线芯有毛刺等都会使电场集中，引起游离老化。

③ 电缆本体中水分进入，形成“水树枝”。

（二）电缆故障分类

根据电缆绝缘分类，电力电缆故障可分为主绝缘故障与护层故障两大类。其中护层故障主要针对单芯中高压电缆外护层绝缘水平降低，达不到运行标准的现象。主绝缘故障是指各种原因致使电缆主绝缘性能下降，无法满足电缆正常运行要求的现象。常说的电缆故障基本都是主绝缘故障，本章重点介绍主绝缘故障的探测。

根据电缆的绝缘电阻和线芯的连续性，电缆主绝缘故障可分为开路（断线）、低阻（短路）、高阻和闪络性故障。

① 开路（断线）故障是指电缆有一芯或数芯导体开路的故障。

这类故障可选用低压脉冲法测距。但单纯的开路故障并不常见，一般都伴有经电阻接地现象的存在。对于经电阻接地的开路故障，可选用脉冲电流法进行测距，接地电阻较高的还可选用二次脉冲法进行测距。开路故障的定点一般选用声测法或声磁同步法。

② 低阻（短路）故障一般指电缆的一芯或数芯对地绝缘电阻或者线芯与线芯之间绝缘电阻低于100 Ω的故障。高阻故障与低阻故障的区分原则是：使用低压脉冲法测试时能否清楚识别出故障点的低阻反射波，一般能的就是低阻故障，不能就是高阻故障。

常见的有单相低阻接地、两相短路并接地及三相短路并接地等。该类故障可以用低压脉冲法测距。

考虑到这种故障加冲击高压时可能有放电声音，也可能没有放电声音，所以对这类故障定点的常用做法是：先用声测法和声磁同步法定点，当故障点没有放电声音时再考虑用音频信号法或跨步电压法定点。

③ 高阻故障是指电缆的一芯或数芯对地绝缘电阻或者芯与芯之间绝缘电阻低于正常值但高于100 Ω的故障。

这类故障情况的发生概率比较高，占电缆故障的80%左右。对于这类故障，一般采用脉冲电流法测量或者用二次脉冲法测量。特殊情况下由于故障点处受潮或进水，当绝缘电阻大于100 Ω时，用低压脉冲方式的比较法也能测出故障距离。

对这种故障一般的做法是：先用低压脉冲方式测量，看能不能测出可疑的故障波形，然后再用二次脉冲法、脉冲电流法测量。当低压脉冲法测得的故障距离和脉冲电流法测得的故障距离差不多时按低压脉冲测得的故障距离去定点，当两个方法测得的距离相差比较远时就按脉冲电流法测的故障距离去定点；如果用二次脉冲法能测出故障距离，就以二次脉冲法测得的距离为准。

当对这类故障的电缆施加足够高的脉冲高电压时，故障点一般都会产生比较大的放电声音，所以对这类故障定点时，一般采用声磁同步法。

④ 闪络性故障是指电缆的一芯或数芯对地绝缘电阻或者芯与芯之间的绝缘电阻值非常高，但当对电缆进行耐压试验时，电压加到某一数值，突然出现绝缘击穿的故障。

这类故障不常见，一般在进行预防性试验中会出现。该类故障用脉冲电流法中的直闪方式测距最为准确，但由于该类故障加直流电压放电几次后就可能会转化成高阻故障，如继续使用直闪法测量，所加的直流电压就会大部分集中在高压发生器的内阻上，可能引起高压发生器故障。所以这类故障在实际测试时还是采用二次脉冲法或脉冲电流法中的冲闪方式测试故障点的距离为好。

对这类故障定点方法的选用同高阻故障。但这类故障常常是封闭性的，从故障点传出的放电声音通常比较小，给故障定点工作带来一定的困难。

表5.1给出了测试各种类型的电缆故障所需选用的测试方法。

表5.1　故障分类及测试方法选择表

故障性质		测距方法	定点方法
开路故障		低压脉冲法	声磁同步法
短路(低阻)故障		低压脉冲法/低压电桥法	声磁同步法/金属性短路故障用音频信号法定位
高阻故障	100 kΩ 以下	二次脉冲法/脉冲电流法/高压电桥法	声磁同步法
	100 kΩ 以上	二次脉冲法/脉冲电流法	声磁同步法
闪络性故障		二次脉冲法/脉冲电流法	声磁同步法
单芯高压电缆的护层故障		电桥法	直埋敷设方式：跨步电压法； 其他敷设方式：选用声磁同步法

注：100 kΩ的数值不是绝对的，数值取决于高压电桥能够测量的范围。

二、电缆故障处理流程

根据电缆故障类型判定的故障处理流程顺序如图5.3所示。

其中应注意：

① 工作前期准备，现场勘察、办理工作票、检查工器具及材料是否符合要求，全体作业人员分工明确，任务落实到人，安全措施明确，并确认安全工器具完好、施工工器具及试验设备齐备。

② 工作负责人完成工作许可手续后，方可下令在工作区段两端进行验电、接地，负责验电、接地的作业人员在操作前需要核对停电线路的双重名称和鉴别标记无误后，方可进行验电、接地。

③ 涉及有限空间作业时，严格遵循“先通风，再检测，后作业”工作原则。进入有限空间作业前，先通风至少15 min，应先使用气体检测仪检测工井内部的含氧量及有毒有害气体含量，合格后在保证安全的情况下下井工作，并始终保持通风。

④ 故障查找试验过程中高压发生器使用要严格遵循相应规范，高压试验在更换试验接线前须对电缆充分放电，且高压试验应有专人全程监护。

⑤ 电缆开断前应远程使用电力电缆刺扎器对检修电缆钉入接地的带绝缘柄的接地铁钉。开断电缆时，工作人员应佩戴绝缘手套，穿绝缘鞋并站在绝缘垫上，并采取防灼伤措施。使用远控电缆割刀开断电缆时，刀头应可靠接地，周边其他施工人员应临时撤离，远程操作人员应与刀头保持足够的安全距离。

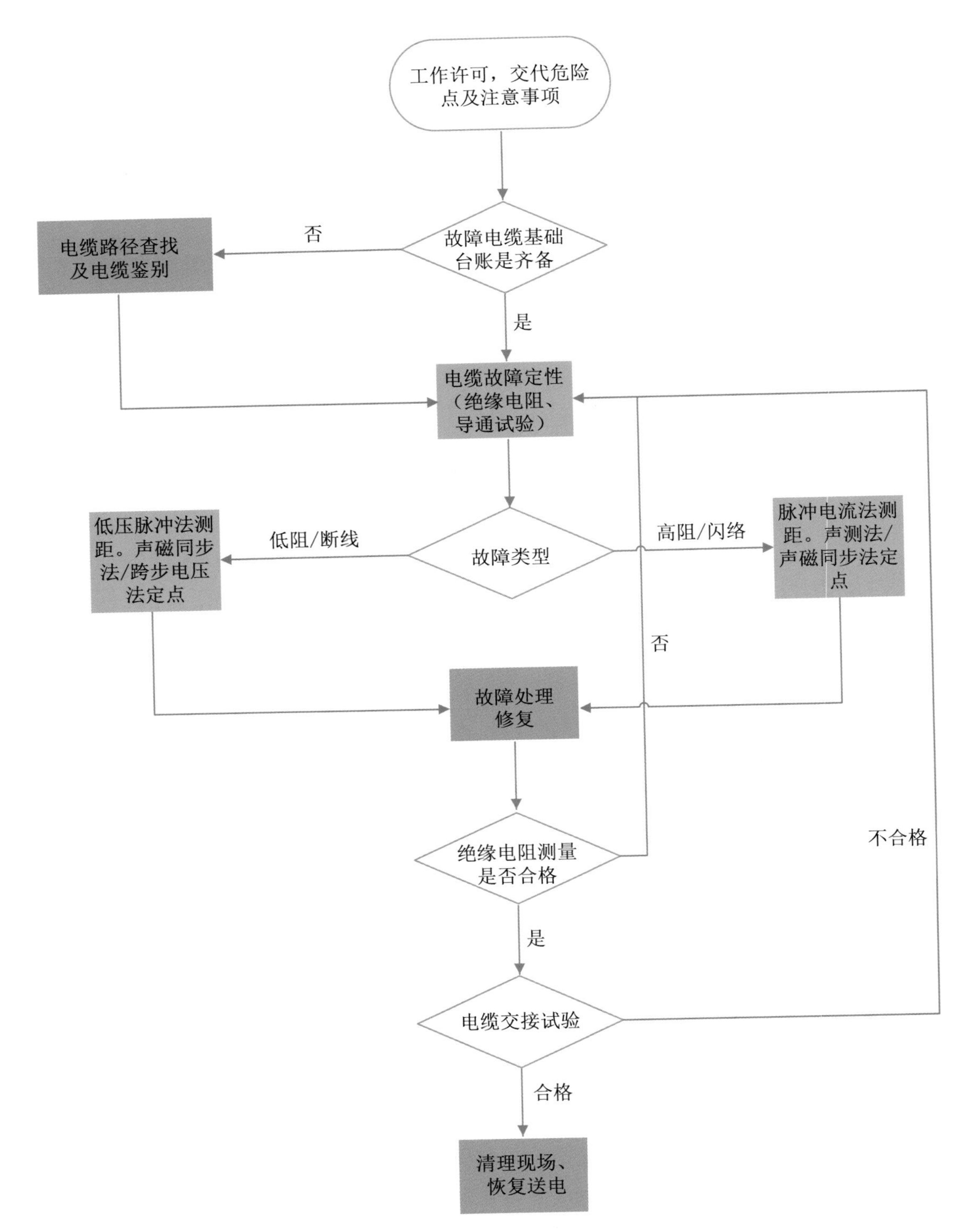

图5.3　电缆故障处理流程

第二节　电缆线路的识别

故障抢修中经常出现故障电缆图纸资料不齐全、基础台账缺失的情况，很难明确判断出电缆路径，给精确故障定点带来了很大的困难，所以故障测距后我们还需要测量出电缆的埋设路径。同时在通道内，往往是多条电缆并行敷设，还需要从多条电缆中找出故障电缆，电缆鉴别工作也十分必要。

目前使用的电缆路径探测与电缆识别方法，就是在待测电缆上加入特定频率或脉冲的电流信号，通过检测这个电流信号在电缆周围所产生的磁场信号来查找出电缆路径和识别出待测电缆。本节主要介绍音频感应法探测电缆路径和脉冲信号法鉴别电缆。

一、电缆路径探测

向电缆中加入一种特定频率的音频电流信号，在电缆的周围检测该电流信号产生的磁场信号，通过磁声转换为人们容易识别的声音信号，识别出待测电缆并探测出电缆路径的方法叫音频信号感应法。常见加入音频信号的频率为：512 Hz、1 kHz、10 kHz、15 kHz。

检测音频磁场信号的工具比较简单，即使用一个感应线圈来感应磁场信号，通过滤波后有选择的用声音或波形的方式把所加入到电缆上的特定频率的电流信号通过耳机或显示器表现出来，用耳朵或眼睛来识别这个信号，有这个信号的地方就是在测电缆通过的地方，从而就检测出了电缆的路径。试验仪器及测试示意如图5.4所示。

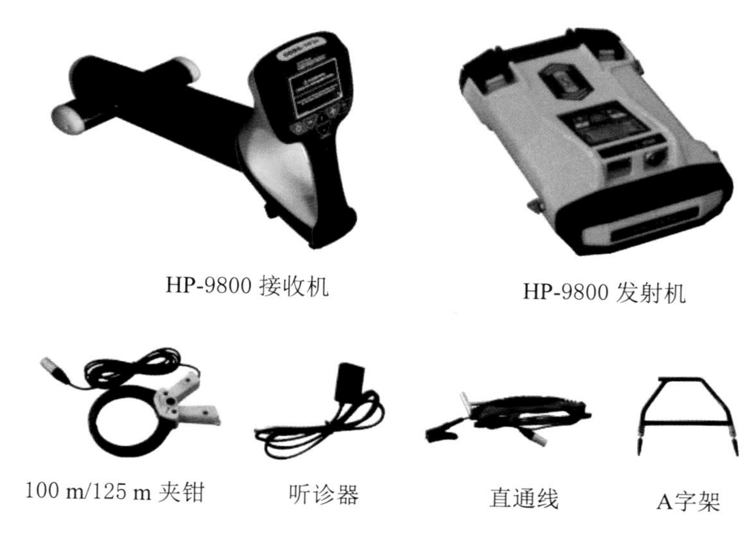

图5.4　电缆路径探测试验仪器及测试示意

应当注意：当感应线圈轴线垂直于地面时，在电缆的正上方线圈中穿过的磁力线最少，线圈中感应电动势也最小，通过耳机听到的音频声音也就最小；线圈往电缆左右方向移动时，音频声音增强，当移动到某一距离时，响声最大，再往远处移动，响声又逐渐减弱。在电缆附近，声音强度与其位置关系形成马鞍形曲线，曲线谷点所对应的线圈位置就在电缆的正上方。这种方法就是音谷法查找电缆的路径，如图5.5所示。

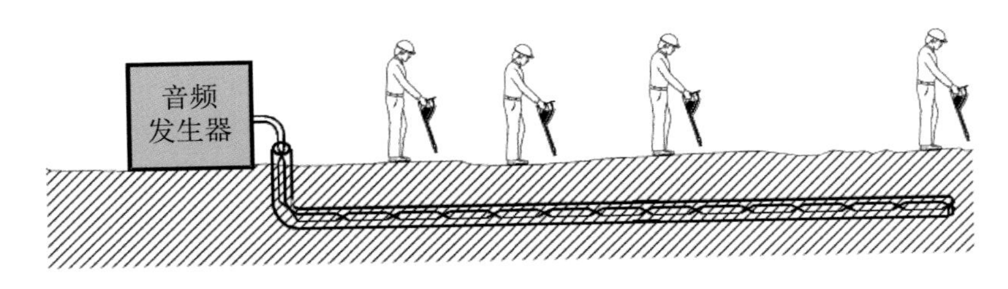

续图5.4　电缆路径探测试验仪器及测试示意

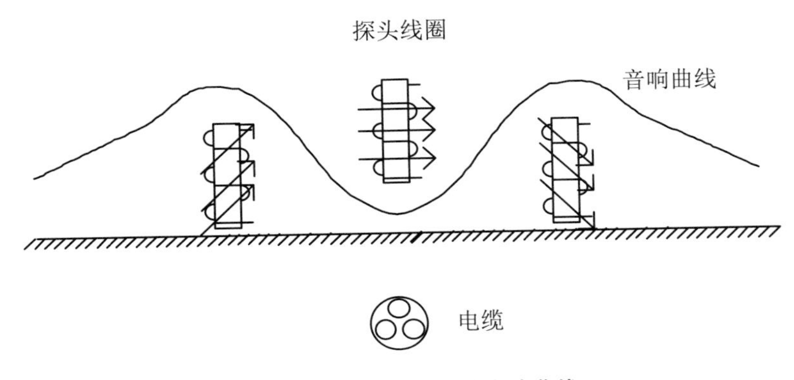

图5.5　音谷法测量时的音响曲线

而当感应线圈轴线平行于地面时（要垂直于电缆走向），在电缆的正上方线圈中穿过的磁力线最多，线圈中感应电动势也最大，通过耳机听到的音频声音也就最强；线圈往电缆左右方向移动时，音频声音逐渐减弱。这样声响最强的正下方就是电缆。这种方法就是音峰法查找的电缆的路径，如图5.6所示。

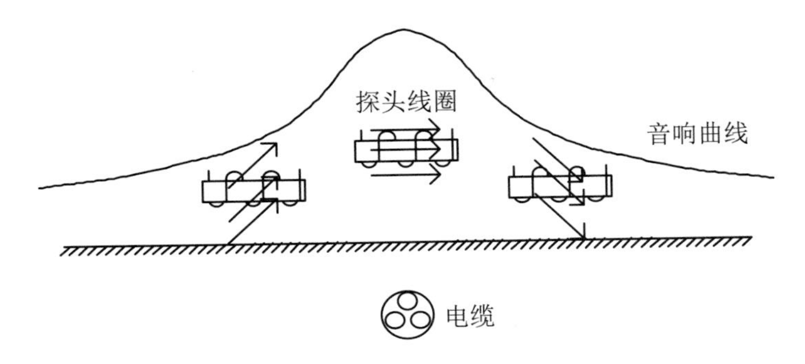

图5.6　音峰法测量时的音响曲线

音频信号感应法探测电缆路径，其接线方式有相间接法、相铠接法、相地接法、铠地接法、利用耦合线圈感应间接注入信号法，无论哪一种接线方式，须注意导体均需两端接地。

二、电缆鉴别

将周期性的单极性电压脉冲信号馈入要鉴别的电缆中，该电缆需要在远端接地，以保证有环路的脉冲信号流过电缆。馈入电缆中脉冲电流的方向可作为识别标准，流出的电流仅从这一根电缆通过，所有其他邻近电缆中流过的都是耦合电流，但它们的电流方向相反。除了电流方向这一实际差异外，电流幅度也是一项识别特征，流出去的电流仅通过一根电缆，而返回电流可通过几根电缆，这意味着流出去的电流比流过其他电缆的返回电流大于50%以上。从而采用电流方向(相位方向)的唯一性以及信号强度大于50%特征，则能准确识别出唯一的目标电缆。

在实际使用中，根据信号接入方式不同可以分为直连法与卡钳耦合法，接线如图5.7(a)所示。直连法电缆鉴别系统包括两部分：一个发射机和一个带柔性耦合线圈的接收机。由发射机发出电流脉冲，在电缆周围产生了一个磁场，柔性耦合线圈中感应出一个电压。柔性耦合线圈被用来耦合目标电缆上的电流脉冲；接收机的显示屏上显示出电流脉冲的方向和幅值，通过接收机数值的差别来鉴别电缆。直连法根据回路导体不同分为线芯-大地、铠装-大地两种接线，线芯-大地接线试验效果最佳。试验仪器连线如图5.7所示。

卡钳耦合法仅脉冲信号接入被测电缆方式不同，其余部分均相同。需注意此方法要求电缆两端铠装的接地良好，如果接地断开或电缆外皮有断开的地方，则不会形成测试电流。此外卡钳耦合法可对带电电缆进行识别。

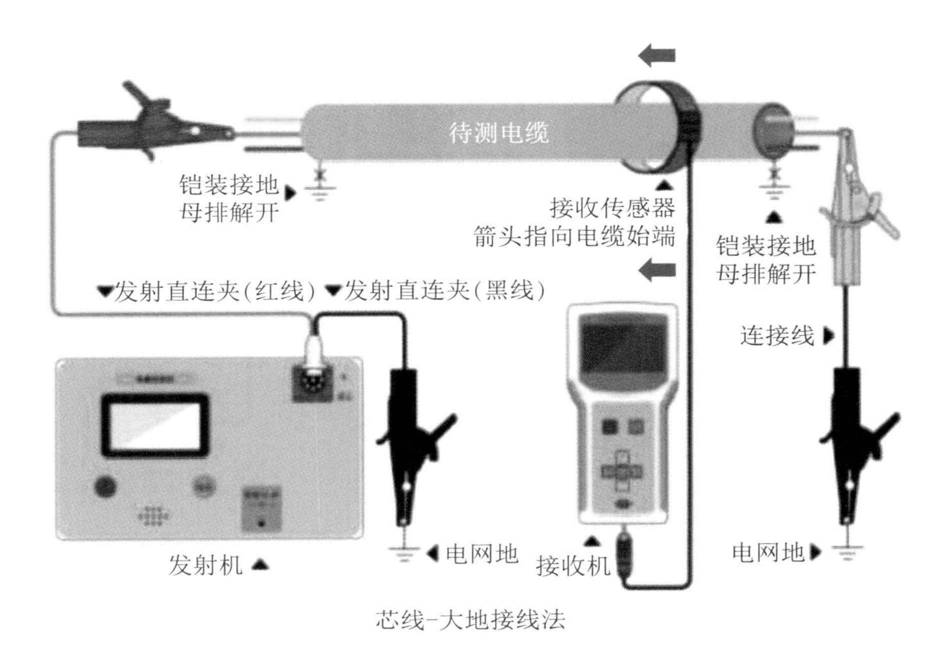

芯线-大地接线法

图5.7 脉冲信号法鉴别电缆接线示意图

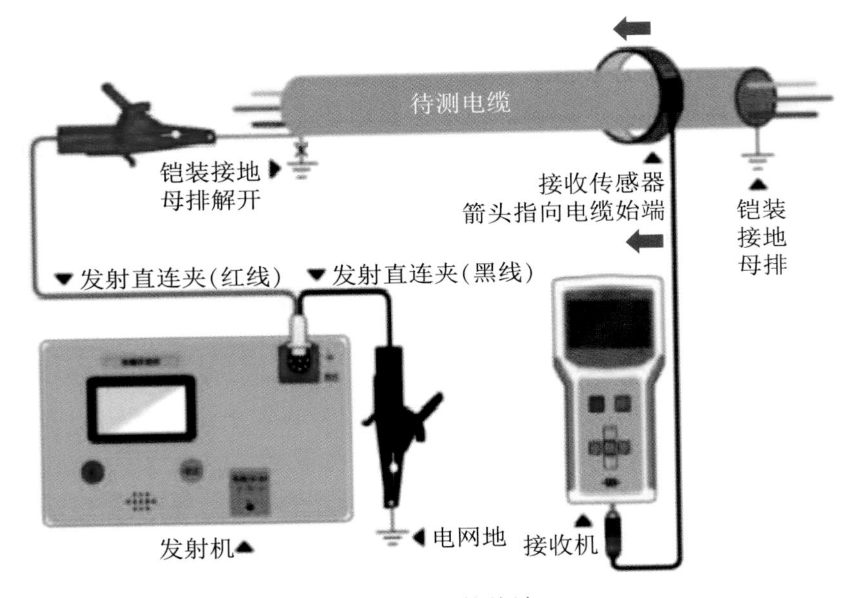

铠装-大地接线法

(a) 直连法接线图

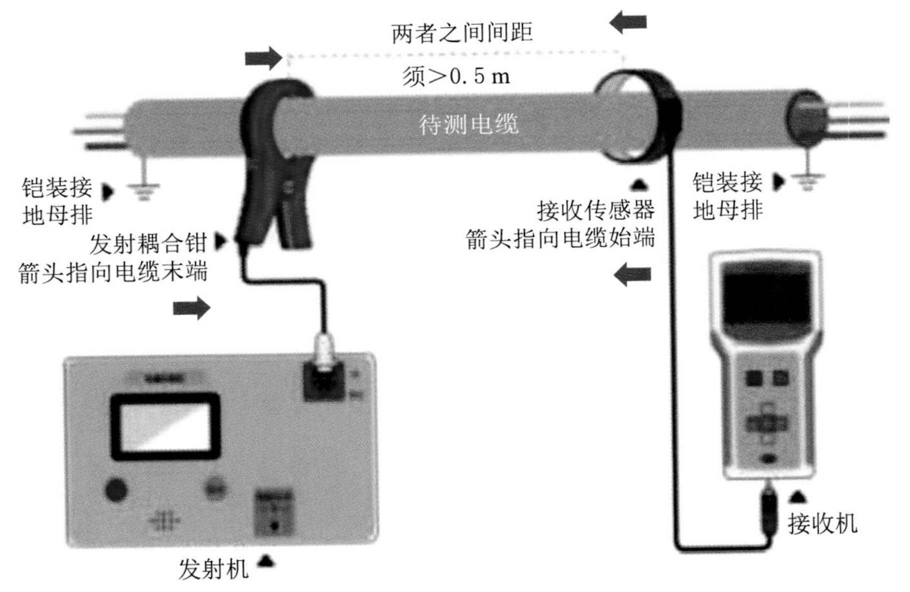

卡钳耦合法

(b) 卡钳耦合法接线图

续图5.7　脉冲信号法鉴别电缆接线示意图

第三节　电缆故障查找

故障查找分为故障定性、故障测距及故障定位三部分。故障定性是判断故障类型，不同类型选用不同的测距定点方法。故障测距是测量从电缆的测试端到故障点的电缆线路长度。故障定位是精准确认故障所在位置。不同类型故障选用的测距、定位方法在第一节已经做了简单介绍，在目前的实际测试中，首选的是用脉冲法测试故障距离，对于用脉冲法无测试回波的特殊的主绝缘故障和护层故障，可以考虑用电桥法进行测距。

一、故障定性

故障定性通过电缆主绝缘电阻测试及电缆线芯通断试验实现，不同结果对应故障分类在本章第一节已介绍，电缆绝缘电阻测试方法参考交接试验。测试流程为先用兆欧表，测量故障电缆相地绝缘电阻，并记录；如果阻值过小，兆欧表显示基本为零时，需调节万用表的测量量程进一步测量它的具体阻值，并做好记录。

线芯通断试验为在已知电缆两端相位时，将对侧电缆终端短接AB、AC、BC相线芯后使用万用表分别测试AB、AC、BC线芯相间绝缘电阻，根据测试结果判断线芯是否断开，结果见表5.2。现场试验时一般打开万用表蜂鸣器开关，线芯导通则蜂鸣提示，断芯则无鸣叫。若电缆两端相位不明确，需先进行核相试验。

表5.2 导通试验参考结果

	短接AB	短接AC	短接BC	通断结果
绝缘测试结果	0	0	0	三相无断芯
	0	无穷大	无穷大	C相断芯
	无穷大	0	无穷大	B相断芯
	无穷大	无穷大	0	A相断芯
	无穷大	无穷大	无穷大	多相断芯

二、故障测距

（一）低压脉冲法

在测试时，从测试端向电缆中输入一个低压脉冲信号，该脉冲信号沿着电缆传播，当遇到电缆中的阻抗不匹配点（如：开路点、短路点、低阻故障点和接头点等），会产生波反射，反射波传播回测试端，被仪器记录下来，如图5.8所示。

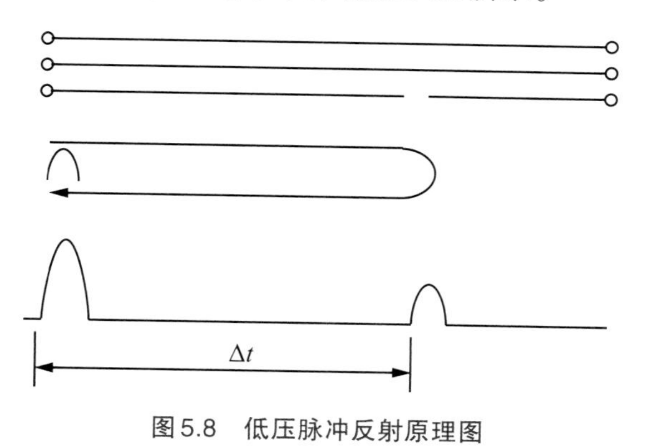

图5.8 低压脉冲反射原理图

假设从仪器发射出发射脉冲到仪器接受到反射脉冲的时间差为Δt,即脉冲信号从测试端到阻抗不匹配点往返一次的时间为Δt,如果我们知道这个脉冲电磁波在电缆中传播的速度V,那么就可以根据公式$L=V\times\Delta t/2$计算出阻抗不匹配点距测量端的距离。

低压脉冲测试原理的测试公式$L=V\times\Delta t/2$中的V就是电磁波在电缆中传播的速度,简称为波速度;理论分析表明波速度只与电缆的绝缘介质的材质有关,而与电缆芯线的线径、芯线的材料以及绝缘厚度等无关,也就是说不管线径是多少、线芯是铜芯或是铝芯,只要电缆的绝缘介质一样,波速度就一样。现在大部分电缆都是交联聚乙烯或油浸纸电缆,油浸纸电缆的波速一般为160 m/μs,而对于交联电缆,由于交联度、所含杂质等有所差别,其波速度也不一样,一般在170～172 m/μs之间。

即使电缆的绝缘介质相同,不同厂家、不同批次的电缆,波速度也可能不完全相同,所以根据相关电缆资料知道电缆全长,根据$V=2\times L/\Delta t$,就可以根据完好相电缆测出电缆的波速度。所以在实际故障查找中,如果已知电缆长度则需校核波速度,如果电缆资料缺失则波速度选择一般值。

在实际检测电缆低阻、断线类型故障时,使用低压脉冲法效果较好,现场测量试验时信号输出线夹夹至线芯,信号接收线线夹夹至铠装或金属屏蔽(保持接地),具体接线如图5.9所示。

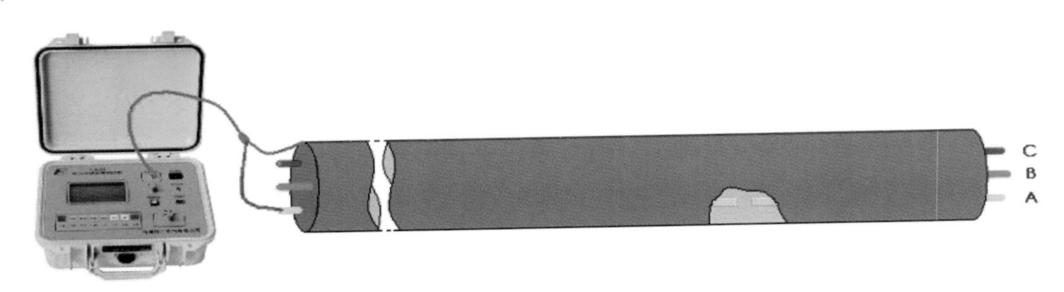

图5.9　低压脉冲法接线示意图

低压脉冲法所用的行波测距仪其发射脉冲为电压脉冲,那么根据波反射理论,开路故障的反射脉冲与发射脉冲极性相同,短路和低阻故障的反射脉冲与发射脉冲极性相反,如图5.10所示。

图5.11所示为低压脉冲法实测波形,屏幕中存在一实一虚两组光标,实光标一般把它放在屏幕最左边,作为设备发射起点;虚光标由测试人员手动调整到阻抗不匹配的发射波形处,仪器会自动计算该阻抗不匹配点距测试端的距离。

在波形分析中,标定光标位置对试验结果准确度影响较大,标定虚光标时一般选择反射波变化的拐点作为标定点,也可从反射波形变化曲线上取切线与波形水平交点作为标定点,如图5.12所示。实测中,选择变化拐点即可满足现场需求。

在实际测量时,电缆线路结构可能比较复杂,存在着接头点、分支点或低阻故障点等;特别是低阻故障点的电阻相对较大时,反射波形相对比较平滑,其大小可能还不如接头反射，更使得脉冲反射波形不太容易理解，波形起始点不好标定；对于这种情况我们可以用低压脉冲比较测量法测试。

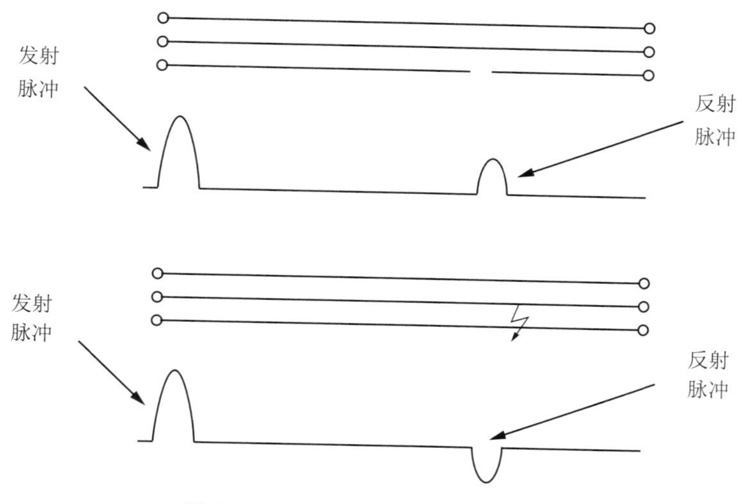

图5.10　开路、短路或低阻反射波形

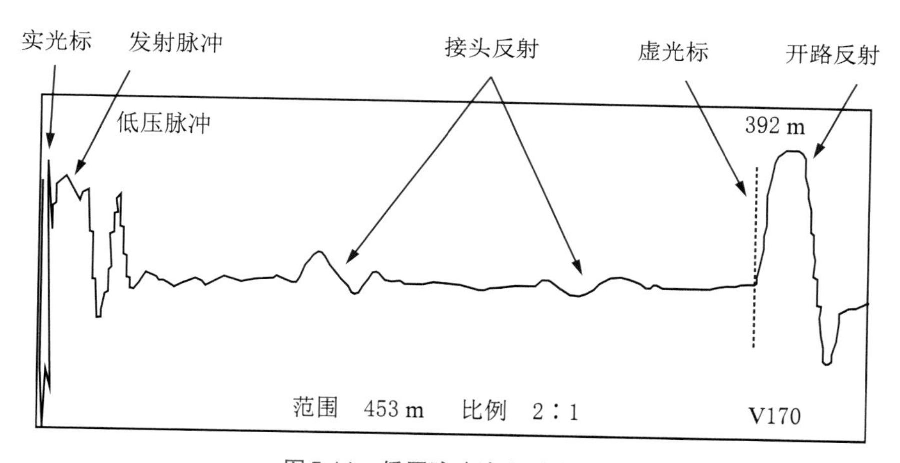

图5.11　低压脉冲法实测波形

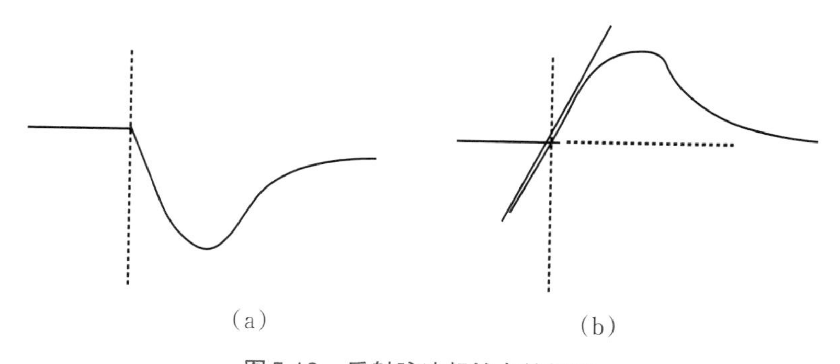

图5.12　反射脉冲起始点的标定

目前仪器一般具备波形记忆功能，即以数字的形式把波形保存起来，同时，可以把最新测量波形与记忆波形同时显示。利用这一特点，测试人员可以通过比较电缆良好线芯与故障线芯脉冲反射波形的差异来寻找故障点，避免了辨识复杂的脉冲反射波形的困难，故障点容易识别，灵敏度高。实际电力电缆三相均有故障的可能性很小，绝大部分情况下有良好的线芯存在，可方便地利用波形比较法。

从图5.13可直观观察出波形不匹配的位置，测量出故障点的距离。

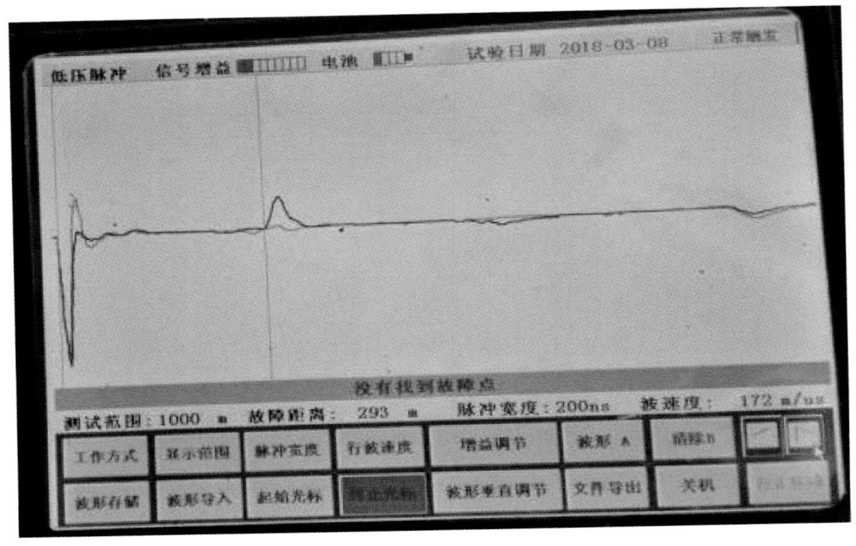

图5.13 行波测距仪波形比较法实测波形

（二）脉冲电流法

将电缆故障点用高电压击穿，用仪器采集并记录下故障点击穿后产生的电流行波信号，通过分析判断电流行波脉冲信号在测量端与故障点往返一趟的时间差Δt，根据公式$L=V\Delta t/2$来计算出故障距离的测试方法叫脉冲电流法，理论接线如图5.14所示。脉冲电流法采用线性电流耦合器采集电缆中的电流行波信号。

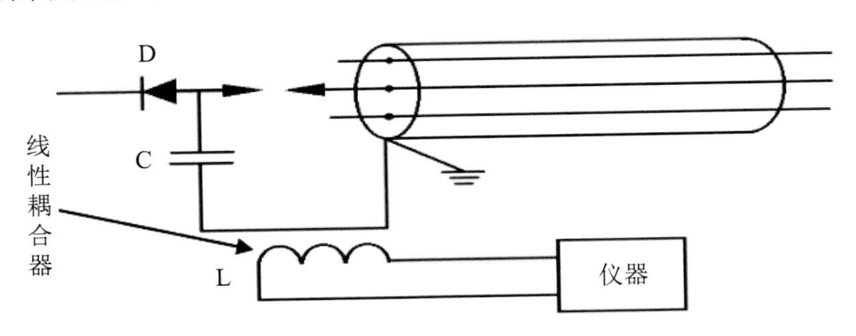

图5.14 脉冲电流测试法接线示意图

与低压脉冲法不同的是这里的脉冲信号是故障点放电产生的，而不是测试仪发射的；如图5.15所示，我们把故障点放电脉冲波形的起始点定为零点（实光标），那么它到故障点反射脉冲波形的起始点（虚光标）的距离就是故障距离。

依照高压发生器对故障电缆施加高电压的方式不同，脉冲电流法又分直流高压闪络测试法和冲击高压闪络测试法两种工作方式。在实际工作中，直流高压闪络法致使故障点绝缘电阻下降，易造成高压发生器损坏，因此直闪法基本不再使用，而选用冲击高压闪络测试法。

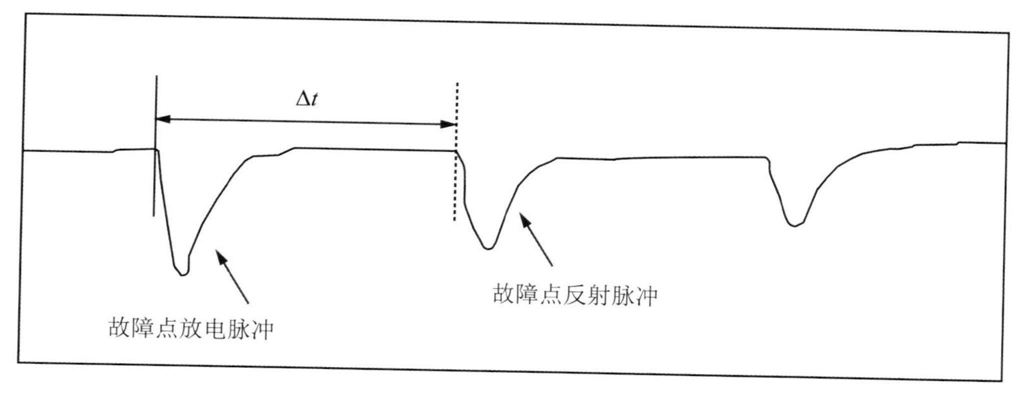

图 5.15　脉冲电流测试理想波形示意

1. 脉冲电流冲闪法

冲闪法原理接线方法如图 5.16 所示，通过调节调压升压器对电容 C 充电，当电容 C 上电压足够高时，球形间隙 G 击穿，电容 C 对电缆放电，这一过程相当于把直流电源电压突然加到电缆上去，致故障点击穿放电。

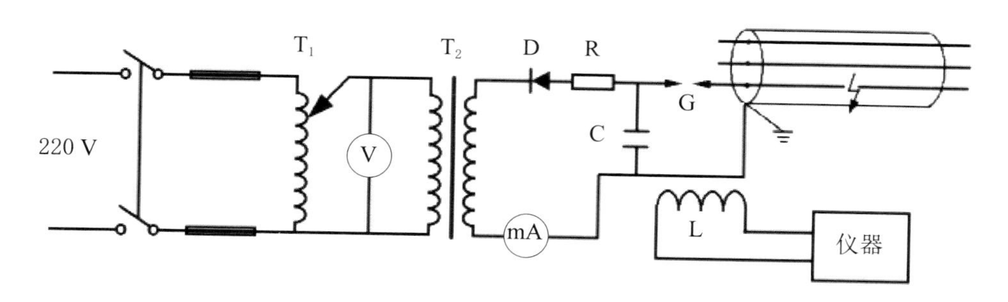

图 5.16　冲闪法原理接线示意

目前配电电缆脉冲电流冲闪法相应仪器设备集成度较高，一体高压发生装置如图 5.17 所示，如果设备本身容量不足，可以通过外接电容提升容量。现场实际接线如图 5.18 所示。此处注意：一般高压发生装置高压产生模式有两种，一种为连续触发，设备按照固定时间间隔连续产生高压，一种为单次触发，设备充电完成后由试验人员手动按动触发按钮产生一次高压。进行故障测距时，选用单次触发模式。

在实际测试中，脉冲电流的冲闪波形是比较复杂的，不同的电缆、不同的故障，得到的冲闪波形是不同的，正确识别和分析测试所得的波形在故障测距中处于比较重要的地位。

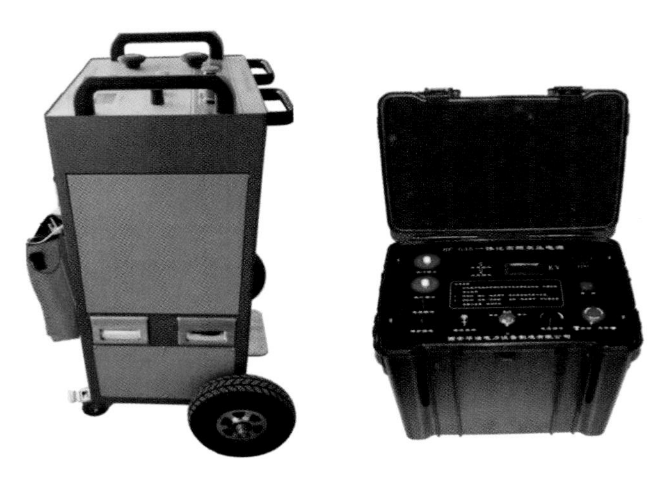

图5.17　集成式高压脉冲发生器

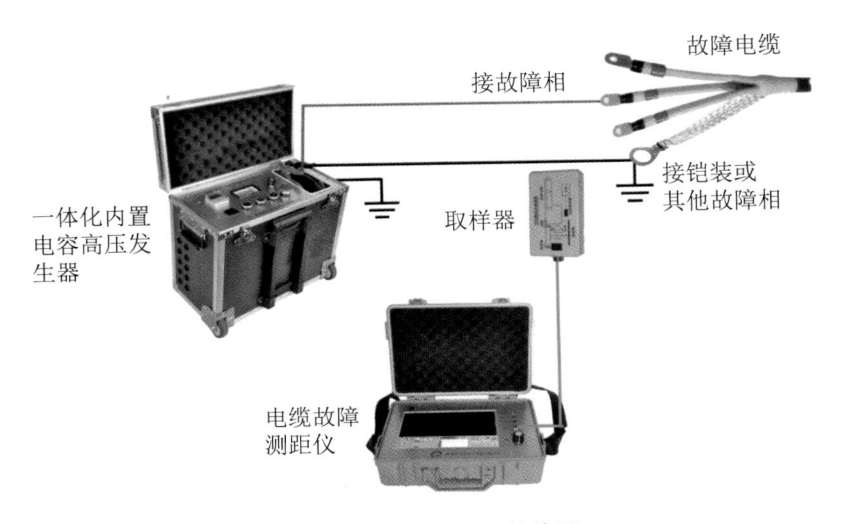

图5.18　冲闪法实物接线图

如图5.19所示，图(a)为比较常见的脉冲电流法冲闪波形，把零点实光标放在故障点放电脉冲波形的下降沿(起始拐点处)，虚光标放在一次反射波形的变化拐点，则测量出故障距离。故障点放电脉冲在电缆与电容端之间来回传播，但传播过程中存在损耗，测试人员在进行光标标定时，一般选取故障点的放电脉冲与第一次反射脉冲确定故障点距离。图(b)为现场测试波形，可以看到当故障距离较近时，波形没有平直段，所以光标标定要注意波形的周期性，寻找放电脉冲下降沿及反射波变化拐点，当起始波形较差时，可以在后续周期波形中寻找合适点。

使用脉冲电流冲闪法进行故障测距，需注意以下事项：

(1) 如何使故障点充分放电

由高压设备供给电缆的能量可由公式：$W=CU^2/2$代算，即高压设备供给电缆的能量与贮能电容量C成正比，与所加电压的平方成正比。要想使故障点充分放电，必须有足以使故障点放电的能量。因此使故障点充分放电的措施有两条：一是提高电压，二是通过增大电容的办法来延长电压的作用时间。

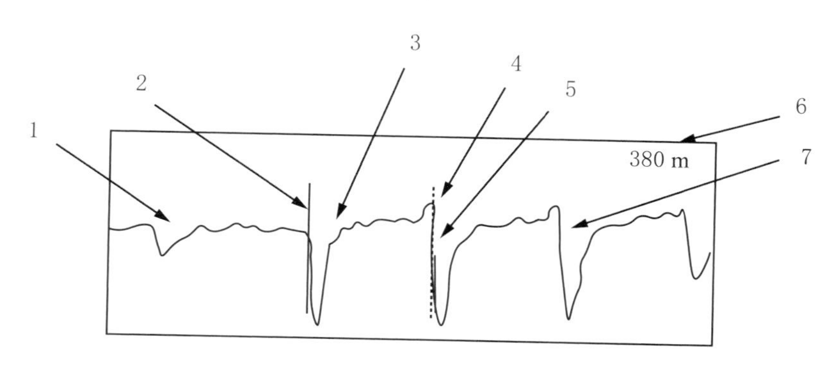

1-高压发生器的放电脉冲；2-零点实光标；3-故障点的放电脉冲；
4-虚光标；5-放电脉冲的一次反射；6-故障距离；7-放电脉冲的二次反射

（a）常见冲闪波形

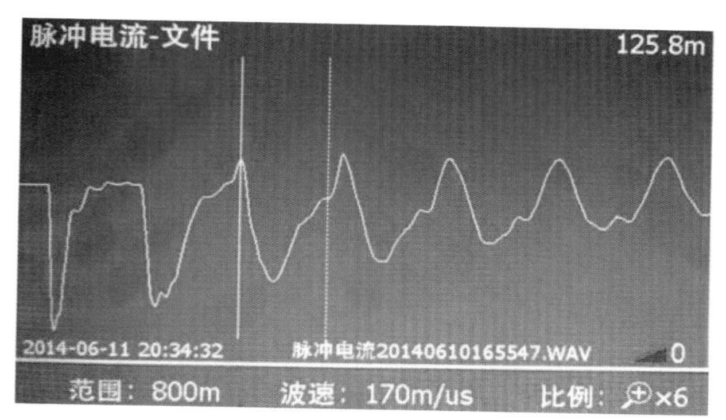

（b）实测冲闪波形

图5.19　常见冲闪波形与实测冲闪波形

（2）故障点击穿与否的判断

使用冲闪法的一个关键是判断故障点是否击穿放电。球间隙外接时，球间隙放电，故障点未必击穿。球间隙击穿与否与间隙距离及所加电压幅值有关，距离越大，间隙击穿所需电压越高，通过球间隙加到电缆上的电压也就越高。而电缆故障点能否击穿取决于施加到故障点上的电压是否超过临界击穿电压，如果球间隙较小，其间隙击穿电压小于故障点击穿电压，显然，故障点就不会被击穿。而且目前设备集成度高，球间隙不出现在试验连接线内，判断故障点是否击穿主要通过下列现象：

① 根据仪器记录波形判断故障点是否击穿。

② 电缆故障点未击穿时，电流电压表摆动较小，而故障点击穿时，电压电流表指针摆动范围较大。

（3）操作安全注意事项

① 测试过程会产生电弧火花，禁止电缆和设备在高瓦斯，易燃易爆环境中使用操作。

② 测试电压超过30 kV后应缓慢调节电压。

③ 试验设备使用时一定要可靠接地。

④ 高压线(红色)悬空,不能和地线交叉及柜体接触。

2. 二次脉冲法

测试时先用高压信号发生器来击穿故障点,在起弧期间,测试仪器设法注入一个低压测试脉冲。由于这时的故障性质实际上成了短路故障,因此可得到同低压脉冲法测得的短路故障一样的波形,原理接线如图5.20所示。二次脉冲法的关键在高压电弧产生的同时,用延弧器向故障电缆中投入一持续的、比较大的能量,来延长电弧存在的时间;在电弧存在时通过耦合器向故障电缆中发射低压脉冲信号,获得并记录下脉冲反射波形,此波形可称为电弧脉冲反射波形。由于拉弧电阻很小,可认为是短路故障,获得的电弧脉冲反射波形是和发射脉冲波形极性相反的负脉冲,波形向下。二次脉冲法相当于脉冲电流法与低压脉冲法的结合。

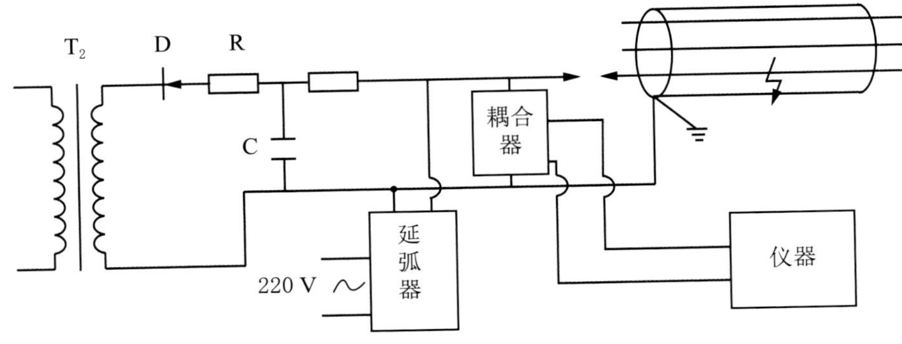

图5.20　二次脉冲原理接线示意图

由二次脉冲法原理可知,测量时也可使用比较测量法,即保留电弧存在时脉冲反射波形,再次测量去除高压发生装置后故障点高阻状态下的反射波形,通过比较先后两次波形差异确定故障点,如图5.21所示。

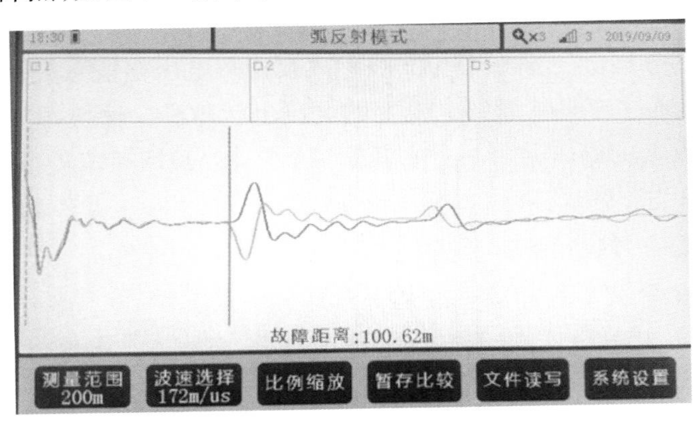

图5.21　二次脉冲法实测波形

(三) 电桥法

如图5.22所示,通过设备测量AF两点间的电阻大小R_{AF}或R_{AF}/R_{AB}百分比,计算出故障距离的各种方法都统称为电桥法。图中A、B两点代表电缆的两端，F点为故障点，R为绝缘电阻，线AB可以是芯线也可以是金属护层。

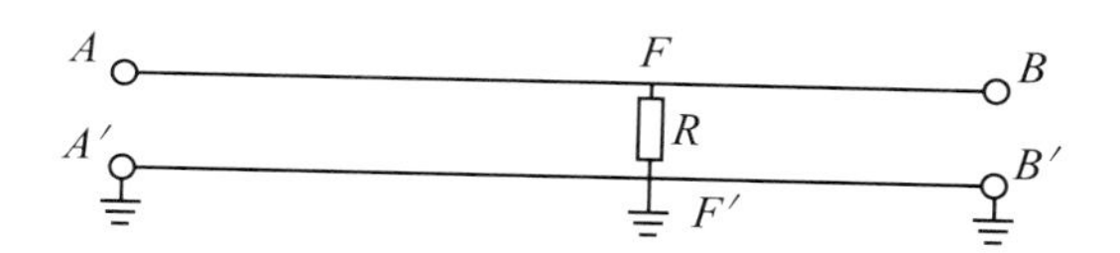

图5.22　电缆电桥原理示意图

1. 直流电桥法

直流电桥法是一种传统的电桥测试法。测试线路的连接如图5.23所示，将被测电缆故障相终端与另一完好相终端短接，电桥两臂分别接故障相与非故障相，其等效电路图如图5.24所示。

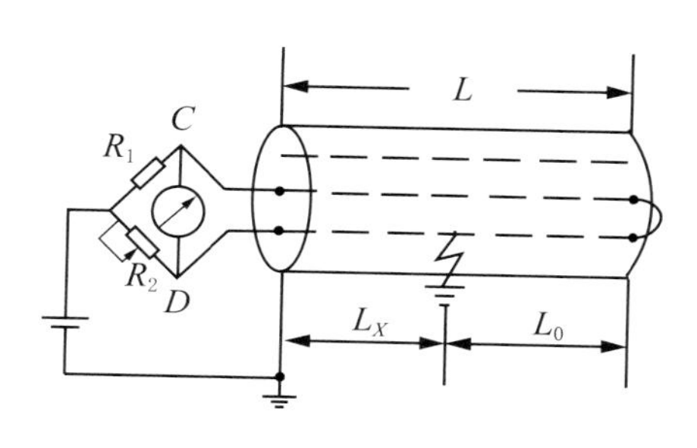

图5.23　直流电桥接线图

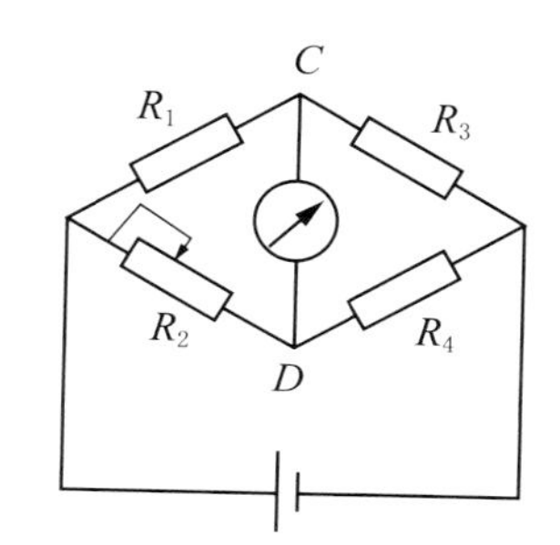

5.24　直流电桥等效电路图

仔细调节R_2数值，使电桥平衡，即CD间的电位差为0，无电流流过检流计，此时根据电桥平衡原理可得

$$R_3/R_4=R_1/R_2$$

R_1、R_2为已知电阻，设$R_1/R_2=K$，则$R_3/R_4=K$。

由于电缆直流电阻与长度成正比，设电缆导体电阻率为R_0，L代表电缆全长，L_X为电缆故障点到测量端的距离，根据公式$R_3/R_4=R_1/R_2$可推出：

$$R_3=R_0(L+L-L_X)\ R_4=R_0L_X \tag{5.1}$$

$$(L+L-L_X)/L_X=K \tag{5.2}$$

$$L_X=2LR_2/(R_1+R_2) \tag{5.3}$$

直流电桥法应用中的一个主要问题是测量精度受测量连接线及接触电阻影响，连接线及接触电阻一般在0.01～0.1 Ω之间，而高压电缆芯线或护层电阻也基本在每千米在0.01～0.1 Ω之间，连接线电阻及接触电阻对测距结果会造成很大的影响。

2. 压降比较法

接线如图5.25所示，用导线在电缆远端将电缆故障相与电缆一完好相连接在一起，将开关K调至“Ⅰ”的位置，调节直流电源E，使电流微安表有一定的指示值，测出电缆完好相与故障相之间电压U_1；而后再将电键开关K调至“Ⅱ”的位置，再调节直流电源E，使电流微安表的指示值和刚才的值相同，测得电缆完好相与故障相之间电压U_2，由此得到故障点距离：

$$X=2LU_1/(U_1+U_2) \tag{5.4}$$

其中，L 为线路全长。

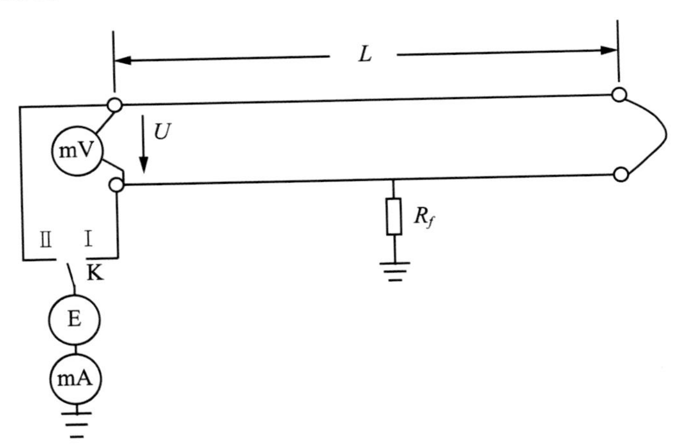

图5.25　直流压降比较法原理接线图

同直流电桥法一样，压降比较法的测量精度受测量导引线电阻及接触电阻影响大。

3. 直流电阻法

为避免直流电桥法及压降比较法在测量精度上存在的问题，可选用直流电阻法。

如图5.26所示，用导线在电缆远端将电缆故障芯线与良好芯线连接在一起。用直流电源E在故障相与大地之间注入电流I，测得故障芯线与非故障芯线之间的直流电压为U_1。从故障点开始，到电缆远端，再到完好电缆测量端部分的电路无电流流过，处于等电位状态，电压U_1也就是故障芯线从电源端到故障点之间的压降，因此，可以得到测量点与故障点之间的电阻：

$$R_1=U_1/I \tag{5.5}$$

假定电缆芯线每千米长度的电阻值为R_0，求出故障距离：

$$L_X=R_1/R_0 \tag{5.6}$$

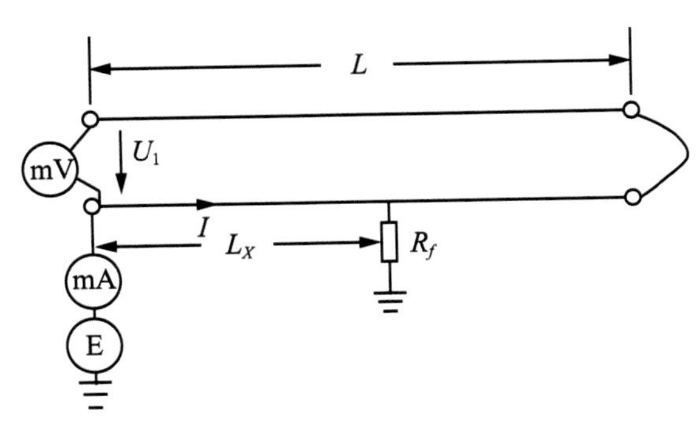

图5.26　直流电阻法原理接线图

该方法实质上是借助非故障芯线来测量电缆端头到故障点的电阻，主要优点是不受对端短接导引线及其接触电阻的影响。

如果不知道确切的电缆单位长度的电阻,可以通过现场测量的方法获得。一般可选用双臂电桥进行测量,也可按照前面测量故障点距离的直流电阻法,不过要选另一个完好的电缆芯线代替故障电缆芯线,将被测电缆的远端直接接地(避开远端短接线接线点),如图5.27所示。这时测量到的电阻是电缆芯线全长电阻,除以电缆全长即可得到电缆芯线单位长度的电阻值。

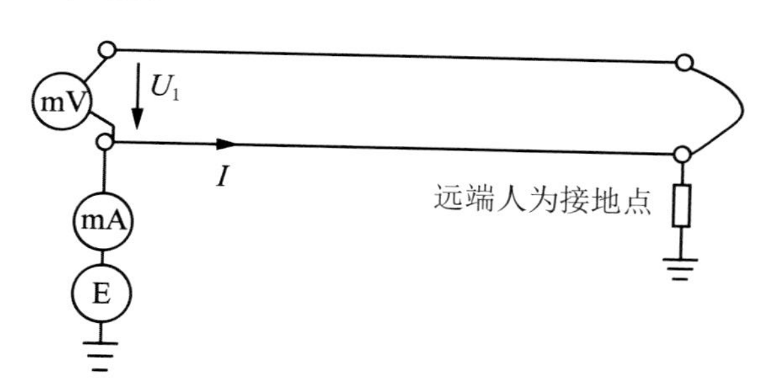

图5.27　测量全长电阻图

注意　如果把电桥法中的故障芯线改成单芯高压电缆的故障金属护层,测试联络线可以是良好护层也可以是良好芯线,那么该方法就可以测试单芯电缆的护层故障的距离。

三、故障定点

(一)声测定点法

使用与冲闪法测试相同的高压设备,使故障点击穿放电,故障间隙放电时产生的机械振动,传到地面,听到"啪啪"的声音,利用这种现象可以对电缆故障进行定点。对于电缆护层已被烧穿的故障,往往可在地面上用人耳直接听到故障点放电声。对于护层未烧穿的电缆故障或电缆埋设较深时,地面上能听到的放电声太小,要用高灵敏度的声电转换器(拾音器或压电晶片),将地面微弱的地震波变成电信号,进行放大处理,用耳机还原成声音信号,或显示出声音的强度来。

注意事项:

① 故障点处的放电能量与放电电流和接地电阻的大小有关,故障点电阻不能太低,否则,将因放电能量小,使得通过定点仪听不到放电声,这也是声测法特别适用于高阻故障的原因。

② 选用容量大的储能电容(2~9 μF),以及提高冲击电压均有利于加大故障点放电产生的地震波的强度,便于寻找故障点。

③ 声测法定位放电时,若护层接地连接不良,则可能在电缆线路的护层与接地部分间有放电现象而造成误判断。因此,在电缆线芯裸出部分的金属夹子处,要仔细认真地辨别真正的故障点。一般在故障点除了能听到声音,还会有振动,用手触摸振动点时,应戴绝缘手套。此外在电源端与故障点间的电缆线路上(包括穿于铁管中的过桥电缆),声测定点时在管上和电缆护层上会出现感应电压而对地有轻微的放电声,应与真

正的故障点加以区别。

④ 定点人员和操作高压设备的人员通过步话机等手段保持联络，可方便地控制高压设备的启停及间隙放电时间间隔，有利于排除环境噪声干扰，缩短故障定点检测时间。

（二）声磁同步法

在向电缆施加冲击高压信号使故障点放电时，不仅会发出放电声音信号，同时放电电流会在电缆周围产生脉冲磁场信号。由于磁场信号传播速度快，一般从故障点传播到仪器探头放置处所用的时间是微秒级，可忽略不计，而声音传播速度慢，传播时间在毫秒级。因此，可根据探头检出的磁、声信号的时间差，判断故障点的远近，测出时间差最小的点即故障点，如图5.28所示。但也要注意，由于电缆周围填埋物不同、埋设物松紧程度不同等原因，所以不可能根据磁、声信号的时间差，准确地检测出故障点与探头之间的距离。

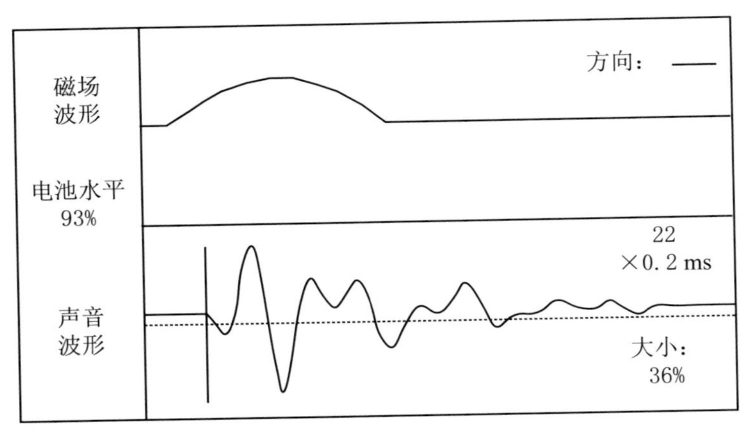

图5.28　声磁同步检测方式时间差及磁场正负示意图

实际操作中，在电缆路径附近的地面上选定一个点放置探头，观察仪器触发后显示的磁场波形极性，若波形的开始是向上的，则方向是“＋”，反之是“－”，如图5.28所示。沿电缆路径的垂直方向，选另一点放置探头，当仪器再次触发后观察磁场波形，如果左、右这两点得到的磁场方向不同，说明电缆位于两点之间；否则电缆位于这两点的同侧，应继续沿这个方向或反方向移动探头，直至找出电缆的具体位置。沿电缆方向移动探头，重复上述测试过程，定出若干个电缆所在位置，多个电缆位置点的连线即是电缆的路径。且在接收到脉冲磁场信号后到接收到放电声音信号前，这段时间差则表现为声音波形近似为一条直线，直线长度就代表时间差的长度，测试人员沿着电缆路径通过不断改变位置使直线最短，进而可以定位故障点位置。

特别注意，声磁同步法定点时，高压发生器的接线需接在故障相与金属护层之间，金属护层两端接地。

（三）音频电流感应法

音频感应法一般用于探测故障电阻小于10 Ω的低阻故障。对于低阻故障，其放电声音微弱，用声测法进行定点比较困难。这时，可使用音频感应法进行特殊测量。音频感应法对单相短路接地以及多相短路或多相短路并接地故障进行测试，都能获得一定的效果，一般测寻所得的故障点位置的绝对误差为1～2 m。

音频感应法定点的基本原理，与用音频感应法探测地埋电缆路径的原理一样。即探测时，用1 kHz或其他频率的音频电流信号发生器向待测电缆中加入音频电流信号，在地面上用探头沿被测电缆路径接收电磁场信号，根据耳机中声响的强弱或指示仪表指示值的大小而定出故障点的位置。

在实际测量中，以相间短路故障为例，探头沿着电缆的路径移动时，在故障点前会听到有规则变化的声响，当探头位于故障点上方时，一般会听到声响突然增强，再从故障点继续向后移动时，音频信号即明显变弱甚至是中断，见图5.29。在声响明显增强的点即是故障点。

注意：测量单相接地故障点位置时，将音频信号发生器接在故障相导体与金属护层之间，对端的接地线一定要拆除。

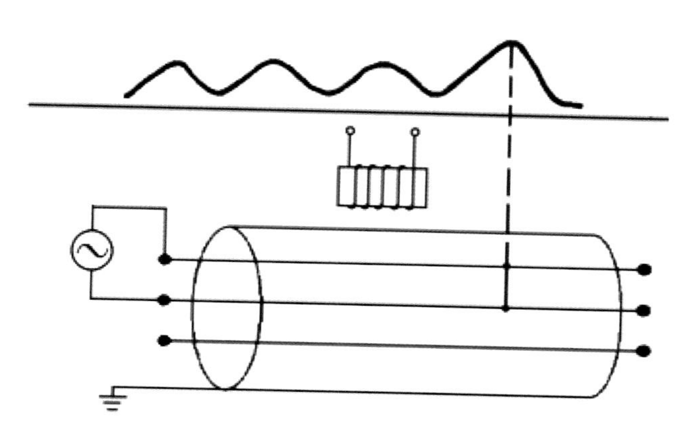

图5.29　用音频感应法探测电缆相间短路故障

相间短路及相间短路并接地故障的故障点位置，用音频感应法测寻比较灵敏。但除低压电缆外，纯相间短路故障很少，一般都伴随接地故障同时出现。由于干扰，使用音频感应法测量接地故障是比较困难的，往往会找不到故障点。

（四）跨步电压法

跨步电压法应用于直埋电缆故障点护层破损的开放性故障。

当直埋电缆开放性接地时，将电缆护层、铠装接地解除后，向电缆和大地之间加入高压脉冲信号，那么在故障点的大地表面上就会出现喇叭形的电位分布，用高灵敏度的电压表在大地表面测两点间的电压，在故障点附近就会产生如图5.30所示的电压变化。

特别注意：高压发生器的接线需接在故障相与地之间，金属护层两端接地一定要解开。

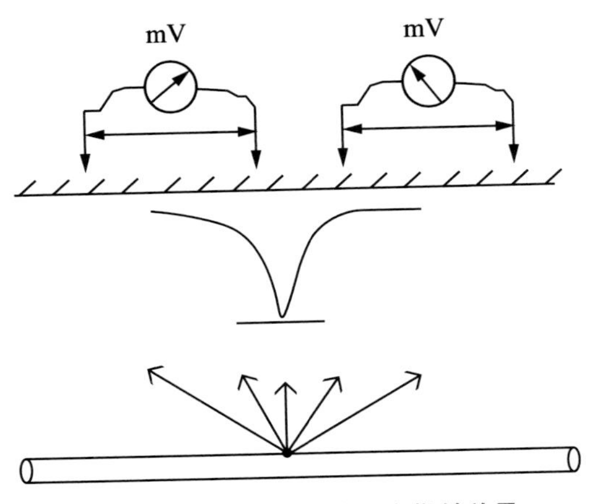

图5.30　故障点两端电压表指针差异

第四节　电缆故障典型案例

一、电缆线路基本情况

线路名称：10 kV贾马18线；

线路长度：1.8 km；

电缆型号规格及截面图：YJV22—8.7/10—3×150 mm^2；

投产日期：2009年；

敷设方式：排管＋电缆沟＋直埋；

故障日期：2022年9月6日。

二、查找过程

2022年9月6日22时25分，贾望变10 kV贾马18开关跳闸，重合闸不投。收到调度带电查线通知后，运维单位立即组织人员分别从电缆两侧对10 kV贾马18线全线电缆段进行故障排查。对贾马18线#1、#2电缆终端塔上的电缆终端头、避雷器等进行了检查，未发现有异常。全线检查电缆段，未发现有施工。沿线询问附近商家及住户，未听见异常火光和响声，排除外力施工破坏的可能。

运维单位对全线电缆多次排查未发现异常点，立即申请贾马18线转检修，采取试验手段对线路进行故障查找。对电缆全线进行绝缘试验，发现AB相绝缘正常，C相绝缘4.1 MΩ为高阻故障，如图5.31所示。为进一步排查故障点位置，完成对中间接头井抽水排查发现无异常，解开#1、#2电缆终端进行故障查找试验。在#2塔进行低压脉冲法测量无明显波形后，经脉冲电流法定位故障点距离#2塔约17 m远的位置，如图5.32所示。打开站内电缆沟盖板，经声磁同步法确定故障点为站内接头内部击穿故障。

后续重新制作恢复中间接头，再次进行绝缘试验，试验合格。恢复#1、#2电缆终端连接，拆除所有检修地线，历时37 h，贾马18线恢复送电。

三、故障分析

解剖故障接头后，分析本次接头故障主要原因为绝缘处理工艺不良导致内部放电击穿。具体分析如下：

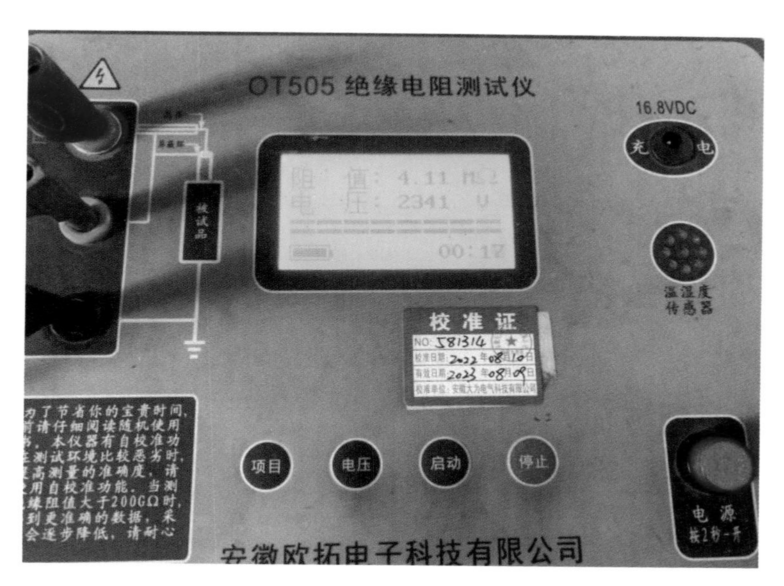

图5.31　C相电缆高阻故障

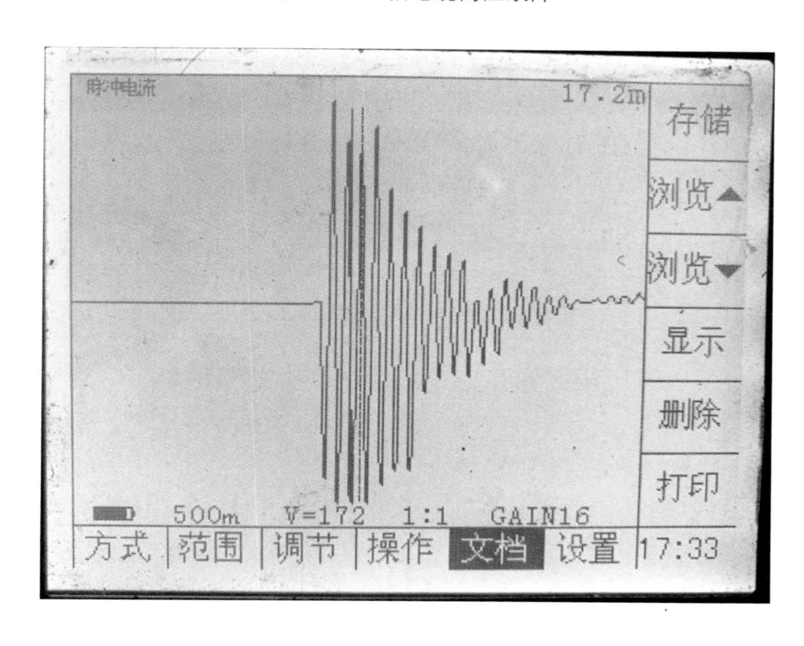

图5.32　脉冲电流法定位

① 压接管两侧绝缘处理粗糙，倒角处棱角明显且未打磨光滑，如图5.33所示。不均匀电场沿着预制件内壁向绝缘断口处爬电，最终形成放电通道，如图5.34所示，进而

击穿预制件造成故障跳闸。

图5.33　绝缘处理粗糙，棱角明显

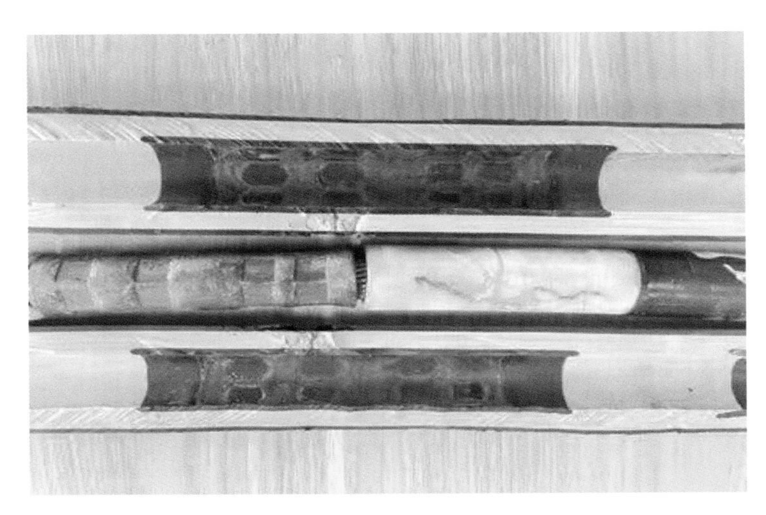

图5.34　预制件内表面爬电痕迹

② 线芯处未剥切干净，根部含有绝缘及内半导电。两侧线芯的空隙未用半导电带进行填充。

第五节　电缆故障应急标准化作业流程

一、应急准备

（一）了解电缆情况

① 台账信息：电缆全长、路径、敷设方式、中间接头的数目及大致位置、T接关系等（务必保证基础台账信息准确）。

② 隐患信息：有无固定点施工及突击性拖拉管、挖掘机械等施工。

③ 带电查线：检查接头井、电缆终端、避雷器、设备线夹有无外观明显外观异常。

（二）物资储备情况

① 电缆本体：相同截面电缆库存情况。

② 电缆附件：对应电缆附件的库存情况。

③ 电缆接地线/同轴电缆、接地箱密封圈（单芯电缆）：对应截面接地线、密封圈库存情况。

④ 设备线夹等库存情况。

二、不同故障处理流程

本小节将电缆故障分为外力破坏、接头故障、终端故障、本体故障、设备线夹故障，并逐一介绍不同故障的处理措施。

（一）外力破坏

1. 固定点外破

实际上，一半以上的电缆主绝缘故障是由外力破坏引起的，其中大部分是在电缆受破坏的同时就发生了停电事故，在巡查电缆路径时就可以发现这些破坏点，无需动用测试设备。这时候的关键问题是故障点周围电缆是否具备裕量满足制作一个接头的条件。如果不满足，则需在相邻两个井中重新施放电缆做两个接头。

（1）施工措施

施工措施见表5.2。

（2）材料（工器具）需求

① 安全工器具：安全围栏、标示牌2套、气体检测仪2套、夜间警示红灯12个、绝缘鞋4双、防毒面具2套、鼓风机2套、照明灯4台。

② 施工工器具：钳形电流表1只、绝缘电阻表（2500 V）1台、交流耐压试验设备1套、振波荡试验设备1套、12 kV绝缘手套2副、梯子2副、发电机（2500 W以上）2台、水泵2台、葫芦及移动式吊装架、电缆附件1～2套。

（3）技术措施

① 穿管器无法通行时务必进行电缆核相。

② 电缆穿刺接地后方可开断。

③ 主绝缘绝缘电阻试验三相应该无明显差别。

④ 重新施放电缆进行附件安装时主要电缆相位核对。

⑤ 试验不合格需进一步开展电缆故障查找。

2. 突击性施工外破（不可见，但明确位于某个工井或排管、拉管段）

此类型多为拉管施工，外破故障点位于已明确的某个排管段或者拉管段。但肉眼不可见外破点。此时涉及试验为：声测法精确定点及电缆核相试验。相较于声测法，更为重要的是不带电电缆的核相试验，因为此涉及电缆的开断，务必精确，否则可能导致开错电缆。电缆的核相采用脉冲电流分段法。

表5.2 固定点外破施工措施

人员配置(16人以上)	序号	时间(22 h左右)	施工内容
工作负责人:1人 现场监护人:1人 拖拽、施放电缆人员:6人以上 附件安装人员:2人 登高作业人员:2人 试验人员:2人 开井抽淤人员:2人以上	1	4 h左右	工作内容: ① 人员、材料、工器具运输到位。 ② 申请线路转检修。 ③ 工井通风抽水、清淤，故障点两侧工井排查，检查裕量。 ④ 清理故障点周围物品，做好运行电缆悬吊和保护
	2	8 h左右	工作内容: ① 从两侧工井沿故障点抽拽(裕量满足)。 ② 登高挂设接地。 ③ 或使用穿管器核实孔位，开断并重新施放电缆。 ④ 接头支架制作与调试安装
	3	8 h左右	工作内容: ① 电缆校直，附件安装、上架。 ② 登高解除接地。 ③ 电缆交接试验
	4	2 h左右	工作内容: ① 反弓线恢复。 ② 汇报送电。 ③ 修筑电缆沟，恢复现场

(1) 施工措施

施工措施见表5.3。

表5.3 突击性施工措施

人员配置(19人以上)	序号	时间(35 h左右)	施工内容
	1	4 h左右	工作内容: ① 人员、材料、工器具运输到位。 ② 申请线路转检修。 ③ 工井通风抽水、清淤，故障点两侧工井排查，检查裕量。 ④ 电缆接头支架制作

续表

人员配置(19人以上)	序号	时间(35 h左右)	施工内容
工作负责人:1人 现场监护人:2人 拖拽、施放电缆人员:6人以上 附件安装人员:2人 登高作业人员:2人 试验人员:4人 开井抽淤人员:2人以上	2	8 h左右	工作内容: ① 登高拆除反弓线,两侧电缆悬空。 ② 测量绝缘电阻,施加脉冲高压,用声测法精确定点。 ③ 登高挂设接地,两侧电缆接地
	3	12 h左右	工作内容: ① 电缆相位识别(芯线法或铠装法)。 ② 打接地枪,两侧开断电缆。 ③ 电缆敷设施放
	4	12 h左右	工作内容: ① 电缆附件安装、上架。 ② 登高拆除接地。 ③ 电缆交接试验
	5	3 h左右	① 登高拆除接地线,反弓线恢复。 ② 汇报送电。 ③ 恢复现场

(2) 材料(工器具)需求

① 安全工器具:安全围栏、标示牌2套、气体检测仪2套、夜间警示红灯12个、绝缘鞋4双、防毒面具2套、鼓风机2套、照明灯4台。

② 施工工器具:钳形电流表1只、绝缘电阻表(2500 V)1台、电缆故障脉冲发生器1台、听筒1个、核相仪1套、交流耐压试验设备1套、振波荡试验设备1套、12 kV绝缘手套2副、梯子2副、发电机(2500 W以上)2台、水泵2台、葫芦及移动式吊装架、电缆附件2套。

(3) 技术措施

① 声测法定点有时候需要夜间进行,排除干扰。

② 电缆核相时务必使得两边电缆线芯全部接地。

③ 声测法加压视故障点电阻大小而定,一般均需要15 kV以上。

④ 重新施放电缆进行附件安装时,注意电缆相位核对。

(二) 电缆接头故障

由本章第一节知电缆主绝缘故障按性质来分,主要分为开路、高阻短路,低阻短路、闪络性故障四类。按照不同类型故障选用相应方法。详见表5.1。

1. 开路故障

开路故障也叫断线故障。实际现场,除了电缆全长的开路以外,一般同时伴随着高阻和低阻接地现象,单纯开路且不接地的现场几乎不存在。若有发生,抢修流程与低阻短路故障相同。

2. 低阻短路故障

(1) 施工措施

电缆接头故障见表5.4。

表5.4　低阻短路故障施工措施

人员配置(20人以上)	序号	时间(38 h左右)	施工内容
工作负责人:2人 现场监护人:2人 拖拽、施放电缆人员:6人以上 附件安装人员:2人 登高作业人员:2人 试验人员:4人 开井抽淤人员:2人以上	1	3 h左右	工作内容: ① 人员、材料、工器具运输到位。 ② 申请线路转检修。 ③ 接头工井通风抽水、清淤准备
	2	8 h左右	工作内容: ① 登高解开两侧终端塔反弓线。 ② 低压脉冲法初步定位故障点位置。 ③ 接头支架制作
	3	12 h左右	工作内容: ① 初测位置周围工井抽水、清淤。 ② 音频信号感应法精确定位故障位置。 ③ 电缆的核相。 ④ 打接地枪、故障接头两侧电缆拖拽或重新施放电缆
	4	12 h左右	工作内容: ① 电缆附件安装、上架。 ② 解开终端塔接地,使其悬空。 ③ 电缆交接试验
	5	3 h左右	工作内容: ① 登高拆除接地线,反弓线恢复。 ② 汇报送电。 ③ 恢复现场

(2) 材料(工器具)需求

① 安全工器具:安全围栏、标示牌2套、气体检测仪2套、夜间警示红灯12个、绝缘鞋4双、防毒面具2套、鼓风机2套、照明灯4台。

② 施工工器具:钳形电流表1只、绝缘电阻表(2500 V)1台、电缆故障脉冲发生器1台、听筒1个、低压脉冲发射仪1台、音频感应仪器1台、12 kV绝缘手套2副、梯子2副、发电机(2500 W以上)2台、水泵2台、葫芦及移动式吊装架、电缆附件2套。

(3) 技术措施

实际测量时采用低压脉冲法比较法，以良好导体波形为参考。

3. 高阻故障

高阻故障是现场实际中遇到的最常见的主绝缘故障。一般包括单相、两相高阻接地故障等。高阻故障一般先采用脉冲电流法或二次脉冲法将故障点击穿进行初步测距，再使用声磁同步法精确定位。

(1) 施工措施

高阻故障施工措施见表5.5。

表5.5 高阻故障施工措施

人员配置(22人以上)	序号	时间(38 h左右)	施工内容
工作负责人:2人 现场监护人:2人 拖拽、施放电缆人员:6人以上 附件安装人员:4人 登高作业人员:2人 试验人员:4名 开井抽淤人员:2人以上	1	3 h左右	工作内容: ① 人员、材料、工器具运输到位。 ② 申请线路转检修。 ③ 接头工井通风抽水、清淤准备
	2	8 h左右	工作内容: ① 登高解开两侧终端塔反弓线。 ② 脉冲电流法或二次脉冲法初步定位故障点位置。 ③ 接头支架制作
	3	12 h左右	工作内容: ① 初测位置周围工井抽水、清淤。 ② 声磁同步法、跨步电压法精确定位故障位置。 ③ 电缆的核相。 ④ 打接地枪，故障接头两侧电缆拖拽或重新施放电缆
	4	12 h左右	工作内容: ① 电缆附件安装、上架。 ② 解开终端塔接地，使其悬空。 ③ 电缆交接试验
	5	3 h左右	工作内容: ① 登高拆除接地线，反弓线恢复。 ② 汇报送电。 ③ 恢复现场

(2) 材料(工器具)需求

① 安全工器具：安全围栏、标示牌2套、气体检测仪2套、夜间警示红灯12个、绝缘鞋4双、防毒面具2套、鼓风机2套、照明灯4台。

② 施工工器具：钳形电流表1只、绝缘电阻表(2500 V)1台、电缆故障脉冲发生器1台、听筒1个、低压脉冲发射仪1台、声磁同步仪器1台、12 kV绝缘手套2副、梯子2副、发电机(2500 W以上)2台、水泵2台、葫芦及移动式吊装架、电缆附件2套。

(3) 技术措施

① 实际测量时一般采用二次脉冲法，二次脉冲法测得的波形简单，易于识别，是目前较为先进的测试方法。但由于用二次脉冲法测试时，故障点处必须存在一段时间较为稳定的电弧，对于部分高阻故障来说，这个条件很难办到。所以，较之于脉冲电流冲闪法，用二次脉冲法测试成功率要小一些，大约有30%的高阻故障，二次脉冲法无法测量。

② 用声磁同步法定点时，除了接收放电的声音信号外，还需接收放电电流产生的脉冲磁场信号。声磁同步法定点的精度和可靠性很高，定点误差在0.1 m以内。需要注意的是，高压应加在故障相与金属护层之间，同时保证金属护层两端接地。

(三) 电缆终端故障

电缆终端故障一般在绝缘套管表面或复合套管可见明显放电痕迹。如无痕迹，可采用脉冲电流法进行故障定位，故障定位的测距若是等于电缆全长的值，且户外终端会发出“啪啪”的声音，则可确定为终端故障。

(1) 施工措施

电缆终端故障施工措施见表5.6。

表5.6　电缆终端故障施工措施

人员配置(17人以上)	序号	时间(33 h左右)	施工内容
工作负责人：1人 现场监护人：1人 拖拽、施放电缆人员：6人以上 附件安装人员：2人 登高作业人员：2人 试验人员：3人 开井抽淤人员：2人以上	1	2 h左右	工作内容： ① 人员、材料、工器具运输到位。 ② 申请线路转检修
	2	8 h左右	工作内容： ① 登高解开两侧终端塔反弓线。 ② 脉冲电流法或二次脉冲法初步定位电缆终端故障
	3	12 h左右	工作内容： ① 电缆盘点开挖，机械与人工配合开挖方式。 ② 运行电缆的悬吊与保护。 ③ 电缆的拖拽使其满足一个终端的裕量。 ④ 或重新施放电缆

续表

人员配置(17人以上)	序号	时间(33 h左右)	施工内容
	4	8 h左右	工作内容： ① 电缆终端安装。 ② 电缆交接试验
	5	3 h左右	工作内容： ① 登高拆除接地线，反弓线恢复。 ② 汇报送电。 ③ 恢复现场

(2) 材料(工器具)需求

① 安全工器具：安全围栏、标示牌2套、夜间警示红灯12个、绝缘鞋4双、照明灯4台。

② 施工工器具：钳形电流表1只、绝缘电阻表(2500 V)1台、电缆故障脉冲发生器1台、低压脉冲发射仪1台、12 kV绝缘手套2副、梯子2副、发电机(2500 W以上)2台、水泵2台、葫芦及移动式吊装架、电缆附件1套。

(3) 技术措施

一般直接采用脉冲电流法即可。配合低压脉冲法测的全长直接对比，即可判断。

(四) 电缆本体故障

电缆本体故障较为复杂，因为这种故障在任何位置均有可能发生，故障定位较为困难。涉及直埋电缆还可能存在大面积的土方开挖，需要的技术水平、人力及所需时间相应较多。

(1) 施工措施

电缆本体故障施工措施见表5.7。

表5.7　电缆本体故障施工措施

人员配置(20人以上)	序号	时间(41 h左右)	施工内容
工作负责人：2人 现场监护人：2人 拖拽、施放电缆人员：6人以上 附件安装人员：2人 登高作业人员：2人 试验人员：4人 开井抽淤人员：2人以上	1	4 h左右	工作内容： ① 人员、材料、工器具运输到位。 ② 申请线路转检修。 ③ 电缆接头支架制作
	2	10 h左右	工作内容： ① 登高拆除反弓线，两侧电缆悬空。 ② 测量故障相绝缘电阻，利用脉冲电流法及二次脉冲法进行故障测距。 ③ 根据故障点测距位置，初步判断故障点位置

人员配置(20人以上)	序号	时间(41 h左右)	施工内容
	3	12 h左右	工作内容: ① 若故障点位于排管段或工井段,采用声磁同步法进行精确定点;若故障点位于直埋段,采用跨步电压法进行精确定点。 ② 直埋段故障需土方开挖、故障点清理、运行电缆的悬吊与保护。 ③ 登高挂设接地。 ④ 故障电缆的相位识别。 ⑤ 打接地枪,开断电缆。 ⑥ 电缆敷设或从两侧向故障点拖拽电缆
	4	12 h左右	工作内容: ① 电缆附件安装、上架。 ② 登高拆除接地。 ③ 电缆交接试验
	5	3 h左右	工作内容: ① 登高恢复反弓线。 ② 汇报送电。 ③ 恢复现场

(2) 材料(工器具)需求

① 安全工器具:安全围栏、标示牌2套、气体检测仪2套、夜间警示红灯12个、绝缘鞋4双、防毒面具2套、鼓风机2套、照明灯4台。

② 施工工器具:钳形电流表1只、绝缘电阻表(2500 V)1台、12 kV绝缘手套2副、梯子2副、发电机(2500 W以上)2台、水泵2台(扬程大于6 m)、葫芦及移动式吊装架、电缆附件2套、电缆故障脉冲发生器1台、听筒1组、低压脉冲发射仪1台、声磁同步仪器1台、跨步电压测试仪1台、电缆故障定位电桥测试仪1台。

(3) 技术措施

① 本体故障的具体测距方法需要根据绝缘电阻的阻值来定。

② 中压电缆除外破外,无论是接头、本体还是终端主要为高阻故障。若低压脉冲显示为低阻故障,极大可能是外破。

③ 直埋敷设首选跨步电压法,因为误差最小。

(五) 避雷器故障

避雷器连接在电缆与大地之间,与被保护的线路并联。正常情况下,避雷器呈现高阻态,通过雷击计数器引线经计数器与大地相连,避免出现悬浮电位。对线路而言视为断路。一旦出现高电压(雷电高电压、操作过电压等),避雷器立即动作,呈现低阻态,将高电压冲击电流导向大地，从而限制电压幅值，保护线路设备。当过电压消失后，避雷器迅速恢复原状，使电气设备正常工作。避雷器故障主要是参数不合理引发避雷器误动，引发跳闸。

(1)施工措施

避雷器故障施工措施见表5.8。

表5.8　避雷器故障施工措施

人员配置(6人以上)	序号	时间(8 h左右)	施工内容
工作负责人:1人 现场监护人:1人 登高作业人员:2人 试验人员:2人	1	4 h左右	工作内容: ① 人员、材料、工器具运输到位。 ② 申请线路转检修。 ③ 避雷器交接试验
	2	4 h左右	工作内容: ① 登高挂设接地线。 ② 更换避雷器。 ③ 电缆主绝缘测试。 ④ 汇报送电

(2) 材料(工器具)需求

① 安全工器具:安全围栏、标示牌2套、夜间警示红灯12个、照明灯4台。

② 施工工器具:钳形电流表1只、绝缘电阻表(2500 V)1台、12 kV绝缘手套2副、发电机(2500 W以上)1台、葫芦2台、避雷器2个、避雷器直流参考电压及0.75 U_1mA泄漏电流检测仪1台。

(3) 技术措施

① 直流参考电压偏低或者泄露电流偏大时，应先排除电晕和外绝缘表面泄露电流的影响。

② 试验时若整流回路中的波纹系数大于1.5%，应加装滤波电容器。

(六) 设备线夹故障

设备线夹断裂为肉眼直接可见的故障，更换钎焊型线夹即可。

(1) 施工措施

设备线夹故障施工措施见表5.9。

(2) 材料(工器具)需求

① 安全工器具:安全围栏、标示牌2套、夜间警示红灯12个、照明灯4台。

② 施工工器具:钳形电流表1只、绝缘电阻表(2500 V)1台、12 kV绝缘手套1副、发电机(2500 W以上)1台、葫芦2台、设备线夹若干。

注意:① 本流程以混合线路为例编写相应内容，纯电缆线路参考执行。第一步为拆除两端电缆终端，配合试验等流程与电缆终端配合工作相同。

② 本流程内“电缆交接试验”应至少包含电缆主绝缘及外护套绝缘电阻测试，电缆

交流耐压试验、振荡波试验,涉及新敷设电缆时,需开展电缆核相。

表5.9　设备线夹故障施工措施

人员配置(4人以上)	序号	时间(7 h左右)	施工内容
工作负责人:1人 现场监护人:1人 登高作业人员:2人	1	3 h左右	工作内容: ① 人员、材料、工器具运输到位。 ② 申请线路转检修。 ③ 线夹抽检
	2	4 h左右	工作内容: ① 登高挂设接地线。 ② 更换设备线夹。 ③ 电缆主绝缘测试。 ④ 汇报送电

第六章　配电电缆带电检测及状态评价

第一节　带电检测技术

随着经济的发展和人民生活水平的不断提高，居民和企业对电网供电可靠性的要求越来越高。作为状态检修的重要内容，电力设备带电检测过程中能及时发现电力设备潜伏性运行隐患，避免突发性故障，是电力设备安全、稳定运行的重要保障。

带电检测是指采用便携式检测设备，在运行状态下，对设备状态量进行的现场检测，其检测方式为短时间内带电检测，有别于长期连续的在线监测，其具有投资小、见效快的优点。目前常用的带电检测技术规范有《带电设备红外诊断应用规范》(DL/T 664)、《配电电缆线路试验规程》(Q/GDW 11838)等，如表6.1所示。

表6.1　带电检测常用技术规范

标准名称	标准编号	标准级别	发布单位
带电设备红外诊断应用规范	DL/T 664	行业推荐标准	国家能源局
配电电缆线路试验规程	Q/GDW 11838	企业标准	国家电网有限公司

配电电缆带电检测主流的检测方式有红外测温和局部放电检测两种，此外近几年也兴起了X射线检测、涡流探伤等新技术。本章节重点介绍常见的红外测温技术和局部放电检测两种检测方式。

一、红外测温

红外测温是指利用红外成像技术，对电力系统中具有电流、电压致热效应或其他致热效应的带电设备进行检测和诊断。

(一) 技术原理

一切温度高于绝对零度的物体都在不停地向周围空间发出红外辐射能量。物体的红外辐射能量的大小及其按波长的分布与它的表面温度有着十分密切的关系，如图6.1所示。因此，通过对物体自身辐射的红外能量的测量便能准确地测定它的表面温度，这就是红外辐射测温所依据的客观基础。

红外测温诊断技术就是基于物体的这种特性，通过检测红外辐射能量进行发热温度的判断。在温度检测过程中常用到红外热像仪，它可以将物体辐射能量进行一系列转化处理得到直观的温度分布图谱，运维人员根据图谱分析便能够得到设备的运行状态信息。

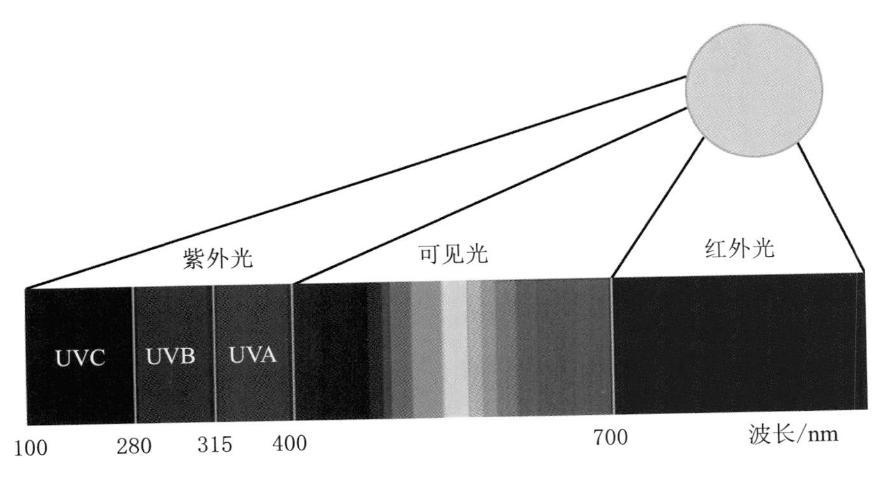

图6.1 电磁波谱

红外热像仪器通过光学系统采集红外辐射能量，工作原理图如图6.2所示，被测物体的表面温度信息以红外辐射信号的形式被接收，成像仪将该信号转化为可以传递的电信号，由放大器和信号处理系统处理后显示在最终的显示器上，图像处理系统显示出直观的温度分布。

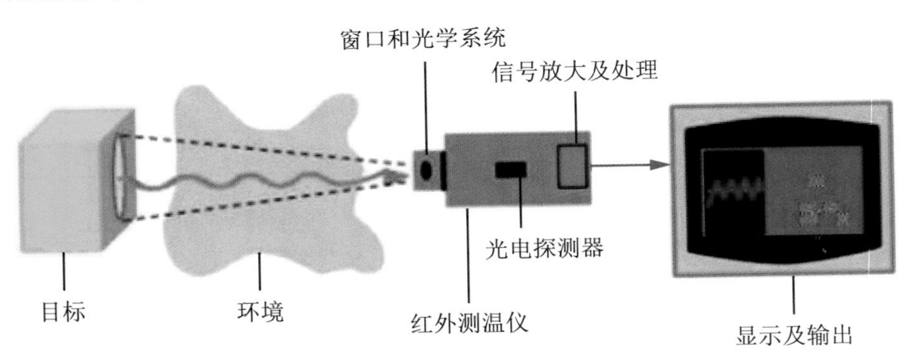

图6.2 红外热像仪工作原理

红外热像仪的特点是非接触、测量速度快、操作简单，属于远距离非基础式的扫描检测，保证检测人员的绝对安全。利用红外热像仪可以得到直观的红外平面图像，准确定位设备发热位置，并对发热性质和发热程度做出正确判断。红外热像仪的分辨率和焦距的选择决定了空间分辨率、视场角、辨识距离等指标，可以影响红外热像仪的成像效果，从而直接影响测温的精准度。

1. 分辨率

分辨率即像素，红外热像仪的探测器分辨率有160×120，240×180，320×240，384×288，640×480等，分辨率的高低是选择热像仪的一个重要参数，它会直接影响最终的成像效果，分辨率越高，成像就越清晰，观看效果就越好。所以一般尽量选择分辨率高的红外热像仪。

2. 焦距

一般的红外热像仪镜头都是可以更换的，厂家标配一般是一个镜头。长焦镜头会提高远距离的辨识率，但是会缩小视野；短焦镜头会扩大视野范围，但是会降低远距离的辨识率。

空间分辨率=像素尺寸/镜头焦距。空间分辨率越小，镜头焦距越大，能够辨识的距离越远。

视场角=空间分辨率×像素。空间分辨率越小，视场角就越小，视野就会越小，如图6.3所示。

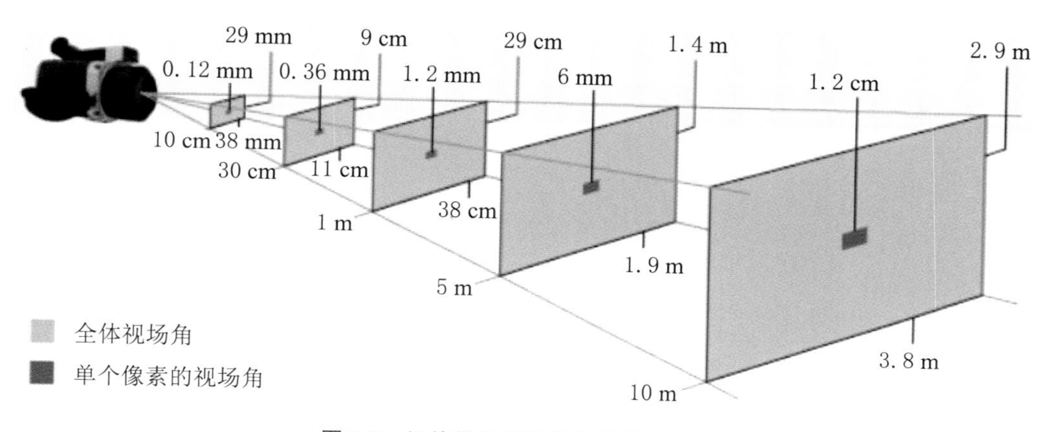

图6.3 红外热像仪视场角范围示意图

因此，在选择红外热像仪时，需要根据测量距离，视野以及想要成像的清晰程度，来选择合适的焦距和分辨率。

使用红外热像仪涉及的主要概念有5个，分别为：

① 温升。被测设备表面温度和环境温度参照体表面温度之差。

② 温差。不同被测设备或同一被测设备不同部位之间的温度差。

③ 相对温差。两个对应测点之间的温差与其中较热点的温升之比的百分数。

相对温差δ_t可用式(6.1)求出：

$$\delta_t=\frac{\tau_1-\tau_2}{\tau_1}\times 100\%=\frac{T_1-T_2}{T_1-T_0}\times 100\% \tag{6.1}$$

式中，τ_1和T_1为发热点的温升和温度；τ_2和T_2为正常相对应点的温升和温度；T_0为环境参照体的温度。

④ 环境温度参照体。用来采集环境温度的物体。它不一定具有当时的真实环境温度，但具有与被检测设备相似的物理属性，并与被检测设备处于相似的环境当中。

⑤ 空间分辨率。空间分辨率表示红外测温仪分辨物体的能力，单位为mard，可理解为测量距离与目标大小的关系，弧度值乘以半径约等于弦长，即目标的直径。对于空间分辨率为1.3 mard的热像仪，如果被测目标与热像仪之间的距离为100 m，那么0.13

m大小的物体刚好可以充满1个探测器单元像素，0.26 m大小的物体则可以充满4个探测器单元像素。

（二）检测要求和方法

按照检测需求红外检测可以分为一般检测和精确检测。一般检测适用于红外热像仪对电气设备进行大面积检测，如周期检测。精确检测主要用于检测电压致热型和部分电流致热型设备的内部缺陷，以便对设备的故障进行精确判断，如隐患检测、诊断性检测等。

1. 人员要求

检测人员应具备如下条件：

① 熟悉红外诊断技术的基本原理和诊断程序，了解红外热像仪的工作原理、技术参数和性能，掌握热像仪的操作程序和使用方法。

② 了解被检测设备的结构特点、工作原理、运行状况和导致设备故障的基本因素。

③ 熟悉红外测温有关技术标准，接受过红外热像检测技术培训，并经相关机构培训合格。

④ 具有一定的现场工作经验，熟悉并能严格遵守电力生产和工作现场的有关安全管理规定。

2. 安全要求

检测前的安全要求如下：

① 应严格执行电力安全工作规程。

② 学习工作现场安全规定，经培训合格。

③ 现场检测工作人员应至少两人，一人检测，另有一人监护。

3. 环境要求

红外检测的一般检测要求及精确检测要求见表6.2。

4. 辐射率设定

在红外诊断过程中，由于辐射率对精确测温影响很大，因此必须选择正确的辐射率系数，根据电力设备的主导材料发热点状态进行辐射率调整。如果辐射率没有按照发热点主导材料的辐射率设定，红外热像所采集的温度值与实际发热温度值会有差别，影响仪器对温度的准确判断。

电力设备常用材料辐射率的参数各不相同，辐射率参数必须在红外诊断前设置完成，如氧化黄铜的辐射率为0.59～0.61，强氧化铝的辐射率为0.30～0.40，电瓷的辐射率为0.90～0.92。对电力设备进行一般性红外诊断时，红外热像仪的辐射率设为0.91为宜。

5. 检测方法

先用红外热像仪对配电电缆所有测试部位进行全面扫描，重点观察电缆终端和中间接头、交叉互联箱、接地箱、金属套接地点等部位；发现热像异常部位后，对异常部位和重点被检测设备进行详细测量。

表6.2　红外检测一般检测及精确检测环境要求

一般检测环境要求	精确检测环境要求
① 被检设备处于带电运行或通电状态或可能引起设备表面温度分布特点的状态。 ② 尽量避开视线中的封闭遮挡物，如门和盖板等。 ③ 环境温度宜不低于0℃，相对湿度一般不大于85%，天气以阴天、多云为宜，夜间图像质量为佳；不应在雷、雨、雾、雪等气象条件下进行，检测时风速一般不大于5 m/s。 ④ 在室外或白天检测时，要避免阳光直射或通过被摄物反射进入仪器镜头；在室内或晚上检测应避开灯光直射，宜闭灯检测。 ⑤ 检测电流致热型设备，最好在高峰负荷下进行。否则，一般应在不低于30%的额定负荷下进行，同时应充分考虑小负载电流对测试结果的影响	① 风速一般不大于1.5 m/s。 ② 设备通电时间不小于6 h，宜大于24 h。 ③ 户外检测期间天气为阴天、夜间或晴天日落2 h后。 ④ 被检测设备周围应具有均衡的背景辐射，应尽量避开附近热辐射源的干扰，某些设备被检测时还应避开人体热源等的红外辐射。 ⑤ 避开强电磁场，防止强电磁场影响红外热像仪的正常工作

（1）一般检测

仪器开机后应先完成红外热像仪及温度的自动检验，当热图像稳定，数据显示正常后即可开始工作。操作方法和具体要求如下：

① 可采用自动量程设定。手动设定时仪器的湿度量程宜设置为T_0-10(K)至T_0+20(K)的量程范围，其中T_0为被测设备区域的环境温度。

② 仪器中输入被测设备的辐射率、测试现场环境温度、相对湿度、测量距离等补偿参数，被测设备的辐射率可取0.9。读取环境的标准温、湿度值。

③ 检测距离不应小于与带电设备的安全距离。

④ 可按巡视回路或设备区域对被测设备进行一般测温，发现有温度分布异常时，进一步按精确检测的要求进行检测。

⑤ 选用彩色显示方式，一般选择铁红调色板，并结合数值测温手段，如热点跟踪、区域温度跟踪，红外和可见光融合等手段进行检测。

⑥ 充分利用仪器的有关功能，如图像平均、自动跟踪等，以达到最佳检测效果。对于面状发热部位可采用区域最高温度自动跟踪，对于柱状发热设备可采用线性温度分析功能，从而可以发现发热源。

⑦根据环境温度起伏变化、仪器长时间监测稳定性等情况，检测过程中注意对仪器（需要时）重新设定内部温度等参数。

（2）精确检测

在安全距离允许的条件下，红外热像仪宜尽量靠近被测设备，使被测设备（或目标）尽量充满整个仪器的视场，必要时应使用中、长焦距镜头。线路检测应根据电压等级和测试距离，选择使用中、长焦距镜头。操作方法和具体要求如下：

① 宜事先选取2个以上不同的检测方向和角度，确定一最佳检测位置并记录或设置作为其基准图像，以供今后复测用，提高互比性和工作效率。

② 正确选择被测设备表面的辐射率，通常可参考下列数值选取：硅橡胶（含RTV、HTV）类可取0.95，电瓷类可取0.92，氧化金属导线及金属连接选0.9。更多材料、不同状态表面的辐射率可参照《带电设备红外诊断应用规范》（DL/T 664）附录D选取。应注意表面光洁度过高的不锈钢材料、其他金属材料和陶瓷所引起的反射或折射而可能出现的虚假高温现象。

③ 将环境温度、相对湿度、测量距离等其他补偿参数输入，进行必要的修正。

④ 发现设备可能存在温度分布特征异常时，应手动进行温度范围及电平的调节，使异常设备或部位突出显示。

⑤ 记录被检设备的实际负荷电流、额定电流、运行电压及被检物体湿度及环境温度值，同时记录热像图等。

（三）数据分析与判断

红外测温检测缺陷判断方法主要有6种，见表6.3。其中，配电电缆红外测温常用的方法有表面温度判断法、相对温差判断法、同类比较判断法。

根据电缆设备发热来源分类，可以分为电压致热缺陷及电流致热缺陷。

电压致热缺陷指电缆运行过程中由于电压发生异常导致的设备缺陷，通常这类缺陷主要表现在电缆接头温度过高、介质耗损增加两个方面。这两种故障在电缆中属于典型缺陷，而且现实运作过程中这类故障的隐匿性较强，不能及时发现的话对设备运行造成的危害较大，如图6.4所示。

表6.3　红外测温缺陷判断方法

判断方法	判断内容
表面温度判断法	主要适用于电流致热型和电磁效应引起发热的设备。根据测得的设备表面温度，对照DL/T 664《带电设备红外诊断应用规范》附录G，结合环境气候条件、负荷大小进行分析判断
相对温差判断法	主要适用于电流致热型设备。特别是对于检测电流较小时且按照表面温度判断法未能确定设备缺陷类型的电流致热型设备，在与设备温度和温升极限规定相冲突的前提下，采用相对温差判断法，可提高对设备缺陷类型判断的准确性，降低设备缺陷的漏判率
图像特征判断法	主要适用于电压致热型设备。根据同类设备的正常状态和异常状态的热像图，判断设备是否正常。注意应尽量排除各种干扰因素对图像的影响，必要时结合电气试验或化学分析的结果，进行综合判断
同类比较判断法	根据同类设备之间对应部位的表面温差进行比较分析判断。对于电压致热型设备，应结合图形特征判断法进行判断；对于电流致热型设备，应先按照表面温度判断法进行判断，如未能确定设备的缺陷类型时，再按照相对温差判断法进行判断，最后才按照同类比较判断法进行判断。档案（或历史）热像图也多用作同类比较判断

续表

判断方法	判断内容
综合分析判断法	主要适用于综合致热型设备。对于油浸式套管、电流互感器等综合致热型设备,当缺陷由两种以上因素引起的,应根据运行电流、发热部位和性质,结合上述四种判断法进行综合分析判断,对于因磁场和漏磁引起的过热,可依据电流致热型设备的判据进行判断
实时分析判断法	在一段时间内使用红外热像仪连续检测/监测一被测设备,观察、记录设备温度随负载、时间等因素的变化,并进行实时分析判断。多用于非常态大负荷试验或带缺陷运行设备的跟踪和分析判断

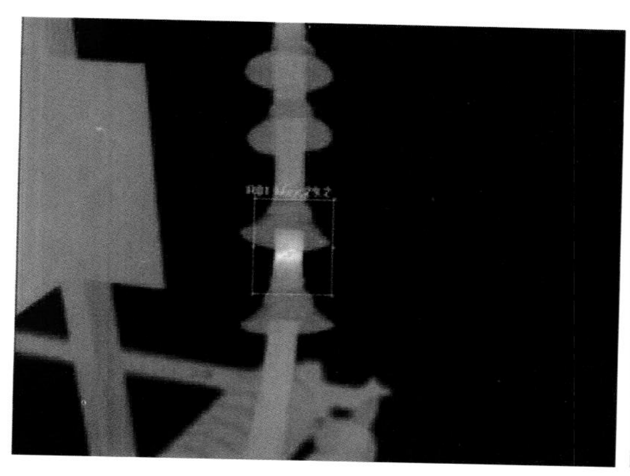
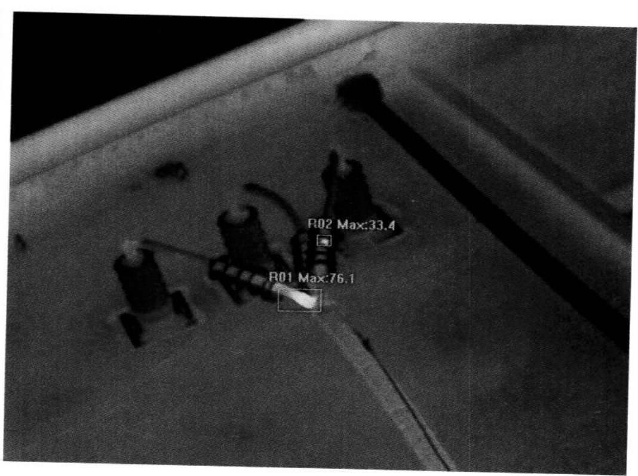

图6.4　配电电缆终端电压致热型缺陷红外照片

电流致热缺陷是指经过长时期运行,电缆终端头与其他电气设备的连接点有可能因接触不良引起过热,红外图谱表现为电缆终端头连接部位温度明显升高,长时间运行会造成接触电阻增大,连接点碳化。此类缺陷占全部电缆红外缺陷的80%以上。

配电电缆及电缆附件电压致热、电流致热缺陷对应的红外测温标准依据分别参照表6.4、表6.5。

表6.4　电缆及电缆附件本体(电压致热型设备)红外测温标准依据

红外测温检测判据		评价结论
电缆导体或金属屏蔽与外部金属连接的同部位相间温度差	终端本体同部位相间温度差	
≤6 K	≤2 K	正常
>6 K且≤10 K	>2 K且≤4 K	注意
>10K	>4 K	异常

表6.5　电缆接续部位(电流致热型设备)红外测温标准依据

设备类别和部位		热像特征	故障特征	缺陷性质		
				一般缺陷	严重缺陷	危急缺陷
电气设备与金属部件的连接	接头和线夹	以线夹和接头为中心的热像,热点明显	接触不良	温差不超过15 K,未达到严重缺陷的要求	热点温度>80℃或$\delta \geqslant$80%	热点温度>110℃或$\delta \geqslant$95%

续表

设备类别和部位		热像特征	故障特征	缺陷性质		
				一般缺陷	严重缺陷	危急缺陷
金属部件与金属部件的连接	接头和线夹	以线夹和接头为中心的热像，热点明显	接触不良	温差不超过15 K，未达到重要缺陷的要求	热点温度>90℃或$\delta \geq$80%	热点温度>130℃或$\delta \geq$95%

二、超声波局部放电检测

当配电电缆绝缘体中只有局部区域发生放电，而没有贯穿施加电压的整个导体之间，这种现象称为局部放电，简称局放。产生局部放电的基本原因是电缆绝缘中存在弱点（如气隙、杂质等），当这些局部区域弱点中的电场强度达到一定值时，该区域就会发生放电。这些微弱的放电能量产生的不良效应，日积月累，最后也能导致整个电缆绝缘的击穿，造成断电事故。

局放检测是指当绝缘材料发生局放时，对伴随着发生的不同物理、化学现象，如光，声音、电磁场变化、化学变化、热等进行检测，从而对局放进行的定性定量的分析，如图6.5所示。检测方法有超声波、紫外线、油中气体分析、热影像、电磁检测等。对于配电电缆而言，常见的局放带电检测有超声波局放检测、暂态地电压局部放电检测。

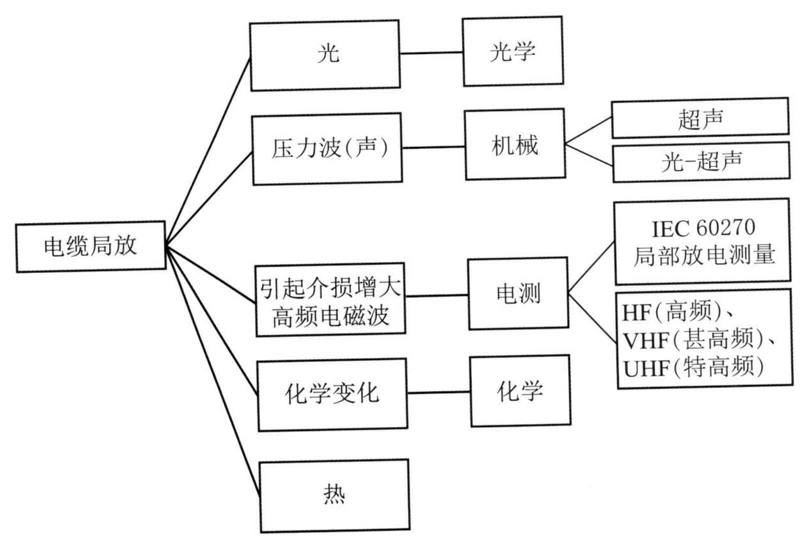

图6.5　局放发生的不同物理变化、化学变化

（一）技术原理

当高压电力设备内发生局部放电时，放电点会产生爆裂的声波信号，大于20 kHz的声波信号即为超声信号。超声信号以放电源为中心，球面波形式向周围空间传播，并从设备的缝隙处传播开来。相关研究表明，声能与局部放电释放的能量成正比，而声能与声压的平方成正比，因此通过测量超声信号声压的变化就可以推得

局部放电所释放能量的变化。超声波局部放电检测原理图如图6.6所示。

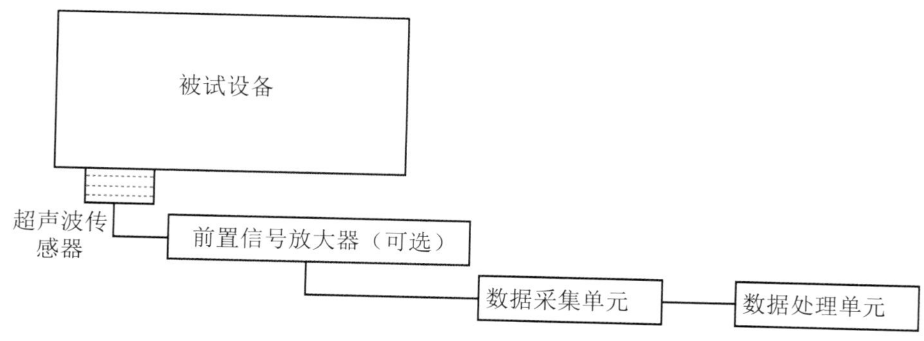

图6.6　超声波局部放电检测原理图

超声波检测一般采用强度定位法，根据距离放电源越近的传感器检测到的信号最强原理，可判断局放点的位置。由于电气设备绝缘通常由多种复合绝缘材料组成，结构较为复杂，各类绝缘材料对声波的衰减作用和影响作用各不相同，对检测定位的精确性造成干扰。因此需要采取其他检测手段辅助检测，如红外检测、高倍率相机辅助外观检测和暂态地电压局放检测等相结合。

超声波局部放电检测适用于电缆终端头及附近位置的局部放电检测，并不适用于电缆本体的局部放电检测。超声波局部放电检测对介质类型比较敏感，适合检测空气介质放电，检测套管、终端、绝缘子的表面放电，但对电缆绝缘的内部放电测量较难，一般与暂态地电压局部放电检测联合实施。

如图6.7所示，超声波局部放电检测装置一般由主机（内置超声波检测和暂态地电压检测单元）、外置聚声器、耳机等组成。

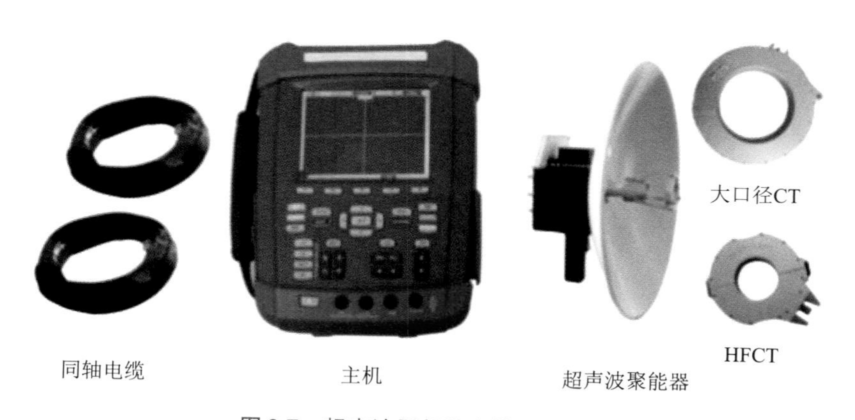

图6.7　超声波局部放电检测实物图

（二）检测要求和方法

1. 人员要求

① 了解被测电力设备的结构特点、工作原理、运行状况和导致设备故障的基本因素。

② 接受过超声波局放巡检仪带电检测操作培训，熟悉超声波巡检仪检测技术的基本原理、诊断方法，了解超声波局放巡检仪的工作原理、技术参数和性能，掌握超声波巡检仪的操作方法，具备现场检测能力。

③ 具有一定的现场工作经验，熟悉并能严格遵守电力生产和工作现场的相关安全管理规定。

④ 确保当日身体状况和精神状况良好。

2. 安全要求

① 应严格执行国家电网公司《电力安全工作规程》的相关要求。

② 超声波局放检测工作不得少于两人执行。工作负责人应由有超声波局放检测经验的人员担任，开始检测前，工作负责人应向全体工作人员详细布置检测工作的各项安全注意事项。

③ 在进行检测时，要防止误碰、误动设备；并保证人员、仪器与设备带电部位保持足够的安全距离。

④ 检测现场出现异常情况时，应立即停止检测工作并撤离现场。

3. 环境要求

① 环境温度宜在－10 ℃至40 ℃之间为佳。

② 环境相对湿度不宜大于80％，若在室外不应在有大风、雷、雨、雪、雾等特殊环境下进行检测。

③ 在检测时应避免大型设备震动、人员频繁走动，减小干扰源带来的影响。

④ 通过超声波局放检测仪检测到的背景噪声幅值较小、无50 Hz/100 Hz频率相关性(1个工频周期出现1次/2次放电信号)，不会掩盖可能存在的局部放电信号，不会对检测造成干扰。

4. 待测设备要求

① 设备处于带电状态且为额定气体压力。

② 设备外壳清洁、无覆冰。

③ 运行设备上无各种外部作业。

④ 应尽量避开视线中的封闭遮挡物，如门和盖板等。

⑤ 设备的测试点应在出厂及第1次测试时进行标注，以便今后的测试及比较。

5. 检测方法

① 开始前，先记录现场待测设备名称及环境温湿度等相关信息。

② 检查周围环境，排除干扰源，如风扇、驱鼠器等。

③ 将仪器开机，连接耳机或外置聚声器。

④ 检测开关柜或户外场地的超声波背景，需在开关室内各个位置检查背景值，并记录。

⑤ 按规范进行超声波局部放电检测，超声波测试点主要是开关柜的所有缝隙，包括前柜面板与柜体间的缝隙、前观察窗、后柜面板与柜体的缝隙、后观察窗、排风口等，

如图6.8所示。开展超声波局部放电检测，传感器应沿着开关柜柜面缝隙匀速、缓慢移动，并与柜体表面靠近且不要触碰柜体。同时，在测量的时候一定要保持足够的安全距离。

此外架空线路超声波局部放电检测采用外置聚声器，检测时宜开启红外射线辅助定位，检测时应多个方向多次测量。

⑥ 对每个测点进行测试，同时进行比较分析，对有超声信号的间隔，分别在横向缝隙和纵向缝隙上找到信号最大点位置，即局部放电的大致位置。

⑦ 如存在异常，应将仪器切换至超声相位模式检测和超声波形模式检测。保存超声幅值图谱，如存在异常同时保存相位图谱和波形图谱，并记录测点信息。

⑧ 根据记录表，对照分析判断缺陷位置、缺陷等级和缺陷类型，对不明确的缺陷可通过暂态地电波局部放电检测联合检测。

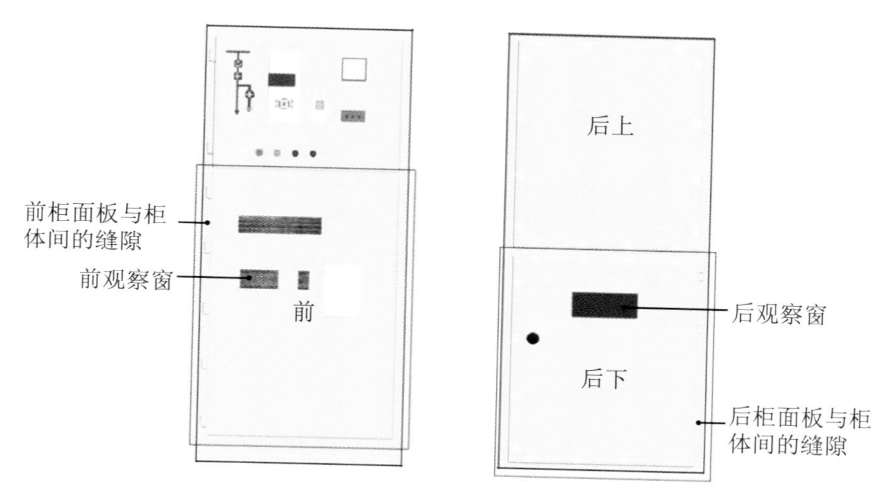

图6.8　超声波局部放电检测位置示意图(红色柜为测试位置)

(三) 数据分析与判断

局部放电的劣化程度分为轻微放电、中度放电、严重放电3个等级。

① 轻微放电。超声波检测值≤10 dB，表明被检测设备存在微弱的放电现象，可以继续正常运行。

②中度放电。10 dB＜超声波检测值≤30 dB，表明被检测设备存在中度的放电现象，仍可以继续运行，但要缩短检测周期，加强监控，纵向比较每次检测的结果，如放电现象有发展的趋势，应尽早进行检修或更换，避免故障的发生。

③ 严重放电。超声波检测值＞30 dB，表明被检测设备存在明显放电现象，应尽快安排检修或更换，避免缺陷发展成永久性故障。

三、暂态地电压局部放电检测

(一) 技术原理

开关柜设备内部出现局部放电，在放电点产生高频电流波，并向两个方向传播。受集肤效应的影响，电流波仅集中在金属柜体内表面传播，而不会直接穿透。在金属断开或绝缘连接处，电流波转移至外表面，并以电磁波形式进入自由空间。电磁波上升沿碰到金属外表面，产生暂态对地电压(Transient Earth Voltage，TEV)。因此可以利用专门的传感器对暂态地电压信号进行检测判断开关柜内的放电故障，同时可利用同一电源产生的暂态地电压到达不同传感器的时间差对局部放电点进行定位，或者通过幅值比对进行定位，其检测原理见图6.9。暂态地电压局部放电检测仪器一般由传感器、数据采集单元、数据处理单元、显示单元、人机接口和供电单元等组成。

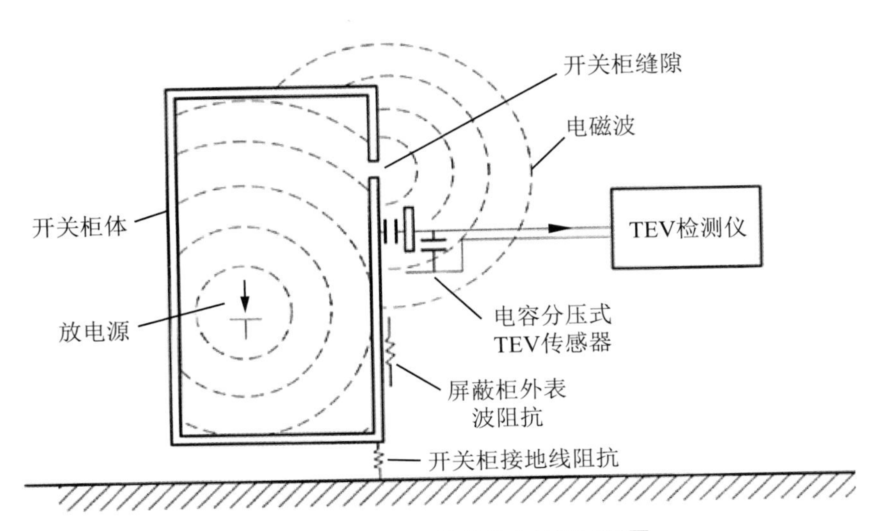

图6.9　暂态地电压局部放电检测原理图

地电波的强度与局部放电脉冲宽度、距离呈现负相关性，随着二者的增加而迅速减小，而与局部放电脉冲幅值呈现正相关性，随其增加而增加，所以地电波检测法能够快速检测放电过程过快、激烈、距离近的局部放电。该方法的优点是能够有效降低设备停电次数，提升供电可靠性和稳定性。

由于暂态地电压脉冲必须通过设备金属壳体间的间断处由内表面传至外表面方可被检测到，因此该检测技术不适用于金属外壳完全密封的电力设备。在电力设备绝缘缺陷检测时，暂态地电压检测技术常常与超声波局部放电检测技术联合使用。

（二）检测要求和方法

1. 人员要求

① 接受过暂态地电压局部放电带电检测培训，熟悉暂态地电压局部放电检测技术的基本原理、诊断分析方法，了解暂态地电压局部放电检测仪器的工作原理、技术参数和性能，掌握暂态地电压局部放电检测仪器的操作方法，具备现场检测能力。

② 了解被测开关柜的结构特点、工作原理、运行状况和导致设备故障的基本因素。

③ 具有一定的现场工作经验，熟悉并能严格遵守电力生产和工作现场的相关安全

管理规定。

④ 确保当日身体状况和精神状况良好。

2. 安全要求

① 应严格执行国家电网公司《电力安全工作规程》的相关要求。

② 暂态地电压局部放电带电检测工作不得少于两人。工作负责人应由有检测经验的人员担任，开始检测前，工作负责人应向全体工作人员详细布置检测工作的各安全注意事项，应设置专人监护，监护人在检测期间应始终履行监护职责，不得擅离岗位或兼职其他工作。

③ 检测时检测人员和检测仪器应与设备带电部位保持足够的安全距离。检测人员应避开设备泄压通道。要防止误碰误动设备。测试时人体不能接触暂态地电压传感器，以免改变其对地电容。

④ 检测时应保持仪器使用的信号线完全展开，避免与电源线（若有）缠绕一起，收放信号线时禁止随意舞动，并避免信号线外皮受到刮蹭。

⑤ 在使用传感器进行检测时，应戴绝缘手套，避免手部直接接触传感器金属部件。

⑥ 检测现场出现异常情况（如异响、电压波动、系统接地等），应立即停止检测工作并撤离现场。

3. 环境要求

① 环境温度宜在－10～40 ℃，环境相对湿度不高于80%，禁止在雷电天气进行检测。

② 室内检测应尽量避免气体放电灯、排风系统电机、手机、相机闪光灯等干扰源对检测的影响。

③ 通过暂态地电压局部放电检测仪器检测到的背景噪声幅值较小，不会掩盖可能存在的局部放电信号，不会对检测造成干扰，若测得背景噪声较大，可通过改变检测频段降低测试的背景噪声值。

4. 待检测设备

① 开关柜处于带电状态。

② 开关柜投入运行超过30 min。

③ 开关柜金属外壳清洁并可靠接地。

④ 开关柜上无其他外部作业。

⑤ 退出电容器、电抗器开关柜的自动电压控制系统（AVC）。

5. 检测步骤

① 开始前，记录现场待测设备名称及环境温湿度等相关信息。

② 检查仪器设备，并开机，自检正常。

③ 检查周围环境，排除干扰源，如风扇、空调等。

④ 检测开关室内的背景值，背景值测量时应选择和开关柜不接触的金属体进行背景测试，金属体包括高压柜门、备用开关柜、备用断路器手车等，并记录背景暂态地电压

测试值。

⑤ 按规范进行暂态地电压局部放电检测，一般在柜体前面、后面、侧面进行测点选取2点测试点，后面、侧面选取3点测试点。测试点位置见图6.10。

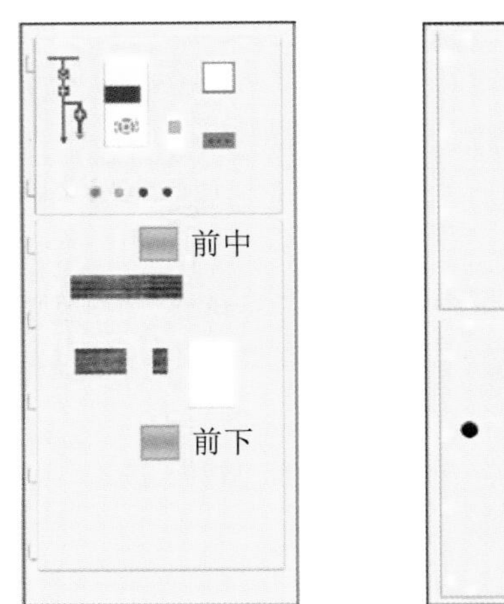

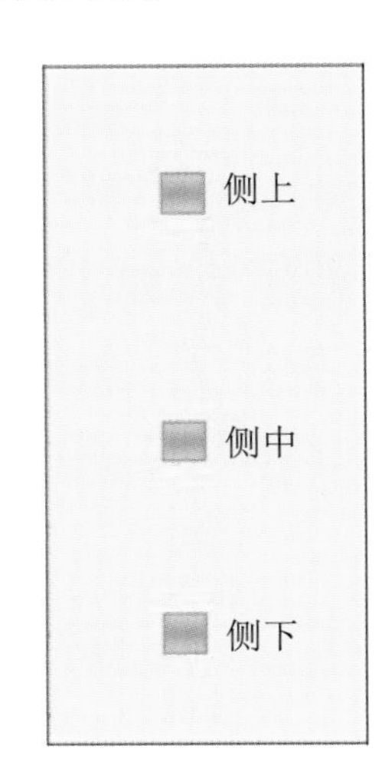

图6.10　暂态地电压局部放电检测位置

暂态地电压检测部位主要是母排(连接处、穿墙套管，支撑绝缘件等)、断路器、TA(电流互感器)、TV(电压互感器)、电缆等设备所对应到开关柜柜壁的位置，这些设备大部分位于开关柜前面板中部及下部，后面板上部、中部及下部、侧面板的上部、中部及下部。

⑥ 检测时，传感器应与高压开关柜柜面紧贴并保持相对静止，待读数稳定后记录结果，对每个测点进行测试，记录测点信息和测试幅值，根据记录表进行比较分析和判断。

(三) 数据分析与判断

暂态地电压结果分析方法可采取纵向分析法、横向分析法。

纵向分析法，在暂态地电压检测时，发现有异常但是不是很明显，电缆运维人员应进行定期测试，将每次测试的结果形成文件，用来最终分析比对。

横向比较法，在暂态地电压检测过程中，发现有异常，判断不准的情况下，同时检测同一房间内的其余同类型的开关柜，比如出线间隔与出线间隔相比，通过对比异常数据，分析是否真的存在局部放电。

具体判断指导原则如下：

① 若开关柜检测结果与环境背景值的差值大于20 dB，需查明原因。

② 若开关柜检测结果与历史数据的差值大于20 dB，需查明原因。

③ 若本开关柜检测结果与邻近开关柜检测结果的差值大于20 dB，需查明原因。

④ 必要时，进行振荡波定位、超声波检测等诊断性试验。

第二节　状态评价和缺陷管理

一、配电电缆状态评价

状态检修是基于设备状态，综合考虑安全、可靠性、成本、环境等要素，合理安排检修的一种检修策略。

状态评价是根据状态检修工作的要求选取一定的状态量，对设备状态进行分级，为检修策略的制定提供依据。状态是指对设备当前各种技术性能综合评价结果的体现。设备状态分为正常状态、注意状态、异常状态和严重状态四种类型。状态评价应实行动态化管理，每次检修和试验后应进行一次状态评价。常用评价技术标准见表6.6。

表6.6　配电设备状态检修相关标准规范

标准名称	标准号	标准级别	主要内容
配网设备状态检修试验规程	Q/GDW1643—2015	企业标准	10 kV配网设备状态检修试验的项目、周期和技术要求。
配网设备状态检修导则	Q/GDW 644—2011	企业标准	10 kV配网设备状态检修的周期、项目和内容。
配网设备状态评价导则	Q/GDW 645—2011	企业标准	配网设备状态评价的基本原则、内容、方法和要求。
配网设备状态评价导则	DL/T 2106—2020	行业推荐标准	

（一）设备信息收集

设备状态评价主要通过停电试验、带电检测、在线监测等技术手段，收集设备状态信息开展设备状态评价。设备信息收集包括投运前信息、运行信息、检修试验信息、家族缺陷信息等：

① 投运前信息主要包括工程建设档案、设备台账、招标技术规范、出厂试验报告、交接试验报告、安装验收记录、新(扩)建工程有关图纸等纸质和电子版资料。

② 运行信息主要包括设备巡视、维护、单相接地、故障跳闸、缺陷记录，状态检测数据，以及不良工况信息等。

③ 检修试验信息主要包括例行试验报告、诊断性试验报告、专业化巡检记录、缺陷消除记录及检修报告等。

④ 家族缺陷信息指经公司或各省(区、市)公司认定的同厂家、同型号、同批次设备(含主要元器件)由于设计、材质、工艺等共性因素导致缺陷的信息。

设备信息收集时限：

① 设备投运前台帐信息、主接线图、系统接线图等信息在投运前录入。其他投运前信息应在设备投运后1周内移交运维单位，并于1个月内录入。

② 运行信息应在1周内录入。

③ 检修试验信息应在检修试验工作结束后1周内录入精益化运维管理系统。

④ 家族缺陷信息在公开发布1周内，应完成精益化运维管理系统中相关设备状态

信息的变更和维护。

（二）定期评价和动态评价

配电电缆的状态评价分为定期评价及动态评价。电缆运维单位完成设备状态评价报告、状态检修综合报告报地（市）公司运检部审批，完成家族缺陷状态评价报告报地（市）公司运检部复核。地（市）公司运检部完成家族缺陷评价报告复核，并按规定格式编制家族缺陷状态评价报告上报省公司设备部备案。省公司设备部汇总家族缺陷评价报告，并按规定格式报国网设备部备案。

1. 定期评价

20 kV及以下特别重要电缆1年1次，重要电缆2年1次，一般电缆3年1次。根据评价结果调整检修策略、计划，为技改大修项目立项提供科学依据。

2. 动态评价

新设备投运后首次状态评价应在1个月内组织开展，并在3个月内完成。停电修复后设备状态评价应在2周内完成。缺陷评价随缺陷处理流程完成。家族缺陷评价在上级家族缺陷发布后2周内完成。不良工况评价在设备经受不良工况后1周内完成。特殊时期专项评价应在开始前1至2个月内完成。

（三）设备分类及组成

配网设备按整体分类，可分为架空（混合）配电线路、中压开关站、环网室（环网箱）、配电室（箱式变电站）和电缆配电线路，分别由各种设备单元组成。电缆配电线路设备由电缆线段（线路）、电缆分接（分支）箱等单元组成。

配网设备单元是可单独停电检修的线段、具备独立功能的设备、构筑物及外壳等，其中电缆线段（线路）以1段为1个单元、电缆分接（分支）箱以1台为1个单元。配网设备部件是设备中能独自发挥作用的零件（物体）或与设备安全运行相关的空间（通道），部件可用P1，P2，P3，…，Pn表示。

配网设备按部件、单元、整体三级进行量化评价，电缆配电线路设备按电缆线段（线路）、电缆分支箱单元进行状态评价；在各单元评价的基础上，电缆配电线路宜作为一个整体设备进行综合评价。

根据量化评价所得分值，将配网设备评为正常、注意、异常和严重四个状态，具体详见表6.7，作为开展设备检修的依据。

表6.7　配网设备评价分值与状态的关系

分值	85（不含）~100	75（不含）~85	60（不含）~75	60（含）以下
设备状态	正常	注意	异常	严重

（四）评价方法

1. 设备部件评价

部件状态评价在使用年限内基础分值为100分，超过使用年限基础分值为85分。

对存在家族缺陷的设备部件，一般家族缺陷扣10分，严重家族缺陷扣20分，无家族缺陷不扣分。部件得分为设备部件的基础分值减去最大扣分值和家族缺陷扣分值(如有)。算法如下：

$$M_P = m_P - Q_{\max} - J \tag{6.2}$$

式中，M_P为部件得分值，m_P为部件基础分值，$Q_{\max}$为部件最大扣分值，J为家族缺陷扣分值。

部件状态量最大扣分值确定原则，直接危及设备或人身安全的状态量最大扣分值为40分；严重影响设备或人身安全的状态量最大扣分值为30分；对设备或人身的安全有一定影响的最大扣分值为20分。设备单元中有2个及以上相同的部件时，相同部件得分如下：相同部件都在正常状态时，该相同部件得分取算数平均值；有一个及以上部件得分在正常状态以下时，取相同部件得分中最低值。

2. 设备单元评价

所有部件在正常状态时，该设备单元的状态为正常状态，最后得分为各部件的加权值，算法如下：

$$M = \sum (K_P \times M_P) \tag{6.3}$$

式中，M为单元得分值，K_P为部件权重，M_P为部件得分值。

当有一个部件及以上得分值在正常状态以下(注意、异常、严重状态)时，该设备单元的状态为最差部件的状态，最后得分为最差部件的分值，算法如下：

$$M = \min M_P \tag{6.4}$$

式中，M为单元得分值，M_P为最差部件得分值。

部件权重的分配根据部件在设备单元中的作用重要程度，给每个部件分配其权重，用K_P表示，各部件权重之和为1，电缆线段(线路)权重分配见表6.8。

表6.8　电缆线段各部件状态评价表

部件	评价范围	状态量	权重(K_P)
电缆本体P1	电缆本体	线路负荷、绝缘电阻、破损、变形、防火阻燃、埋深	0.20
电缆终端P2	电缆终端头	污秽、完整、防火阻燃、温度	0.20
电缆中间接头P3	电缆中间头	温度、运行环境、防火阻燃、完整	0.20
接地系统P4	接地引下线	接地引下线外观、接地电阻	0.10
电缆通道P5	电缆井、电缆管沟、电缆桥架、电缆支架、电缆线路保护区	电缆井环境，电缆管沟环境，防火阻燃，明敷电缆与管道之间距离，直埋电缆与电缆、管道、道路、构筑物等之间的距离，电缆线路保护区运行环境	0.15
辅助设施P6	电缆金具、围栏、保护管、各类设备标识、警示标识	锈蚀、牢固、标识齐全	0.15

注：K_P中，P=1～6。

电缆线段(线路)评分表和评价报告范本见表6.9、表6.10。

表6.9　配电电缆线段状态评价评分表

设备单元命名:　　　　设备型号:　　　　生产日期:

出厂编号:　　　　投运日期:

序号	部件	状态量	标准要求	评分标准	扣分
1	电缆本体P1	线路负荷	线路负荷不超过额定负荷	负荷超过80%额定负荷时扣20分,超负荷扣40分	
2		绝缘电阻	耐压试验前后,主绝缘电阻测量应无明显变化。与初值比较没有显著差别	视实际情况酌情扣分	
3		破损、变形	电缆外观无破损、无明显变形	轻微破损、变形每处扣5分;明显破损、变形每处扣25分;严重破损、变形每处扣40分	
4		防火阻燃	满足设计要求:一般要求不得重叠,减少交叉;交叉处需用防火隔板隔开	视差异情况的情扣分,最多扣40分	
5		埋深	满足GB 50168—2018直埋电缆的敷设要求	视差异情况酌情扣分,最多扣40分	
$m_1=$			$M_1=m_1-Q_{max}-J=$	状态:	
6	电缆终端P2	污秽	无积污、闪络痕迹	表面有污秽扣10分;表面污秽严重无闪络痕迹的扣20分;表面污秽并闪络痕迹有电晕扣40分	
7		完整	无破损	略有破损、缺失扣10~20分;有破损、缺失扣30分;有严重破损、缺失扣40分	
8		防火阻燃	进出建筑物和开关柜需有防火阻燃及防小动物措施	措施不完善扣20分,无措施扣40分	
9		温度	① 相间温度差小于10 K。 ② 接头温度小于75 ℃	温度大于75 ℃,扣20分;温度大于80 ℃,扣30分;温度大于100 ℃,扣40分。合计取两项扣分中的较大值	

续表

序号	部件	状态量	标准要求	评分标准	扣分
$m_2=$			$M_2=m_2-Q_{max}-J=$	状态:	
10	电缆中间接头P3	温度	无异常发热现象	有异常现象酌情扣分	
11		运行环境	不被水浸泡和杂物堆压	被污水浸泡、杂物堆压，水深超过1 m扣30分；其他情况视实际情况酌情扣分	
12		防火阻燃	满足设计要求：一般要求电缆接头采用防火涂料进行表面阻燃处理；在相邻电缆上绕包阻燃带或刷防火涂料	措施不完善扣20分，无措施扣40分	
13		破损	中间头无明显破损	中间头有明显破损痕迹扣40分；其他视实际情况酌情扣分	
$m_3=$			$M_3=m_3-Q_{max}-J=$	状态:	
14	接地系统P4	接地引下线外观	连接牢固，接地良好，引下线截面积不得小于25 mm²铜芯线或镀锌铜绞线，35 mm²钢芯铝绞线。接地棒直径不得小于ϕ12 mm的圆钢或40×4的扁钢。埋深耕地不小于0.8 m，非耕地不小于0.6 m	① 无明显接地扣15分，连接松动、接地不良扣25分，出现断开、断裂扣40分。 ② 引下线截面积不满足要求扣30分。 ③ 接地引线轻微锈蚀[小于截面直径(厚度)10%]扣10分，中度锈蚀[大于截面直径(厚度)10%]扣15分，较严重锈蚀[大于截面直径(厚度)20%]扣30分，严重锈蚀[大于截面直径(厚度)30%]扣40分。 ④ 埋深不足扣20分	
15		接地电阻	接地电阻不大于10 Ω	不符合要求扣30分	
$m_4=$			$M_4=m_4-Q_{max}-J=$	状态:	
16	电缆通道P5	电缆井环境	井内无积水、杂物；基础无破损、下沉，盖板无破损、缺失且平整	电力电缆井内积水未碰到电缆扣10分，井内积水浸泡电缆或有杂物扣20分，井内积水浸泡电缆或杂物危及设备安全扣30分。 基础破损、下沉的视情况扣10~40分，盖板破损、缺失、不平整扣10~40分	

序号	部件	状态量	标准要求	评分标准	扣分
17		电缆管沟环境	无积水、无下沉	积清水扣10分，井内积污水扣20分，沟体下沉扣40分	
18		防火阻燃	满足设计要求：一般要求对电缆可能着火导致严重事故的回路、易受外部影响波及火灾的电缆密集场所，应有适当的阻火分隔	措施不完善扣20分，无措施扣40分	
19		明敷电缆与管道之间距离	符合GB 50217的要求	不符合扣10~40分，危及人身和设备安全扣40分	
20		直埋电缆与电缆、管道、道路、构筑物等之间距离	符合GB 50217的要求	不符合扣10~40分，危及人身和设备安全扣40分	
21		电缆线路保护区运行环境	电缆线路通道的路面正常，电缆线路保护区内无施工开挖，电缆沟体上无违章建筑及堆积物	不符合要求扣10~40分	
$m_5=$			$M_5=m_5-Q_{max}-J=$	状态:	
22	辅助设施P6	锈蚀	无锈烛	轻微锈蚀不扣分，中度锈蚀扣20分，严重锈蚀扣30分	
23		牢固	各辅助设备安装牢固、可靠	松动不可靠扣30分；其他情况视实际情况酌情扣分	
24		标识齐全	设备标识和警示标识齐全、准确、完好	① 安装高度达不到要求扣5分。 ② 标识错误扣30分。 ③ 无标识或缺少标识扣30分	
$m_6=$			$M_6=m_6-Q_{max}-J=$	状态:	
单元评价结果:					

续表

序号	部件	状态量	标准要求	评分标准	扣分
评价得分： ① 所有部件得分值大于85分时：$M=\sum(K_P \times M_P)$，$P=1\sim6$ ($K_1=0.2, K_2=0.2, K_3=0.2, K_4=0.1, K_5=0.15, K_6=0.15$) ② 有1个及以上部件得分值少于或等于85分时：$M=\min M_P=1$、6					
评价状态： □正常　□注意　□异常　□严重					
注意、异常及严重设备原因分析(所有15分及以上的扣分项均在此栏中反映)：					
处理建议：					
评价：				审核：	

表6.10　电缆线段单元状态评价报告范本

单位名称：__________　　设备所属班组：______________

单元名称：__________　　评价时间：_____年____月____日

单元概况	安装地点		投运日期	
	地区特征		重要程度	
	电缆型号		电缆规格	
	长度		电缆中间头数量	
上次评价结果/时间				

本次评价结果						
部件评价指标	电缆本体	电缆终端	电缆中间接头	接地系统	电缆通道	辅助设施
状态定级						
得分值						
单元评价结果：	□正常状态	□注意状态	□异常状态	□严重状态		
扣分状态量 状态概述						

班组检修建议	
配电运维单位(工区)审核意见	

编制：　　　　校核：　　　　审核：　　　　批准：

(五) 配电电缆的状态检测

配电电缆线路状态检测试验包括交接试验、例行试验和诊断性试验,并基于交接试验、例行试验、诊断性试验、家族缺陷、运行信息等获取的状态信息,包括其现象、量值大小以及发展趋势,结合同类设备的比较做出综合判断。一般依据例行试验与诊断性试验的状态结论中最严重状态进行认定。

1. 交接试验

交接试验包括电缆主绝缘及外护套绝缘电阻测量、主绝缘交流耐压试验和电缆两端的相位检查,具备条件的宜开展局部放电检测和介质损耗检测。对已投运电缆段或故障等原因重新安装电缆附件的电缆线路,按照非新投运线路要求执行。对整段电缆和附件全部更换的线路,按照新投运线路要求执行。

2. 例行试验

例行试验包括红外测温、超声波局部放电检测、暂态地电压局部放电检测、接地电阻检测和主绝缘及外护套绝缘电阻检测。例行试验中红外测温试验每年不少于2次。超声波局部放电检测、暂态地电压局部放电检测、金属屏蔽接地电流检测试验每年不少于1次,可同步开展。接地电阻检测投运后3年内开展1次,后期每5年开展1次或大修后开展。特殊条件下的试验周期按照Q/GDW 1643要求执行。例行试验中,评价结论为注意状态的电缆线路应缩短检测周期,具备条件应开展诊断性试验,对缺陷进行定位修复;对评价结论为异常状态线路的应立即开展诊断性试验或停电检修,对缺陷进行定位修复,修复后按非全新电缆线路交接试验要求开展试验。

3. 诊断性试验

局部放电检测试验和介质损耗检测试验应在线路投运5年内结合停电检修计划开展一次。运行年限5以上年电缆线路可结合设备重要程度、实际需求、状态评价结果及状态量变化规律开展。

对评价结论为注意状态的电缆线路应缩短带电检测试验周期,加强跟踪分析或开展停电检测试验，试验周期不应高于5年，具备条件时应对缺陷进行定位修复；对评价结论为异常的电缆线路应立即开展停电检修，对缺陷进行定位修复，修复后按非全新电缆线路交接试验要求开展试验。对于运行年限超过20年的配电电缆线路，应降低离线诊断性试验执行频度，对于注意线路应立即开展检修或更换，如需开展耐压试验，具备条件应采用20～300 Hz交流耐压试验。

二、配电电缆的缺陷管理

缺陷管理是保障配电电缆及其通道正常运行的重要措施。应按照《电力电缆及通道运维规程》(Q/GDW 1512)、《配电网设备缺陷分类标准》(Q/GDW 745)要求，规范电力电缆及其通道的缺陷管理流程，实现闭环管理，避免缺陷发展成故障。并应定期开展缺陷的统计、分析和报送工作，及时掌握缺陷消除情况和产生原因，采取针对性措施。

配电电缆及通道缺陷分为危急缺陷、严重缺陷、一般缺陷三类。危急缺陷消除时间不得超过1天；严重缺陷应在7天内消除；一般缺陷可结合检修计划尽早消除，但必须处于可控状态。配电电缆及通道缺陷未消缺前，运维单位应加强监视，必要时制定相应应急措施。

1. 危急缺陷

严重威胁设备的安全运行，不及时处理，随时有可能导致事故的发生，必须尽快消除或采取必要的安全技术措施进行处理的缺陷。发现危急缺陷应迅速向班组长、上级运维管理部门运维专责及分管领导报告，并立即采取临时安全措施；对危及设备和人身安全的缺陷，应立即采取可行的隔离措施，根据现场情况取得相关部门协助，并留守现场直到抢修人员到达。处理完毕后，1个工作日内对缺陷处理情况进行补录。

2. 严重缺陷

设备处于异常状态可能发展为事故，但设备仍可在一定时间内继续运行，须加强监视并进行大修处理的缺陷。应在1个工作日内将缺陷信息提交班组长审核并立即通知班组长，班组长应立即对缺陷进行审核并向上级运维管理部门运维专责汇报，在7天内采取措施安排处理消除。

3. 一般缺陷

设备本身及周围环境出现不正常情况，一般不威胁设备的安全运行，可列入小修计划进行处理的缺陷。应在3个工作日内将缺陷信息提交班长审核，班组长审核后交上级运维管理部门运维专责审核，运维专责核对并评价缺陷等级后，按照状态检修原则纳入检修周期进行消缺安排，可列入年、季度检修计划或日常维护工作中消除。不需要停电处理的一般缺陷应在6个月内消除。

三、配电电缆的隐患管理

安全隐患指的是超出消缺周期仍未消除的设备危急缺陷和严重缺陷，被判定为安全隐患的设备缺陷，应继续按照设备缺陷管理规定进行处理，同时纳入安全隐患管理流程进行闭环督办。定期隐患排查1年1次，并根据设备运行情况和特殊时期安排动态排查。

1. 隐患排查方式

一是查阅相关资料进行排查，主要包括查阅设备出厂资料，设备运行现场实地查看，查看设备运行规范、巡视记录、运行工况，查看设备检修记录、试验报告。二是通过巡视检查、带电检测、在线监测、停电试验以及维护检修进行排查。

2. 隐患重点排查内容

追溯设备在设计、出厂、现场安装调试、验收阶段存在的隐患。排查设备的运行工况异常以及运行巡视管理中存在的隐患。排查设备的检修试验结果异常情况、试验项目完整情况、试验周期是否满足要求等隐患。

四、配电电缆状态评价典型案例

（一）10 kV瑞山114线#1分支箱#2出线单元#005-026杆避雷器红外测温危急缺陷

2015年1月7日上午10时02分，架空线路及设备例行巡检中，红外测温发现220 kV瑞丰变电所10 kV瑞山114线#1分支箱#2出线单元#005-026杆避雷器C相引线与设备线夹的接头处测温异常，温度达到429.4 ℃，正常相温度为3.7 ℃，见图6.11。经观察发现C相避雷器被击穿，因为避雷器已烧断，所以线路暂未发生接地故障。

该10 kV瑞山114线位于市经济开发区，于2006年投入运行，击穿避雷器为HY5WS型氧化锌避雷器，线路负荷主要为小区居民用电。1月6日芜湖天气为中雨，1月7日天晴，从OPEN-3000能量管理系统中可查出，红外检测时10 kV瑞山114线负荷电流为104 A。

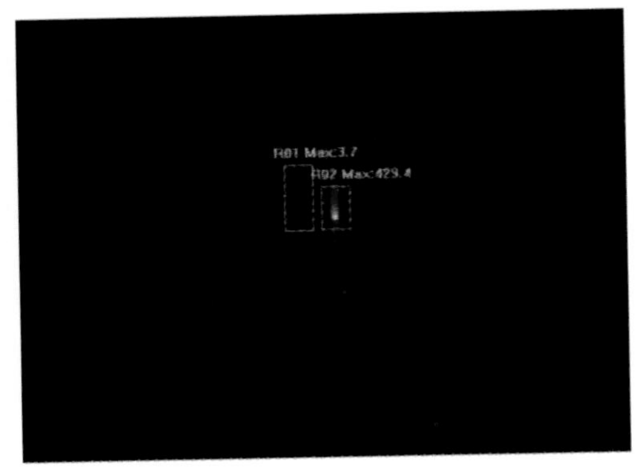

图6.11　可见光及红外检测照片

红外热像特征：以线夹和接头为中心的热像，热点明显。

故障特征：接触不良。

红外测试温度：B相温度3.7 ℃，C相温度429.4 ℃，环境温度为10 ℃。

参照《带电设备红外诊断应用规范》（DL/T 664）附录A.1电流致热型设备缺陷诊断判据：

缺陷性质：一般缺陷（温差不超过15 K）；严重缺陷（热点温度>80 ℃或$\delta \geqslant 80\%$）；危急缺陷（热点温度>110 ℃或$\delta \geqslant 95\%$）。此设备热点温度>110 ℃，因此属于危急缺陷。

按照《配网设备状态评价导则》附表A.6金属氧化物避雷器状态评价评分表（表6.11）进行评分。避雷器本体与电气连接部位存在异常升温，扣30分，设备处于严重状态。

表6.11 《配网设备状态评价导则》附表A.6

完整	无破损	略有破损、缺失扣10～20分；有破损、缺失扣30分；严重破损、缺失扣40分
温差	本体及电气连接部位无异常温升	正常不扣分，异常扣30分
污秽	外观清洁	污秽较严重的扣20分；污秽严重，雾天（阴雨天）有明显放电的扣30分、有严重放电的扣40分

根据《配网设备状态检修导则》附录A：

注意、异常、严重状态的配网设备检修原则表A.6：设备处于严重状态，应限时安排E类（在设备带电情况下进行等电位检修消缺）或A类（设备全部或大部分部件解体、返厂检查更换）检修。

配电运维班按照检修策略限时安排A类检修，于1月7日下午14点，填用配电线路事故应急抢修单，对10 kV瑞山114线#1分支箱#2出线单元#005-026杆避雷器及C相设备线夹进行更换。现场采集的缺陷照片见图6.12。

图6.12 避雷器及C相设备线夹现场照片

缺陷原因分析：220 kV瑞丰变10 kV瑞山114线于2006年投入运行，已接近10年。

运行期间，雷击故障或避雷器本体破损受潮导致避雷器绝缘受损而被击穿烧断，C相避雷器上桩头残件及其引线与B相电缆热缩管搭接，导致温度异常。

（二）10 kV鸠阳122线#6分支箱3#间隔鸠阳122开关开关柜局放检测异常状态

2014年7月21日，××公司配电运维班在对10 kV鸠阳122线#6分支箱3#间隔鸠阳122开关开关柜进行例行局放检测过程中，发现开关柜放电声较强，最大幅值达11 dB；TEV检测最大幅值达4 dB。

根据国家电网公司《电力设备带电检测技术规范（试行）》：放电声幅值>8 dB，且<15 dB，达到异常标准；TEV幅值相对值<20 dB，未达到缺陷标准。

检测方法：暂态地电压局放检测、超声波局放检测。

由检测数据及超声图谱，根据国家电网公司《电力设备带电检测技术规范（试行）》，10 kV鸠阳122线#6分支箱－#3间隔鸠阳122开关开关柜放电声最大幅值11 dB，大于8 dB且小于15 dB，达到异常标准。

根据《配网状态检修评价导则》（Q/GDW 644），存在异常放电声音，扣30分，应及时安排B类（对设备部分部件进行解体检查、维修更换，局部检修）或A类（设备全部或大部分部件解体、返厂检查更换）检修。

停电检查，电缆桩头封帽放电现象明显：停电后对电缆头进行拆解，发现电缆桩头通过绝缘封帽表面对外部放电，绝缘封帽表面可见明显放电痕迹，见图6.13。对电缆T头的绝缘堵帽进行了更换。

图6.13 电缆桩头放电照片

缺陷原因分析：检测前，巡视发现开关柜内部运行环境潮湿，电缆头存在污秽，运行状况不佳。环境潮湿、灰尘导致局放增强，最终引起材质劣化、绝缘性能下降。

根据测量结果，上报停电计划，消除10 kV鸠阳122线6#分支箱－3#鸠阳122开关电缆头放电缺陷。

第七章　配电电缆及通道防火

第一节　配电电缆火灾事故特点

一、整体情况

电缆敷设环境相对封闭难以巡检，其火灾风险随着投入运行年限的增加逐渐累积，一旦因绝缘老化、过载、接触不良、外力破坏等问题发生火灾，轻则导致设备损坏，重则烧毁变配电设备造成大面积停电，严重影响配电网安全和正常供电。

资料显示，2021年中国电气火灾占各类火灾的28.4%，居各类火灾之首，其中电缆引起的火灾占电气火灾的64.1%，如图7.1所示，可见电缆火灾极大地威胁着电网安全。相关火灾所造成的损失非常严重，社会负面影响极大，历年典型配电电缆火灾事故详见表7.1。

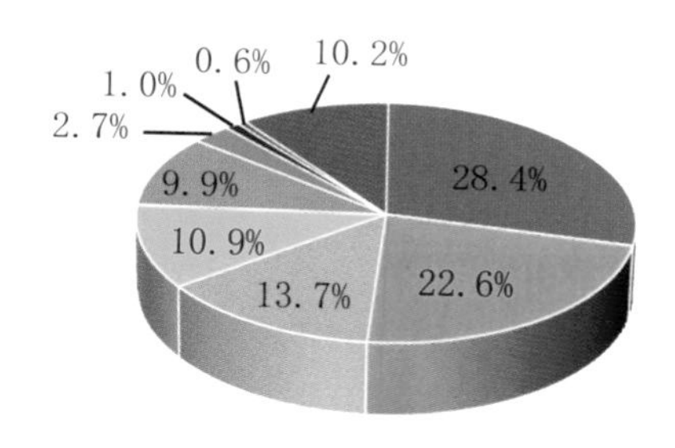

(a) 电气火灾占各类火灾的28.4%　　(b) 电缆引起的火灾占电气火灾的64.1%

图7.1　电气火灾及电缆原因占比

表7.1　配电电缆火灾事故案例统计表

序号	时间	地点	事故原因	事故后果
1	2017年11月18日	北京大兴区西红门镇一处“三合一”场所	聚氨酯保温材料内的电气线路故障所致	造成19死8伤

续表

序号	时间	地点	事故原因	事故后果
2	2017年9月3日	合肥高刘路与潜山路交口，一栋26层高的在建综合楼	阴雨天用电设备受潮短路，或遭受外力破坏等原因导致26楼顶楼的电力管道井内起火	从26楼顶楼的电力管道井内起火，一直烧到20楼，电力管道井内起火一共烧了6层，导致综合楼顶端黑烟四起
3	2017年3月8日	商丘市梁园区某小区	电缆井内电气线路故障	小区4号楼14楼道电缆井处，楼内大量居民被困，浓烟充满整个楼道，导致楼内居民被困
4	2015年7月11日	武汉汉阳紫荆嘉苑小区电缆井	天气炎热，电缆井线路老化易自燃	由于大量浓烟往上蹿，23楼以上的住户呼吸困难，伤亡者大多数为23层以上住户。事故造成7死12伤
5	2014年10月5日	新泽西Penrose火灾事故	电缆沟槽中11 kV PILC(油纸绝缘)到XLPE过渡处的电弧引发。	事故导致火灾发生过程中共有75339名客户断电，断电超过24小时的客户数量达到20257
6	2014年2月15日	湖南省益阳市某大厦二层电井	配电房电缆老化短路引发火灾	造成大厦2～32层弱电井线路设备全部被烧毁，七层电梯前室过火
7	2013年8月20日	西安市大庆路地铁一号线开远门站施工地	高温天气下老式电缆老化导致火灾	导致110千伏枣园变、桃园变7条10千伏线路相继跳闸、7条电缆均受到损伤，约400余户居民用电受到影响
8	2013年7月24日	陕西澄城硫磺矿	工人在井下维修风井时电缆失火，导致火灾发生	澄城县硫磺矿发生井下燃烧事故，导致27名工人被困井下，造成10人死亡
9	2013年1月18日	吉林省某公司矿井	由井筒内电缆起火引起，引燃井壁护帮的板棚及木罐道	重大火灾事故造成10死28伤(其中1人重伤)
10	2013年1月14日	南宁市某大厦C座线缆竖井	线路短路引发火灾	线缆竖井里面的线缆被烧焦，起火的位置是4楼的线缆竖井，从4楼一直烧到16楼
11	2013年1月6日	济南市历下区某大楼	电缆桥架内强电电缆对金属桥架放电，电弧高温引燃电线绝缘层等可燃物	过火面积24 m^2，无人员伤亡，直接经济损失7.5万元。过火区域主要是一至十六楼的电缆井内
12	2012年7月24日	天河区天河路某公寓负一层弱电管井	弱电井房内弱电设备电源线路故障引起火灾	火灾引起的高温烟气引燃管井内的电线电缆沿管井向上蔓延扩大

续表

序号	时间	地点	事故原因	事故后果
13	2011年8月23日	广东省佛山市三水区某公司综合大楼	吊顶内的铁质电线槽内电线短路，产生高温熔珠引燃可燃物所致。	造成15死，1人重伤
14	2011年4月22日	青岛市市北区某小区一高层住宅单元电缆竖井	3号建筑竖井电缆线路短路。	火势正从地下一层沿电缆井道向地上楼层迅速蔓延，幸未造成人员伤亡
15	2011年2月28日	某变电站	由于小偷盗割10kV C段带电电缆铜屏蔽层，导致电缆绝缘层受损，造成C段电缆故障。	C段电缆起弧燃烧造成相邻的D段电缆故障，D段电缆故障起弧燃烧，又造成相邻的4条电缆故障，造成事故扩大，烧毁沟道内电缆，并造成电缆沟道燃烧
16	2010年8月6日	山东省招远市某矿业公司	电缆不明原因起火	16名矿工死亡
17	2010年8月4日	济南历城区花园路与化纤路交叉口东侧一变电站	地下电缆因高温超负荷高压线路故障	城区大面积停电
18	2010年7月18日	陕西省东部某煤矿	煤矿井下发生电缆着火	现场作业的28名矿工全部遇难
19	2010年3月15日	新密市某公司主井西大巷第一绕巷	火灾源于井下电缆线起火	经过5个多小时的全力营救，6人安全升井，25名矿工死亡
20	2010年1月8日	江西新余庙上煤矿	电缆不明原因短路	12人死亡
21	2010年1月5日	湖南湘潭县某煤矿井下240 m处	在生产过程中电缆起火	导致25名矿工死亡，另有9人下落不明

二、电缆火灾事故特点

针对上述诸多惨重的事故教训，相关学者对电力电缆通道火灾的特点进行大量的实证研究，发现电力电缆通道火灾的特点如下：

1. 起火迅速，火势猛烈，不易控制

电缆绝缘层主要有油浸绝缘层、橡胶绝缘层、塑料绝缘层和无机绝缘层4种，由纸、布、棉纱、塑料、橡胶等可燃材料组成。一般情况下电缆以爆燃形式起火燃烧，着火后顺着电缆呈线形燃烧，像点燃后的蚊香，烟大、火小、速度慢。

特别是电缆竖井内的孔洞给火灾的蔓延提供途径，自然通风助火势，火大烟浓，蔓延速度很快；电缆竖井的高差形成自然抽风，会形成立体燃烧，火势更快，即“烟囱效应”，见图7.2；管道井空隙多也会助长火势蔓延，一旦电缆沟内发生电缆爆燃，即使断电，火势也很难控制，火势沿着电缆群会很快延燃扩大。

(a) 烟囱效应现场示意图

(b) 烟囱效应原理示意图

图7.2　烟囱效应

2. 发烟量大且燃烧产物有毒，严重威胁人员生命安全

目前我国生产的电缆，绝大部分是聚氯乙烯绝缘和交联聚乙烯绝缘电缆。聚氯乙烯含有卤素，在燃烧时会释放出大量含HCl、CO等的有毒气体且烟浓度较大。一旦发生火灾，大量烟尘不但导致火场能见度降低、影响人员逃离火灾现场，而且烟气的刺激性、麻醉性会对人体造成窒息、中毒、甚至死亡的严重后果。

3. 火灾初期难以发现

电缆大多铺设在隐蔽空间中，如地下空间、垂直竖井空间以及天花板顶部空间等，这些隐蔽性很强的空间，往往不易被观察到。由于火灾自动报警装置长期处于闷热、潮湿的封闭环境中，极易引起探头的误报，造成监控人员对报警失去警觉，从而对火灾的初期很难做到及时发现、有效控制。

4. 抢救灭火困难

电缆沟一般地方狭小，现有的消防器具往往难以充分投入，使得火势不能被遏止在小范围内并短时扑灭。电缆燃烧产生的卤素气体通过缝隙、孔洞会弥漫到电气装置室内，遇潮气形成稀盐酸附着在电气设备、动力盘、控制和保护屏等各装置上，并形成一层导电膜，严重降低设备和接线回路的绝缘性能，在火被扑灭后仍影响安全运行。即使采用绝缘清洗剂清洗效果也不佳，形成二次危害。

5. 损失严重，影响范围广

电缆火灾后，不仅直接烧损大量电缆，还会引起控制回路失灵甚至损坏主设备，极易造成事故扩大，且恢复运行时间长、难度大，造成长期停电，严重影响电网安全稳定运行和供电可靠性。

三、电缆火灾事故原因分析

引发电缆事故的原因分内部和外界因素。统计资料表明：由电缆本身短路、老化及绝缘性能下降等内因引起的火灾约占25%，由外部火源引燃电缆等外因引起的火灾约占75%。电力电缆通道火灾事故具体成因如下：

1. 电缆本身质量或者安装敷设工艺不过关

例如某变电所，电缆竖井内电缆因低温安装使电缆内相间绝缘受损或固有绝缘不良，造成相间短路放电着火。又如电缆敷设位置过于靠近高温管道，而又缺乏有效的隔热措施，使电缆长期处于高温环境或长期过负荷，绝缘材料老化、绝缘性能下降，被击穿引燃。

2. 长期运行或过负荷绝缘老化击穿短路起火

例如2000年5月3日，济钢一炼钢#1转炉下电缆封闭桥架(通道)因电缆头老化、发热、引燃电缆；2002年10月4日，某发电厂#9机组某电缆隧道内一根6 kV电缆中间接头运行中发热引起短路爆炸，引燃周围四层电缆架上的所有高低压电缆；2002年10月26日，沈阳市某变电所，由于电量增大造成电缆短路，引起变电站爆炸和起火，造成居民楼及学校等大面积停电17 h。

3. 受外力机械损伤或其他原因，绝缘破坏短路起火

例如2006年4月6日，吉林某220 kV变电站电缆隧道内电缆绝缘损伤，电缆短路着火，周边几个变电站停电，损失负荷约48 MW，电量81.5 MWh；2007年1月23日，山东某变电站，不明外力导致电缆起火，致使内部设备几乎全部烧毁，部分供电系统瘫痪，造成大约2000余户居民供电中断。

4. 其他电气设备故障、运行方式不正确

例如2004年10月29日，广西某变电所，变压器超负荷运行和变压器低压侧接线错误，导致橡套电缆短路，产生电弧火花，点燃绝缘油及变压器油，致30人遇难，经济损失198.8万；2004年12月22日，海口某110 kV变电站，用户#3开闭所事故，导致10 kV#3馈线电缆接地故障，造成10 kV母线故障，使#2主变事故跳闸、全站停电，部分变电设备被烧毁，损失严重。

5. 其他杂物起火导致电缆着火

例如，2006年8月25日，北京西站东侧小马厂附近一高压变电站，地下隧道一仪器首先起火，引燃了电缆，导致某大厦及数十栋住宅停电。

第二节　配电电缆线路防火要求

本节从配电电缆工程规划设计阶段和运行维护阶段两个方面收集了国家标准、电力行业标准以及国网公司标准中关于配电电缆及通道火灾防护相关的要求，供配电电

缆运维单位和人员参考。

一、规划设计阶段

① 配电电缆线路的防火设施必须与主体工程同时设计、同时施工、同时验收，防火设施未验收合格的配电电缆线路不得投入运行。

② 开关站、配电室内同一电源的配电电缆线路同通道敷设时应双侧布置。同一通道内不同电压等级的配电电缆，应按照电压等级的高低从下向上排列，分层敷设在配电电缆支架上。

③ 在隧道及开关站、配电室夹层宜选用阻燃配电电缆，其成束阻燃性能应不低于C级。与配电电缆同通道敷设的通信光缆等应穿入阻燃管，或采取其他防火隔离措施。

④ 中性点非有效接地方式且允许带故障运行的配电电缆线路不应与110 kV及以上电压等级电缆线路共用隧道、电缆沟、综合管廊电力舱。

⑤ 非直埋配电电缆接头的外护层及接地线应包覆阻燃材料。密集区域（10回及以上）的配电电缆接头应选用防火槽盒、防火隔板、防火毯、防爆壳等防火防爆隔离措施。

⑥ 隧道、竖井、开关站、配电室电缆夹层应采取防火墙、防火隔板及封堵等防火措施。防火墙、阻火隔板和防火封堵应满足耐火极限不低于1h的耐火完整性、隔热性要求。

⑦ 建筑内的配电电缆井在每层楼板处采用不低于楼板耐火极限的不燃材料或防火封堵材料封堵。

⑧ 开关站、配电室电缆夹层宜安装温度、烟气监视报警器，重要的配电电缆隧道应安装火灾探测报警装置，并应定期检测。

⑨ 配电电缆通道接近加油站类构筑物时，通道（含工作井）与加油站地下直埋式油罐的安全距离应满足《汽车加油加气加氢站技术标准》（GB 50156）的要求，且加油站建筑红线内不应设工作井。

⑩ 配电电缆线路防火重点部位的出入口，应按设计要求设置防火门或防火卷帘。

⑪ 配电阻燃电缆应开展阻燃性能到货抽检试验，以及阻燃防火材料（防火槽盒、防火隔板、阻燃管）防火性能到货抽检试验。

二、运行维护阶段

① 配电电缆与输送甲、乙、丙类液体管道、可燃气体管道、热力管道敷设在同一隧道或沟道的，应采用防火防爆隔离及隔热措施，并安排计划将配电电缆逐步移出。

② 密集区域（10回及以上）的配电电缆在役接头应加装防火槽盒或采取其他防火隔离措施。

③ 与110(66)kV及以上电压等级电缆线路共用隧道、电缆沟、综合管廊电力舱的配电电缆线路应做好防火隔离措施，其中中性点非有效接地方式的配电电缆线路，应开展中性点接地方式改造，或在发生接地故障时立即拉开故障线路，宜安排计划逐步移出配电电缆线路。

④ 开关站、配电室电缆夹层内在役接头应逐步移出，配电电缆线路切改或故障抢

修时，应将接头布置在站外的配电电缆通道内。

⑤ 配电电缆通道、夹层应保持整洁、畅通，消除各类火灾隐患，通道沿线及其内部、隧道通风口(亭)外部不得积存易燃、易爆物。

⑥ 配电电缆通道临近易燃、易爆或腐蚀性介质的存储容器、输送管道时，应加强监视并采取防火防爆隔离及隔热措施，防止其渗漏进入配电电缆通道。

⑦ 在配电电缆通道、夹层内使用的临时电源应满足绝缘、防火、防潮要求，并配置漏电保护器。工作人员撤离时应立即断开电源。

⑧ 施工过程中产生的配电电缆孔洞应加装防火封堵，受损的防火设施应及时恢复。

⑨ 配电电缆应按周期进行温度检测，发现问题应按缺陷管理要求及时整改，温度检测的内容包括：

a. 多条并联运行的配电电缆以及配电电缆线路靠近热力管或其他热源、电缆排列密集处，应进行土壤温度和电缆表面温度监视测量，以防电缆过热。

b. 测量配电电缆的温度，应在夏季或电缆最大负荷时进行。

c. 测量直埋配电电缆温度时，应测量同地段的土壤温度，测量土壤温度的热偶温度计的装置点与电缆间的距离不应小于 3 m，离土壤测量点 3 m 半径范围内应无其他热源。

d. 配电电缆同地下热力管交叉或接近敷设时，电缆周围的土壤温度在任何时候不应超过本地段其他地方同样深度的土壤温度 10 ℃以上。

⑩ 架空配电线路的电缆终端头应按周期进行防火巡视，发现问题应按缺陷管理要求及时整改，防火巡视内容包括：

a. 连接部位是否良好，有无过热现象，相间及对地距离是否符合要求。

b. 电缆终端头和避雷器固定是否出现松动、锈蚀等现象。

c. 电缆终端有无放电现象。

d. 电缆终端是否完整，有无开裂、积灰、电蚀或放电痕迹。

e. 电缆终端是否有不满足安全距离的异物，是否有倾斜现象，引流线不应过紧。

第三节　配电电缆防火措施及其巡视要点

配电电缆及通道防火技术手段目前主要分为被动防火手段和主动防火手段。其中被动防火系指用封、堵、隔板、涂料、包带、槽盒等措施或选用阻燃耐火电缆，防火封堵被大量应用于电缆竖井、电缆沟、电缆引入口、设备引入口、电缆桥架等位置，被动防火的特点是比较隐蔽，更具普遍性、可靠性、长久性和经济性。主动防火系指利用火灾自动报警、灭火、防排烟等设施，发现早期火灾进行初期灭火、主动扑救和火势控制，包括火灾报警系统、烟气控制、探测技术及自动灭火系统(超细干粉灭火弹、水喷雾)等措施，其主要特点是防护技术性更强，更具科学性和灵活性，但是投资较大。

下面简要介绍各种防火技术手段及其运维要点。

一、配电电缆被动防火技术措施

（一）选用阻燃耐火电缆

我国绝缘电力电缆按燃烧特性分为：阻燃电力电缆、耐火电力电缆、低卤低烟电力电缆、无卤低烟电力电缆。阻燃电力电缆是最早研制出的防火电缆之一，能有效地防止火焰沿电缆槽沟、电缆竖井等电缆敷设密集部位迅速蔓延而扩大火灾范围。耐火电力电缆有一层耐火层，将导体和绝缘层隔离开，确保电缆线路的完好。低卤低烟电力电缆和无卤低烟电力电缆就是在制作电力电缆的电缆料中使用无卤聚合物材料并添加无卤阻燃剂，可得到燃烧时不产生有毒的腐蚀性气体的无卤电力电缆。常见阻燃电缆分类及代号如表7.2所示。

需要注意的是，阻燃电缆不是完全不会燃烧的电缆，国家标准关于阻燃C级的试验规定是供火时间为20 min，若炭化部分达到的高度不超过2.5 m，则确定试验结果合格，其中引火源为丙烷气体，燃烧温度在2000 ℃左右，但是电弧温度在3000～4000 ℃之间，短路电弧仍会引燃阻燃电缆。

表7.2　常见阻燃电缆分类及代号

系列名称		代号	名称
阻燃系列	含卤	ZA	阻燃A类
		ZB	阻燃B类
		ZC	阻燃C类
		ZD	阻燃D类
	无卤低烟	WDZ	无卤低烟单根阻燃
		WDZA	无卤低烟阻燃A类
		WDZB	无卤低烟阻燃B类
		WDZC	无卤低烟阻燃C类
		WDZD	无卤低烟阻燃D类
	无卤低烟低毒*	WDUZ	无卤低烟低毒单根阻燃
		WDUZA	无卤低烟低毒阻燃A类
		WDUZB	无卤低烟低毒阻燃B类
		WDUZC	无卤低烟低毒阻燃C类
		WDUZD	无卤低烟低毒阻燃D类

*根据电线电缆或光缆使用场合选择使用，可包括空间较小或环境相对密闭的人员密集场所等。

（二）防火封堵

防火封堵是采用防火封堵材料对空开口、贯穿孔口、缝隙进行密封或填塞使其在规定的耐火时间内与相应构件协同工作，以阻止热量、火焰和烟气蔓延扩散。常见电缆工程防火封堵如图7.3所示。

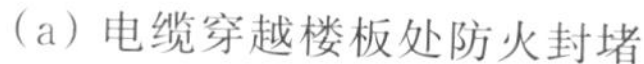
(a) 电缆穿越楼板处防火封堵

(b) 电缆穿越开关柜处防火封堵

图7.3　常见电缆工程防火封堵

封堵和阻火处理有贯穿孔洞及缝隙、建筑缝隙、电缆等可燃管线、导热管道、风管等中空管道、各类沟(廊)、槽、竖井和夹层等,《建筑设计防火规范》(GB 50016)中防火封堵的设置位置和设置标准如表7.3所示。

表7.3　防火封堵的设置位置和设置标准

工程分类	楼板 (1 h/1.5 h)	防火墙(严禁可燃物输送管道穿越)(3 h/4 h)	防火隔墙 (1 h/2 h/2.5 h/3 h)	条文
难燃及可燃或高温形变管道	孔隙,宜楼板两侧采取阻火措施	孔隙,应在墙两侧管道采取防火措施	孔隙,宜楼板两侧采取阻火措施	No 6.1.6 No 6.3.6
风管	孔隙,(排烟)防火阀两侧2 m	孔隙,(排烟)防火阀两侧2 m	孔隙,(排烟)防火阀两侧2 m	No 6.3.5
各类管道	孔隙	孔隙	孔隙	No 6.3.5
防火卷帘等开口分隔物	孔隙	孔隙	孔隙	No 6.5.34
幕墙	孔隙	实体墙两侧开口间距2 m	孔隙	No 6.2.6
管道井	每层对应处(或用不燃烧材料)(同楼板)	孔隙,不应设置排气道、排烟道	孔隙	No 6.2.9
	外墙的空腔如外保温系统、基层墙体、装饰层间应在每层对应处防火封堵	顶棚技术夹层等均应按6.1防火墙和6.2.4防火隔墙有关条文要求保持结构完整		No 6.7.9

特别需要指出:不能混淆防火不燃材料和防火封堵材料,防火不燃材料如水泥、砂浆等与分隔体、贯穿体的黏附性较差,在明火和高温环境下易出现裂缝或完全脱落,或是建筑振动而疏松或脱落,用合适理化性能的防火封堵材料有助于解决上述问题。

选用何种防火封堵组件和做法,由防火封堵材料与贯穿物或被贯穿物间的以下因素决定：a. 黏附性；b. 贯穿物的热传导和物理性质、燃烧性能、数量、尺寸；c. 被贯穿物、贯穿物及其支撑体；d. 防火封堵材料的特性和环境适应性如防火防烟性、膨胀性、伸缩性、承载性、抗机械冲击性、隔热性、防水性；e. 防火封堵材料的用量。

有机防火堵料和无机防火堵料是较常用的防火堵料。有机防火堵料的施工，应符合下列要求：

① 施工时将有机防火堵料密实嵌于需封堵的孔隙中。

② 所有穿层周围必须包裹一层有机堵料，(不得小于20 mm)并均匀密实。

③ 有机防火堵料与其他防火材料配合封堵时，有机防火堵料应高于隔板20 mm，呈几何形状。

④ 电缆预留孔和电缆保护管两端口应用有机防火堵料封堵严密。堵料嵌入管口的深度不小于50 mm。

无机防火堵料施工，应符合下列要求：

① 施工前整理电缆，根据需封堵孔洞的大小，严格按产品说明的要求进行施工。当孔洞面积大于0.1 m^2，且可能行人的地方应采用加固措施。

② 构筑阻火墙时，阻火墙的厚度不小于250 mm。

③ 阻火墙应设置在电缆支(托)架处，构筑牢固；室外电缆沟的阻火墙如设电缆预留孔时，应用有机堵料封堵严密，底部设排水孔洞。

(三) 防火涂料

防火涂料是依据灭火基本原理(冷却、窒息、隔离、化学抑制)实现防火效果的，某一种防火涂料的防火原理一般为以下所述防火原理的一种或者几种的组合。

(1) 冷却

防火涂料的膨胀发泡、产生气体等反应为吸热反应，可以用于降低被保护基材周围的温度，从而起到防火作用。

(2) 隔离

防火涂料为难燃性或不燃性物质，可以防止被保护基材直接接触空气、火源，从而起到防火作用。

(3) 化学抑制

含氮防火涂料受热后可以分解出NO、NH_3等基团，与燃烧反应中的有机游离基化合，中断连锁反应，阻止被保护基材燃烧，从而起到防火作用。常见电缆工程防火涂料如图7.4所示。

相关规范要求，夹层中电缆接头，应采用防火涂覆材料进行表面阻燃处理，即在接头及其两侧2～3 m和相邻电缆上涂刷防火涂料，涂料总厚度应为0.9～1.0 mm。防火涂料应满足《电缆防火涂料》(GB 28374)的要求。《电气装置安装工程电缆线路施工及验收规范》(GB 50168)明确提出：防火涂料应按一定浓度稀释，搅拌均匀，并应顺电缆长度方向进行涂刷，涂刷厚度或次数、间隔时间应符合材料使用要求。防火涂料的技术标准要求见表7.4。

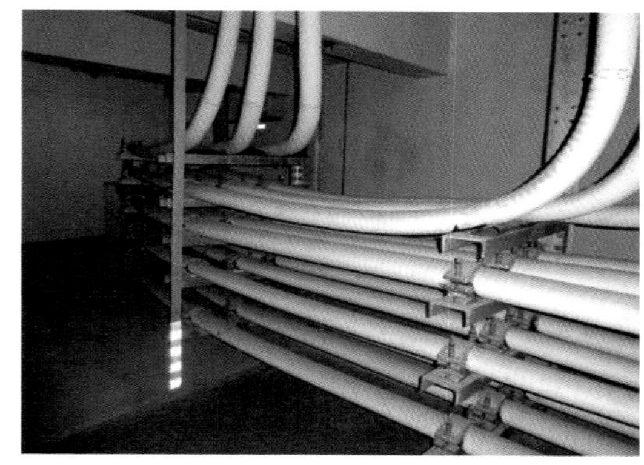

图7.4　常见电缆工程防火涂料

表7.4　防火涂料的技术标准要求

序号	项目	技术指标	缺陷类别	参照标准
1	在容器中的状态	无结块，搅拌后呈均匀状态	C	《电缆防火涂料》(GB 28374)
2	细度/μm	≤90	C	
3	黏度/s	≥70	C	
4	表面干燥时间/h	≤5	C	
	完全干燥时间/h	≤24		
5	耐油性/天	浸泡7天，涂层无起皱、无剥落、无起泡	B	
6	耐盐水性/天	浸泡7天，涂层无起皱、无剥落、无起泡	B	
7	耐湿热性/天	经7天试验，涂层无起皱、无剥落、无起泡	B	
8	耐冻融循环/次	经15次试验，涂层无起皱、无剥落、无起泡	B	
9	抗弯性	涂层无起皱、无剥落、无起泡	A	
10	阻燃性/m	炭化高度≤2.50	A	

注：① A为致命缺陷，B为严重缺陷，C为轻缺陷。

② 炭化高度：在燃烧完全停止后，除去涂料膨胀层，用尖锐物体按压电缆基材表面，如从弹性变为脆性(粉化)则表明电缆基材开始炭化，测量喷灯底边至电缆基材炭化处的最大长度即为炭化高度(m)。

防火涂料施工，应符合下列要求：

① 施工前清除电缆表面的灰尘、油污。涂刷前，将涂料搅拌均匀，若涂料太稠时应根据涂料产品添加相应的稀释剂稀释。

② 水平敷设的电缆,宜沿着电缆的走向均匀涂刷,垂直敷设电缆,宜自上而下涂刷,涂刷次数及厚度应符合产品的要求,每次涂刷的间隔时间不得少于规定时间。

③ 遇电缆密集或成束敷设时,应逐根涂刷,不得漏涂。

④ 电缆穿越墙、洞、楼板两端涂刷涂料,涂料的长度距建筑的距离不得小于1 m,涂刷要整齐。

(四) 防火槽盒

防(耐)火槽盒由盒盖、盒底、卡条、密封条等组成,适用于各种电压等级的电缆在支架/桥架上敷设时的防火保护、耐火分隔和防止电缆着火延燃,常见电缆工程防火槽盒如图7.5所示。

图7.5 常见电缆工程防火槽盒

《耐火电缆槽盒》(GB 29415)明确规定:防火槽盒的耐火性能按耐火时间分为F1、F2、F3、F4四个级别,分别为≥90 min、≥60 min、≥45 min、≥30 min。

防火槽盒外观及施工技术要求如表7.5所示。

表7.5　防火槽盒外观及施工技术要求

技术要求	防火槽盒	参照标准
外观	各部件表面平整,无裂纹、压坑及明显的凹凸、锤痕和毛刺,焊接表面应光滑,无气孔、夹渣、疏松等缺陷	《耐火电缆槽盒》(GB 29415)
施工	安装平整、连接可靠、密封性好,同时用扎带和卡扣锁紧,缝隙处用柔性有机墙料密封,多层槽盒层间应用阻火包和柔性有机堵料封堵严密	《电力工程电缆防火封堵施工工艺导则》(DL/T 5707)

(五) 防火隔板

防火(耐火、难燃)隔板是具有耐火(难燃)性能的板材,可作通道或孔洞耐火(难燃)分隔。

《电力工程电缆防火封堵施工工艺导则》(DL/T 5707)明确规定:拼装、固定耐火隔板时,钻孔间距不大于240 mm,用膨胀螺栓将耐火隔板分别固定在电缆孔洞的墙体两侧,耐火隔板拼缝间采用柔性有机堵料密封;防火隔板耐火性能与防火封堵材料耐火性能技术要求一致。

常见电缆工程防火隔板如图7.6所示。

防火隔板的施工,应符合下列要求:

① 安装前应检查隔板外观质量情况,检查产品合格证书。

② 防火隔板的安装必须牢固可靠、保持平整,缝隙处必须用有机堵料封堵严密。

③ 固定防火隔板的附件需达到相应耐火等级要求。

图7.6 常见电缆工程防火隔板

(六)阻燃包带

阻燃包带是指缠绕在电缆表面,具有阻止电缆着火蔓延的带状材料,常见电缆工程阻燃包带如图7.7所示。

图7.7 常见电缆工程阻燃包带

阻燃包带外观及施工技术要求如表7.6所示。

表7.6 阻燃包带外观及施工技术要求

技术要求	阻燃包带	参照标准
外观	表面平整，不应有分层、鼓泡、凹凸	《电缆用阻燃包带》(GA 478)
施工	采用半重叠包绕，拉紧密实，缠绕层数或厚度应符合材料；使用要求，绕包完毕后，每隔一定距离应绑扎牢固；电缆中间接头包绕时要覆盖接头及两侧电缆2～3 m	《电气装置安装工程电缆线路施工及验收规范》(GB 50168)

电缆阻燃包带技术性能要求如表7.7所示。

表7.7 电缆阻燃包带技术性能要求

序号	项目	技术指标	缺陷类别	参照标准
1	老化前机械性能： 抗张强度/Mpa 断裂伸长率1%	 ≥3.0 ≥500	B	《电缆用阻燃包带》(GA 478)
2	老化后机械位能： 抗张强度最大变化率/% 断裂伸长率最大变化率/%	 ±20 ±20	B	
3	低温拉伸/%	≥60	B	
4	耐水性/天	浸泡15天，无起泡、起皱、分层、开裂等现象	B	
5	耐酸性/天	浸泡7天，无起泡、起皱、分层、开裂等现象	B	
6	耐碱性/天	浸泡7天，无起泡、起皱、分层、开裂等现象	B	
7	耐盐性/天	浸泡7天，无起泡、起皱、分层、开裂等现象	B	
8	自黏性/天	无松脱现象	B	
9	阻燃性/m	炭化高度≤2.50	A	
10	氧指数/%	≥45	A	

注：自黏性仅限于自黏性包带；氧指数仅限于出厂检验。

（七）电缆接头防爆盒

防爆盒主要应用于电缆中间接头，包裹住整个中间接头，起到机械防护作用，同时对电缆沟或电缆隧道内其他电缆有一定的防护隔离作用；玻璃钢壳体灌注高压密封胶后更有极强的防水作用，适用于低洼地区，可能浸水运行的中间接头上，常见电缆接头防爆盒见图7.8。

电缆接头防爆盒结构特点：

① 壳体采用玻璃钢材料，它对酸、咸、盐、油等各种腐蚀介质都有特殊的防护功能，且不会发生锈蚀，满足沿海地区和化工场所及长期直埋地下的要求。

② 结合部分采用硅橡胶密封圈对壳体进行密封，增强电缆中间接头的防水性能。

③ 具有很强的耐张性能，壳体可承受来自内部或外部的超强冲击。

④ 有泻能孔，能防止对其他电缆或周边环境的破坏；壳体的阻燃性能也可以保证内部火焰因缺氧熄灭。

图7.8　电缆接头防爆盒

二、配电电缆主动防火技术措施

主动防火技术主要是指利用火灾自动报警、灭火、防排烟等设施，发现早期火灾进行初期灭火、主动扑救和火势控制，包括火灾报警系统、烟气控制、探测技术及自动灭火系统(超细干粉灭火弹、水喷雾)等措施。其特点是防护技术性更强，更具科学性和灵活性。

(一) 干粉灭火器

1. 配置原则和标准

在同一灭火器配置场所，宜选用相同类型和操作方法的灭火器，当选用两种或两种以上类型灭火器时，应采用灭火剂相容的灭火器。当同一场所存在不同种类火灾时，应选用通用型灭火器。

灭火器设置点的位置应根据灭火器的最大保护距离确定，并应保证最不利点至少在1具灭火器的保护范围内。

实配灭火器的灭火级别不得小于最低配置基准，灭火器的最低配置基准按火灾危险等级确定。当同一场所存在不同火灾危险等级时，应按较危险等级确定灭火器的最低配置基准。

灭火器的设置应符合下列要求：

① 灭火器应设置在位置明显和便于取用的地点，且不得影响安全疏散。

② 灭火器不得设置在超出其使用温度范围的地点，不宜设置在潮湿或强腐蚀性的地点，当必须设置时应有相应的保护措施。

③ 露天设置的灭火器应有遮阳挡水和保温隔热措施，北方寒冷地区应设置在消防小室内。对有视线障碍的灭火器设置点，应设置指示其位置的发光标志。

④ 手提式灭火器宜设置在灭火器箱内或挂钩、托架上，其顶部离地面高度不应大于1.5 m，底部离地面高度不宜小于0.08 m。

⑤ 灭火器的摆放应稳固，其铭牌应朝外。

灭火器箱不得上锁，灭火器箱前部应标注“灭火器箱、火警电话、物业电话、编号”等信息，箱体正面和灭火器设置点附近的墙面上应设置指示灭火器位置的固定标志牌，并宜选用发光标志。

推车式灭火器应配有喷射软管，其长度不小于4.0 m。手提式灭火器充装量大于3.0 kg时应配有喷射软管，其长度不小于0.4 m。除二氧化碳灭火器外，贮压式灭火器应设有能指示其内部压力的指示器。

常见的手提式干粉灭火器、悬挂式干粉灭火装置的构造如图7.9、图7.10所示。

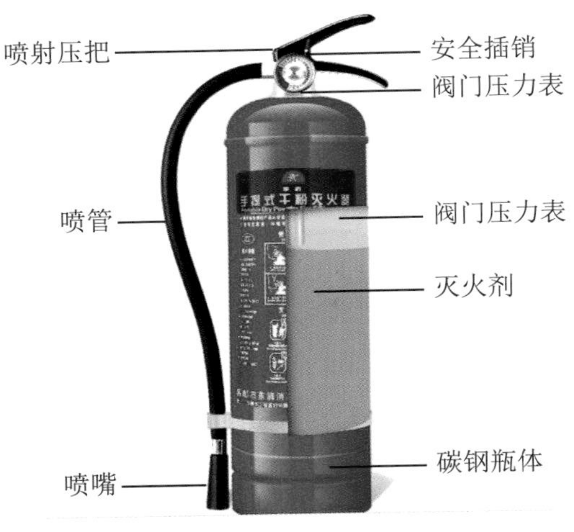

图7.9　手提式干粉灭火器的构造图

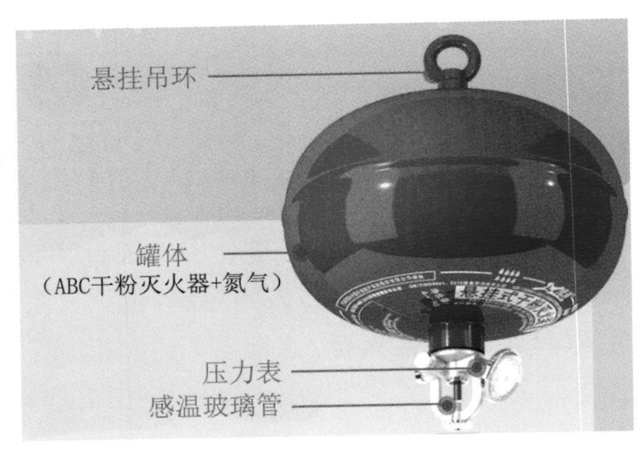

图7.10　悬挂式干粉灭火装置构造图

2. 防火运维要点

(1) 手提式干粉灭火器检查方法

① 应检查存放环境温度为：−10～45 ℃；不受到烈日暴晒、接近火源或受剧烈振动。

② 应检查灭火器存放牢靠，存放地点通风干燥。

③ 应检查保险销及铅封是否完好，零部件是否松动、变形锈蚀或损坏。检查喷嘴是否有变形、开裂、损伤；检查灭火器压把、阀体等金属是否有严重损伤、变形、锈蚀等影响使用的缺陷。

④ 应检查压力指针是否正常，发现压力指针低于绿区应再充装，一经开启必须再充装。压力正常情况下，使用期限不可超过5年，灭火器期满5年后每隔2年或再充装前应检查瓶头阀、喷管等有无损坏，检查筒体是否锈蚀；并进行水压试验，不合格者应进行报废处理。

⑤ 灭火器的维修或再充装应由有资质的专业消防维修部门进行修理，不得擅自拆装或修理。

（2）手提式干粉灭火器使用方法

① 使用前，首先要上下颠倒数次，使干粉预先松动，离火源3～4 m时，拔出保险销，一手握住喷嘴，对准火源，另一只手的大拇指按下压把，干粉即刻喷出。

② 有喷射软管的灭火器或储压式灭火器在使用时，一手应始终压下压把，不能放开否则会中断喷射。干粉灭火器扑救可燃、易燃液体火灾时，应对准火焰要部扫射，如果被扑救的液体火灾呈流淌燃烧时，应对准火焰根部由近而远，要平射，并左右扫射快速推进，直至把火焰全部扑灭。

③ 如果可燃液体在容器内燃烧，使用者应对准火焰根部左右晃动扫射，使喷射出的干粉流覆盖整个容器开口表面；当火焰被赶出容器时，使用者仍应继续喷射，直至将火焰全部扑灭。在扑救容器内可燃液体火灾时，应注意不能将喷嘴直接对准液面喷，防止喷流的冲燃液体溅出而扩大火势，造成灭火困难。

（3）悬挂式固体干粉自动灭火装置安装注意事项

① 检查装置，查看压力指示器是否指示正常。

② 确定安装位置合适。

③ 装置的安装：将灭火装置固定在易着火的保护物上方约2.5 m处喷头朝下，螺栓紧固以防震动后松动。

④ 安装时必须禁止明火或高温下操作。

⑤ 固定装置的承重结构应能承受5倍以上该装置的重量。

⑥ 如有必要建议在安装前联系厂家，派专人前往指导安装。

（4）悬挂式固体干粉自动灭火装置巡视检查要点

① 定期检查灭火装置，若发现压力表指针指向“红区”或黄区的1.4 MPa以上，或开启后，必须重新安装。

② 检查灭火装置紧固螺栓，若有松动必须拧紧。

③ 灭火装置一经启动或每半年对灭火装置进行一次检查，一经开启后发现压力显示器指针指向红色区域时，必须重新充装，维护充装必须由具有消防资质的专业厂家进行。

④ 再次充装时或每5年应对灭火装置容器进行水压试验，水压试验不合格不允许再次使用。

⑤ 在正常情况下，灭火剂和灭火装置的使用有效期为5年。

（二）热气溶胶自动灭火装置

1. 简介

气溶胶，指的是胶体分散体系的一种，具体是指固体小颗粒或液体小质点在气体介质中悬浮、分散所形成的气体分散体系。在这种分散体系中，分散相为固体或液体的小质点，而分散质则为气体。

热气溶胶灭火装置主要由气体发生器、反馈装置、箱体等部分组成，气体发生器主要包括气溶胶发生剂、电引发器和冷却剂等，详见图7.11。

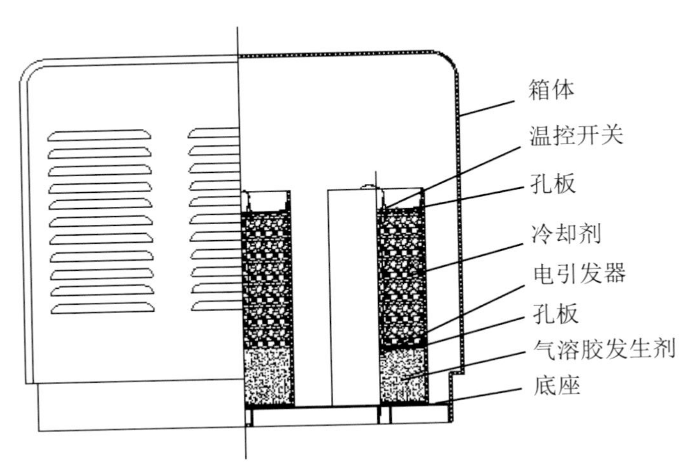

图7.11　热气溶胶灭火装置组成结构图

热气溶胶灭火装置的工作原理为，当接收到火灾报警气体控制器（盘）的启动信号后，装置内的气溶胶发生剂被激活，迅速产生灭火气体（气溶胶），气体从装置喷口喷出，完全淹没防护区，达到灭火目的。其灭火机理是以中断燃烧链式反应的化学灭火为主，也有一定的窒息作用。主要特点是药剂在常压状态贮存，安全性能高；无须敷设管网，安装维修简便；不损耗大气臭氧层，属绿色环保产品。

2. 巡视检查要点

巡视检查要点如下：

① 灭火装置投入使用后，严禁擅自拆卸、移动，应进行维护管理。

② 灭火装置应由经过专门培训的人员负责定期检查和维护。

③ 使用单位每月应对灭火装置巡查一次，发现不满足以下要求时应及时处置：a. 灭火装置的喷口正前方1.0 m内，不允许有器具或其他阻碍物。b. 灭火装置不能受到雨淋、水浇、水淹等不利条件影响。c. 连接灭火装置的紧固件或支架的固定应牢固，无松动现象。d. 灭火装置的线路连接和控制显示应正常。e. 灭火装置应保持清洁，标牌、安全标志应完好。

④ 灭火装置的使用年限应符合产品说明规定，到期应及时报废、更新。

⑤ 灭火装置应定期巡查和维护管理，填写维护管理记录。

（三）细水雾自动灭火系统

1. 简介

细水雾灭火装置系统组成如图7.12所示，由储水罐、消防水泵、管路与细水雾喷头组成。当发生火情时，消防水泵启动，将储水罐中的水输送至细水雾喷头，由细水雾喷头将水雾化喷出，实现带电灭火。

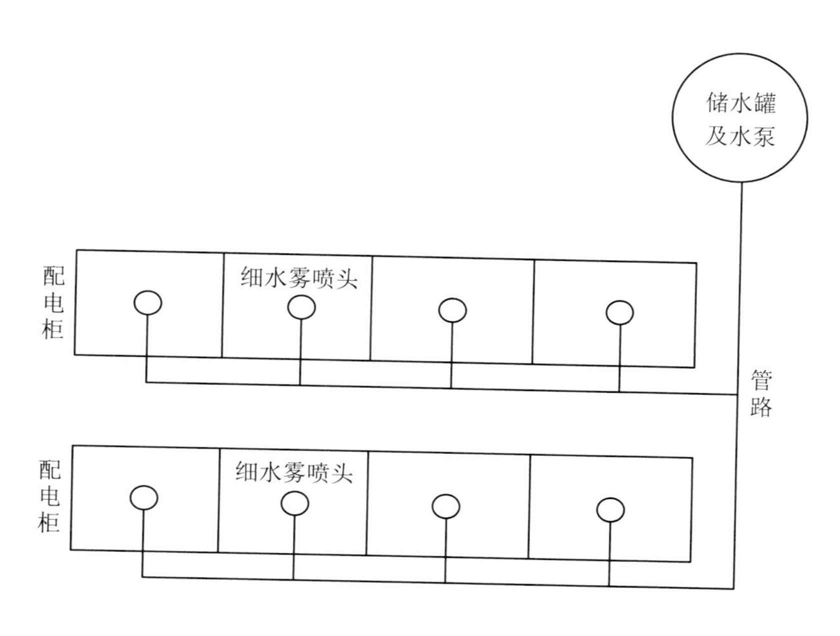

图7.12　细水雾灭火装置系统组成

火灾消防用细水雾的特性不同于雨滴。它的雾滴直径为100～1000 μm，比雾霾(直径<10 μm)的颗粒大，比雨滴(直径>1 mm)的颗粒小；而且，它的流量最大时可以达到特大暴雨流量的10倍以上。

细水雾发生装置示意图如图7.13所示。装置由储水箱、高压水泵、高压阀门、压力传感器、流量计、高压细水雾喷头等组成。利用压力传感器测量压力，利用流量计测量流量。通过调节高压水泵的压力、高压细水雾喷头的构造(包括喷孔孔径、结构与喷嘴数量)来调控细水雾的雾滴尺寸。最终，细水雾雾滴直径的可调范围为20～5000 μm。试验时细水雾发生装置向均压环喷射水雾或添加灭火液组分的射流水柱或水雾。细水雾发生装置安装在蜘蛛人升降车上，以调节发生装置与火源距离。喷头与电极之间的距离在0.25～15 m范围内可调。

2. 操作方法

常见典型细水雾自动灭火系统操作分为自动与手动两种操作方式：

(1) 系统自动操作流程

① 开启系统所有的单向球阀，并关闭系统测试试验用球阀。

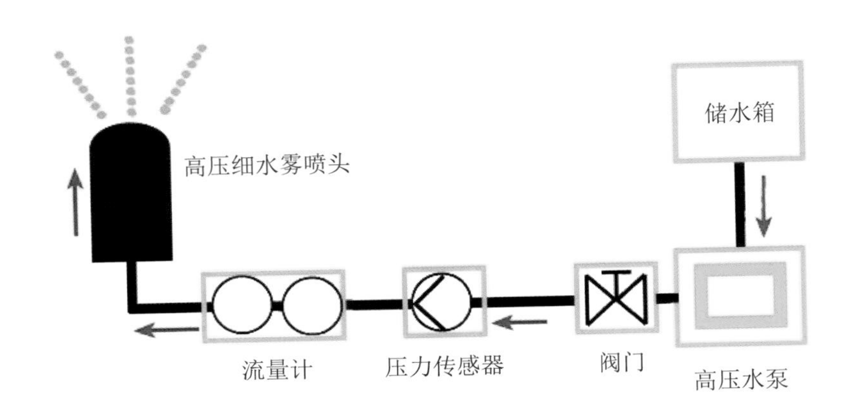

图7.13　细水雾发生装置示意图

② 打开控制柜内的三组泵组的断路器开关以及稳压泵组的空气开关。

③ 开启区域控制阀，控制阀控制箱的状态调整为“本控”，启动区域控制箱上的绿色按钮。

④ 系统控制箱控制面板上调节至“自动”状态，此时稳压泵正常启动。

⑤ 开启控制面板上的“紧急启动”按钮，稳压泵停止运行，两台泵组自动启动。

⑥ 使用完毕后。启动“紧急停止”按钮，停止泵组运行。

⑦ 启动区域控制箱上的红色按钮，关闭区域控制阀。

（2）系统手动操作流程

① 开启系统所有的单向球阀，并关闭系统测试用球阀。

② 打开控制柜内的三组泵组的断路器开关以及稳压泵组的空气开关。

③ 开启区域控制阀，控制阀控制箱的状态调整为“本控”，启动区域控制箱上的绿色按钮。

④ 系统控制箱控制面板上调节至“手动”状态，启动稳压泵开启按钮，稳压泵正常启动。

⑤ 停止稳压泵运行，依次开启控制面板上的“#1泵强启”“#2泵强启”“#3泵强启”按钮，可以单组，两组或者三组泵组同时启动。

⑥ 使用完毕后，分别关闭三组泵组。

⑦ 启动区域控制箱上的红色按钮，关闭区域控制阀。

3. 巡视检查要点

细水雾灭火系统要由经过专门培训的人员负责系统的管理操作和维护，维护管理人员每日对系统进行巡查，并认真填写检查记录。细水雾灭火系统巡查主要是针对系统组件外观、现场运行状态、系统检测装置工作状态、安装部位环境条件等的日常巡查。

（1）巡查内容

细水雾灭火系统巡查内容主要包括系统的主备电源接通情况；消防泵组、稳压泵外观及工作状态；控制阀等各种阀门的外观及启闭状态；系统储气瓶、储水瓶、储水箱的外观和工作环境;释放指示灯、报警控制器、喷头等组件的外观和工作状态;系统的标志和使用说明等标识状态;闭式系统末端试水装置的压力值;系统保护的防护区状况等。

(2) 巡查方法及要求

采用目测观察的方法,检查系统及其各组件的外观、阀门启闭状态、用电设备及其控制装置的工作状态和压力监测装置(压力表、压力开关)的工作情况。具体巡查要求如下:

① 检查系统的消防水泵、稳压泵等用电设备配电控制柜,观察其电压、电流监测是否正常;检查系统监控设备供电是否正常,系统中的电磁阀、模块等用电元器件是否通电。

② 检查高压泵组电机有无发热现象;检查稳压泵是否频繁启动;检查水泵控制柜(盘)当控制面板及显示信号状态是否正常;检查泵组连接管道有无渗漏滴水现象;检查主出水阀是否处于打开状态;检查水泵启动控制和主、备泵切换控制是否设置在"自动"位置。

③ 检查分区控制阀(组)等各种阀门的标志牌是否完好、清晰;检查分区控制阀上设置的对应于防护区或保护对象的永久性标识是否易于观察;检查阀体上水流指示永久性标志是否易于观察,与水流方向是否一致;检查分区控制阀组的各组件是否齐全,有无损伤,有无漏水等情况;检查各个阀门是否处于常态位置。

④ 检查储气瓶、储水瓶和储水箱的外观是否无明显磕碰伤痕或损坏;检查储气瓶、储水瓶等的压力显示装置是否状态正常;检查储水箱的液位显示装置等是否正常工作;寒冷和严寒地区检查设置储水设备的房间温度是否低于5 ℃。

⑤ 检查释放指示灯、报警控制器等是否处于正常状态;检查喷头外观有无明显磕碰伤痕或者损坏,有无喷头漏水或者被拆除、遮挡等情况。

⑥ 检查系统手动启动装置和瓶组式系统机械应急操作装置上的标识是否正确、清晰、完整,是否处于正确位置,是否与其所保护场所明确对应;检查设置系统的场所及系统手动操作位置处是否设有明显的系统操作说明。

⑦ 检查系统防护区的使用性质是否发生变化;检查防护区内是否有影响喷头正常使用的吊顶装修;检查防护区内可燃物的数量及布置形式是否有重大变化。

(四)电力电缆自动带电灭火系统

整个电力电缆自动带电灭火装置,包括干粉灭火、细水雾灭火,由如图7.14所示的控制系统控制,它由监测器、信号处理器、消防监测预警主机、灭火装置控制器组成,将多个灭火装置组成一组,划分成若干组分别控制,根据火灾的实际情况、影响范围,只开启相应的灭火装置小组进行灭火,降低灭火成本。

当火情发生时,火情监测器探测到的气体浓度、温度值达到警报值时,将报警信息报送至监控中心,监控中心通过电控启动开启自动灭火装置进行灭火,同时在控制系统中设置一套紧急启动装置,在电控启动失败时,使用人工启动开启自动灭火装置灭火,确保快速有效地控制火情,减少损失。

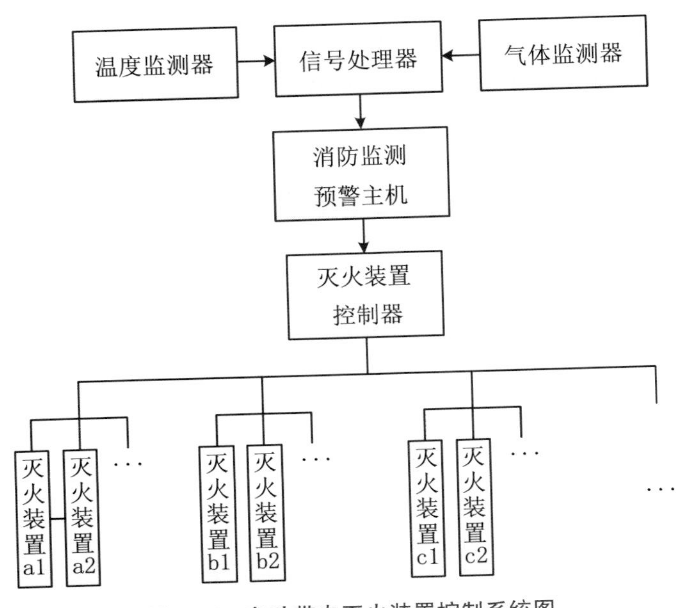

图7.14 自动带电灭火装置控制系统图

三、配电电缆单相接地故障处置能力提升技术

10 kV配电网交联聚乙烯(XLPE)电缆具有较高的阻燃性,试验证明:当交联聚乙烯电缆平放时,将其一端用火焰源加热,电缆可以燃烧,但当火焰源移开后,燃烧逐渐停止;而当电缆垂直悬挂,若密集排列,在其底部用火焰源加热至燃烧,火焰源移开后,虽燃烧可以持续一段时间,但还是逐渐减弱,最终熄灭;只有适当将其间隔排列,火焰源加热至燃烧,移开火焰源后,电缆才能持续燃烧。可见,交联聚乙烯材料在通常条件下燃烧时,具有自熄性,属难燃材料。一般说来,大多数电力电缆是水平排列,不具备持续燃烧的条件,然而,由于单相接地故障电弧持续燃烧,持续释放的热量加热电力电缆,引起的电缆轰燃事故时有发生。因此为了减少因配电电缆单相接地故障引起的电缆火灾事故,单相接地故障处置能力提升技术被广泛应用,其中主要包括中性点小电阻接地改造、主动干预性消弧线圈改造、消弧线圈增容补偿、接地故障选线跳闸技术改造等。

(一)中性点小电阻接地改造

中性点经小电阻接地方式可以明显降低过电压出现的概率和过电压持续时间,有效地抑制间歇弧光接地过电压,大幅降低设备绝缘损坏的概率。同时,当线路发生单相接地故障时,小电阻接地方式的故障选线准确率较高,可以在短时间内隔离故障,避免事故扩大。从经济效益考虑,接地变压器和接地电阻一旦选定,一般为一次性投资,无需动态调整容量或增容,也无需定期开展电容电流测试,减少运维工作量。

当把中性点接地方式改为经小电阻接地时,第一步就要确定中性点接地电阻值选择。对于接地电阻的取值,应使配电系统发生单相接地故障时具有以下技术性要求:避免故障点发生弧光接地过电压、满足零序保护的灵敏度要求、避免接地电流过大引起对通信线路的干扰、减少跨步电压过高导致的人身安全事故。

值得注意的是,各种中性点接地方式在系统发生单相接地故障后,会有不一样的故障表现形式,若要改变系统的接地方式,需同时改变系统的继电保护方式。

(二)主动干预性消弧线圈改造

主动干预消弧装置(以下简称干预装置)是近年来出现的一种新型的处理单相接地故障的设备。其在配电线路发生瞬时性单相接地时,可以在不跳闸、不影响用户正常供电情况下实现可靠熄弧;在发生永久单相接地时,主动将故障相金属接地,由运行值班人员决定处理方式,或直接将线路跳闸,但也存在处理逻辑复杂、运行维护不便等缺点。

传统主动干预型消弧装置的结构简图如图7.15(a)所示,系统中性点为不接地方式,其中ZK为控制器,PT为电磁式电压互感器,F为熔断器,JZ为接地开关。其工作流程为:控制器ZK通过检测系统母线三相电压和零序电压,可以迅速发现主动干预型消弧装置覆盖的系统范围内发生的单相接地故障,并判明故障相类别。

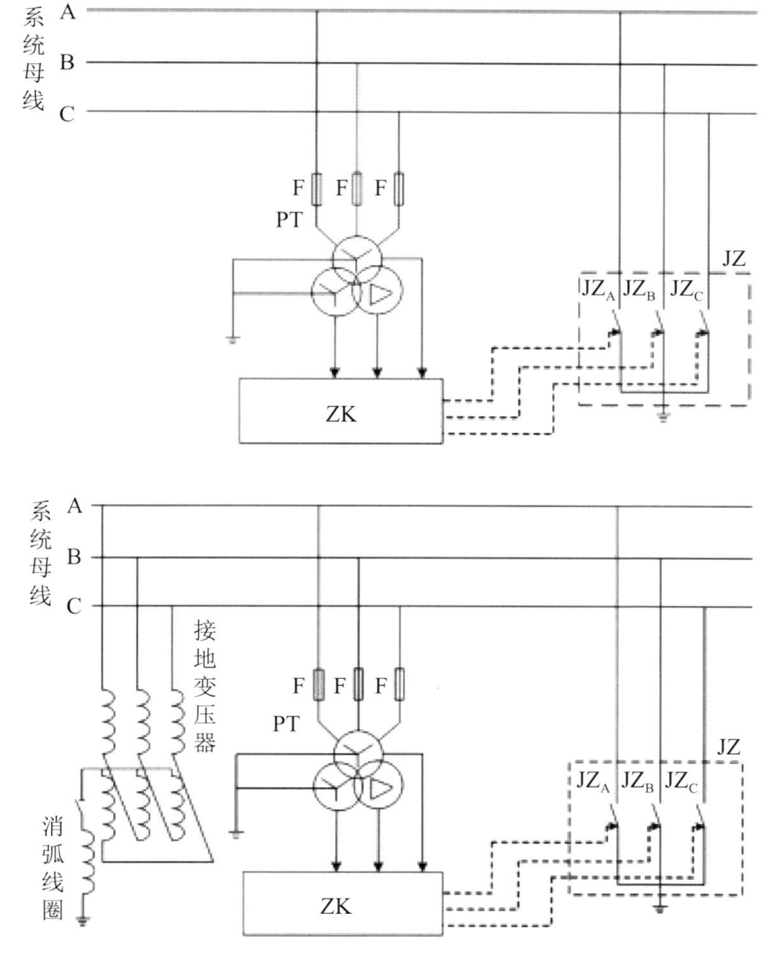

图7.15 传统主动干预型消弧装置(上)及消弧线圈并列结构(下)

为了尽快熄灭电弧，控制器ZK控制接地开关JZ迅速将故障相直接接地。JZ第1次闭合经短暂延迟后(时间可设置，一般为1～3 s)，控制器ZK自动令JZ打开，此时若零序电压消失，表明为临时性故障，系统自动恢复正常运行，控制器退回初始状态；如果零序电压仍然存在，则表明为永久性故障，再次闭合JZ短接故障相，并等待人工或利用配网自动化系统进行故障隔离等处理。

图7.15(b)是主动干预装置与消弧线圈并列运行结构，消弧线圈通过电感电流补偿了电网的接地电容电流，使接地电流减小，对于金属性接地故障具有良好的补偿效果，但在发生间歇性弧光接地时，消弧线圈不能补偿弧光接地过程中产生的高频谐波分量，难以有效地处理弧光接地，而弧光接地过电压的存在，可能导致系统绝缘薄弱部分产生积累性损伤。主动干预消弧能快速熄灭电弧，且不受谐波分量和有功分量的影响，能较好地处理弧光接地故障，避免弧光接地过电压产生，限制系统电压处于安全范围内，但对于金属性接地故障，动作后的故障点接地电流依旧较大，不利于熄弧。对于主动干预装置与消弧线圈并列运行，二者优势互补，能较好地处理大部分接地故障。

(三) 消弧线圈增容补偿

消弧线圈增容补偿是一种类似于全电流补偿消弧线圈的宽频接地故障电流补偿装置最早被哈佛莱高压技术分部提出，该补偿装置的结构与新型变压器式消弧线圈类似，能补偿工频电流分量，同时能补偿频率最高为1 kHz的谐波电流分量。

更换和增容的改造问题主要是补偿容量不足导致的，所以从长远的角度考虑几乎所有谐振接地系统都需要对传统消弧线圈进行增容改造，或增设全电流补偿消弧线圈的从消弧线圈。

主从式全电流补偿消弧线圈的简化模型见图7.16(左)。其中主消弧线圈并联于从消弧线圈。主消弧线圈为传统式消弧线圈，结构图中由电感L表示，它为系统提供能中和接地电容电流的电感电流。从消弧线圈为单相二极管钳位型桥式逆变器，向系统输出反向接地残流，从而达到补偿接地残流的目的。

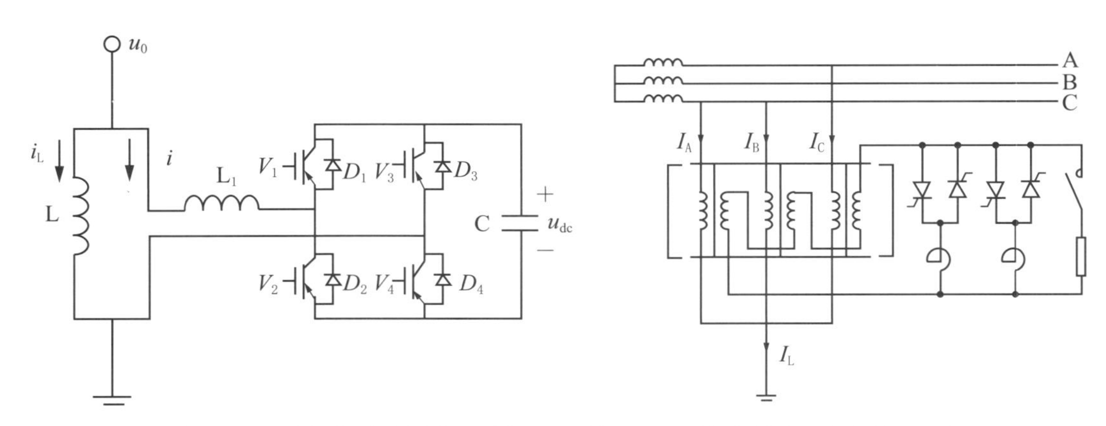

图7.16　全电流补偿消弧线圈结构图(左)和三相五柱式消弧线圈结构图(右)

图7.16(右)给出了三相五柱式消弧线圈的结构图。接地残流补偿效果的好坏与主消弧线圈补偿电感的线性度和调感精度有关。消弧线圈中，可调气隙式和三相五柱式

均属于无级调感，补偿后残流幅值较小。但三相五柱式具有可调气隙式没有的优点：安装占地小且安装简单方便；环境条件适应性好；免运行维护且经久耐用；具有简单的结构和较少的配件。所以三相五柱式消弧线圈适合在环境恶劣、交通、控制和维护不便的地点安装。

（四）接地故障选线跳闸技术改造

当前我国配网现多采用小电流接地方式，主要包括中性点不接地和中性点经消弧线圈接地两种方式。为保证接地故障发生时系统的稳定对称运行，常选用小电流接地方式，以此来保证接地发生后仍能有两个小时的故障处理时间。同时由于存在故障电流过小，不利于故障线路的选线查找，导致当前采用的选线方法多存在选线不准和选线研判时间过长等弊端。而随着配电网的发展日趋复杂，负荷日益增大，电网带接地故障的长时间运行，一方面会引起系统过电压，影响设备安全，另一方面容易导致故障扩大，引发更为严重的电网事故。所以针对此种现状，对小电流接地故障选择跳闸线技术进行改造有着重要意义。

1. 中性点经小电阻接地直接选线

采用中性点经小电阻接地方式，此方式可以有效降低系统过电压，利用线路的零序保护可以直接跳开接地线路，恢复系统母线电压，提高供电可靠性。但是小电阻接地方式直接选线也有自身缺点：

① 此种方式下的配网侧为Y型接线，需要对变电站主变低压侧接线进行改造。

② 配网线路与中性点经消弧线圈接地的配网网间存在30°相位角，不能进行合解环倒负荷，为独立配电网络。

③ 无论线路发生永久性或瞬时性接地故障都会引发出线开关跳闸，一定程度上影响了用户用电。

④ 开关的频繁动作，使得设备的维护成本也相对提高。

2. 利用暂态量来判断故障接地线路

对于中性点经消弧线圈接地系统，由于消弧线圈为感性元件，其电感电流不能突变，在接地瞬间，接地点为零序电流源，消弧线圈仍相当于开路。通过检测故障暂态信号，可以有效判别接地线路，此法同样适用于中性点不接地系统。

现常用的利用暂态量选线方法有：

（1）首半波法

在相电压峰值瞬间假定发生单相接地故障，以零序电压方向为参照，此时接地线路中存在方向不同于参考电压的暂态电容电流，而在正常线路中，暂态电流方向与参照电压一致，根据这一特征可以有效辨别故障线路。接地发生瞬间，由于消弧线圈中存在无法突变的电感电流，可以忽略线圈支线的影响，不能发挥补偿作用，可以与中性点不接地方式一同分析。在首个半波中，能够依据暂态零序电流在接地线路和正常线路中方向、大小特征进行选线。但此方法的局限性明显，受过渡电阻影响较大，而且当故障发生在相电压为零点时附近，其暂态电流很小，不利暂态信号的采集分析，选线正确性无法保证。

（2）小波法

利用故障时小波的奇异性，对暂态信号开展时频两域局部化分析，并对暂态零序电流分量使用合适的小波与小波基进行小波变化后，对得出的系数模极大值点进行对比分析可得，接地线路的模极大值最大，其方向与正常线路相反。小波分析法的灵敏度高，得出的模极大值现象明显，但对于系统中的各种谐波抗干扰能力较弱，容易产生误判漏判，常与维纳滤波技术相结合进行接地选线。

（3）暂态能量法

由于零序电流在接地线路和其余线路中的幅值与方向不同，通过积分得出各条线路的暂态能量也有差异。利用这一特征，在选定零序电压方向为参照后，算出接地瞬间故障线路暂态能量小于0，并且其能量值等于系统剩余线路的能量值相加之和。但是因为接地故障电流的有功分量较小，积分运算会导致固定误差的扩大，使得计算不精确，无法准确判断接地线路。

3. 基于取代消弧线圈的主动干预消弧柜选线

中性点不接地系统发生接地故障时，具有以下特点：

① 故障线路的零序电流为所有非故障线路的零序电流向量和。

② 故障线路的零序电流方向滞后零序电压90°。

③ 故障线路的容性无功功率方向为线路指向母线，与正常线路相反。

由此判别接地线路是非常容易的，但由于消弧线圈电感电流的过补偿作用，使得故障线路的零序电流方向与非故障线路相同，电流幅值相差不明显，容性无功功率方向也保持一致，为母线指向线路，使得基于零序电流幅值和方向的选线方法不再适用于中性点经消弧线圈接地系统。因此可见消弧线圈是导致选线困难的根源，如果有其他设备能够发挥消弧线圈抑制接地点的电容电流的作用，同时保证故障线路零序电流的特征，使系统仍能在发生接地故障时，正确判别接地线路进行隔离。

主动干预式消弧技术具有以下特性：一是主动干预式消弧装置故障电流开断能力强，能够适应越来越大的故障电流开断需求；二是能够主动引导故障电流改变方向，和被动式消弧技术相比，选线准确率更高；三是采用基波作为主动消弧的选线判定指标能够减小线路参数和运行情况的影响，在提升选线准确度的同时降低设备成本。

第四节　配电电缆火灾应急处理

即使采取各种被动或主动防止配电电缆火灾事故的方法，有时配电电缆火灾事故仍无法避免。本节简要介绍电缆火灾应急预案、现场应急处置程序、现场应急处置措施和人工安全灭火方法等。

一、配电电缆火灾应急预案

为建立健全城市地下电缆火灾及损毁事件应对工作机制，正确、高效、快速处置电缆事件，最大程度减少事件损失和影响，保障电网安全和可靠供电，保证公司正常生产经营秩序，维护国家安全和社会稳定，特制定国网公司《城市地下电缆火灾及损毁事件应急预案》。预案中规定了关于电缆火灾应急预案预警流程，如图7.17所示，电缆运维管理单位可遵照执行。

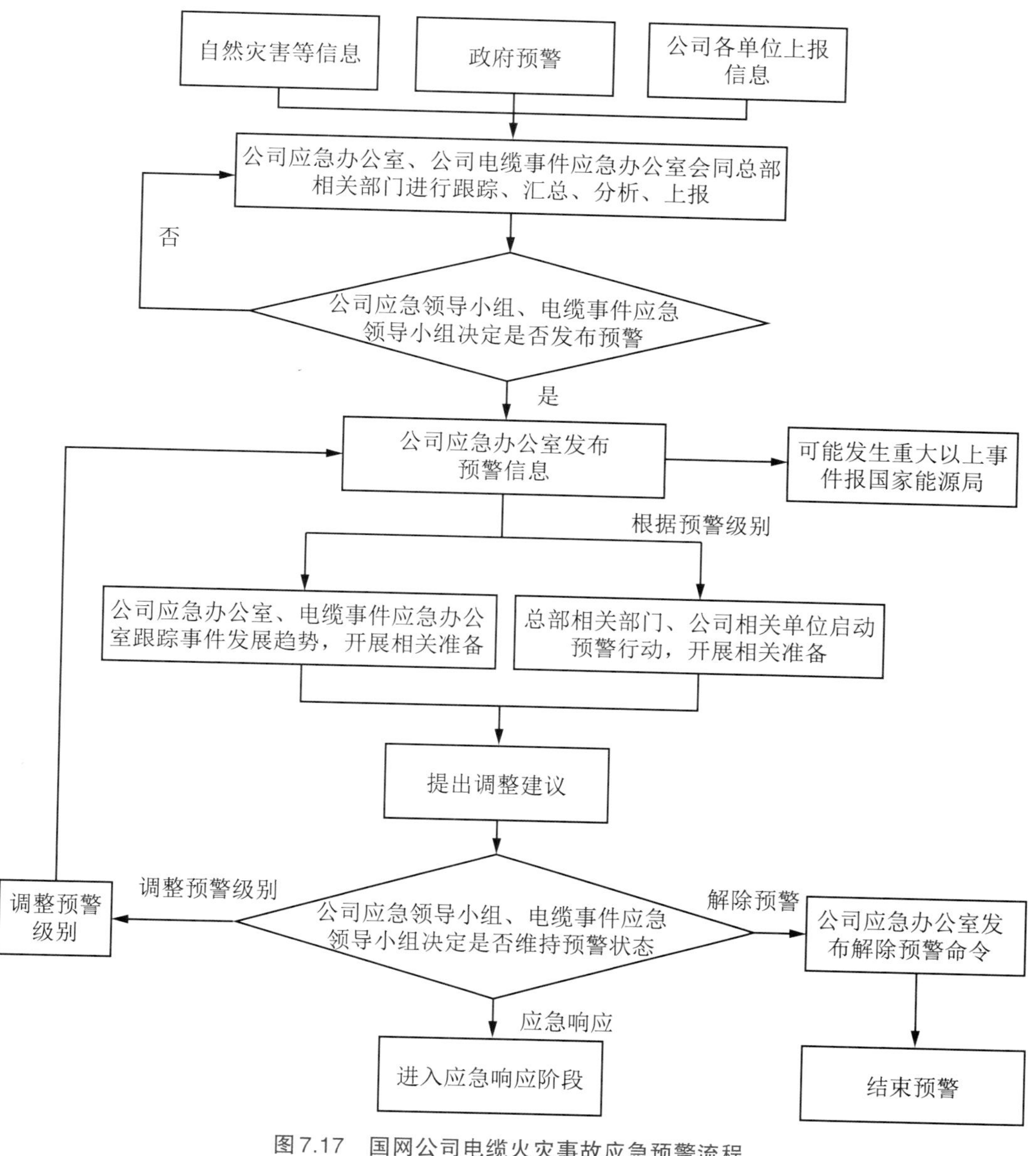

图7.17　国网公司电缆火灾事故应急预警流程

二、现场应急处置程序

① 当现场人员发现火灾时，发现人应迅速判断火险等级，并立即向运行当值值长报告。

② 值长接到报告后，应立即组织应急小组，并汇报给分管领导。

③ 应急小组必须立即到现场核实，了解事故情况，并将事故情况向分管领导汇报，成立应急救援指挥部，并立即开展应急救援工作。

④ 发现事态有可能进一步扩大时，由指挥部负责组织人员撤离，并引导撤离至安全范围。

三、现场应急处置措施

① 火险等级划分：

a. 现场着火面积小于等于5 m^2，隧道内烟尘暂时较少，不影响能见度，处于初期的电缆火灾，火险等级为三级；

b. 现场着火面积大于5 m^2，能见度大于10 m的电缆火灾，火险等级为二级；

c. 现场着火面积大于10 m^2，能见度小于10 m的电缆火灾，火险等级为一级。

② 运行当班人员在接到电缆火灾报告后，应立即开启电缆隧道内的灭火装置。

③ 事故发生时，应调整运行方式，并切断着火电缆的电源。

④ 在着火电缆进行停电后，可在灭火系统开启的同时，采用人工灭火，若灭火系统无法正常工作，火险等级达到一级时，应立即停止人工灭火，应急救援人员需立即撤离。同时应快速切断火灾所涉及电缆的电源和封堵通往重要部位的通道和孔洞，阻止火灾蔓延和危及人身安全，减小事故损失。

⑤ 如灭火力量不足，应迅速报告当地消防大队，说明燃烧物质和火势情况，待增援力量到达后，进行协同灭火。

⑥ 如电缆通道内发生电缆爆炸或着火规模太大，人员无法控制，应组织好人员紧急撤离和疏散，并及时清点撤出人员人数。

⑦ 做好警戒与治安，维护事故现场秩序，保障抢险、救护车辆通道，与救援、抢险无关的人员，未经同意，不得进入事故现场。

四、人工安全灭火方法

① 进入火灾现场隧道内的灭火人员必须佩戴防毒面具，戴绝缘手套，穿绝缘鞋，穿防火服装。

② 人工灭火的工具应采用干粉灭火器、二氧化碳灭火器等灭火，不得使用泡沫灭火器，确保防止人员触电的可能。

③ 进行人工灭火的应急救援人员至少为2人，严禁独自1人进行灭火。

④ 进入电缆隧道前，应先初步观察，线路判断清除后从安全入口进入火灾现场，并找好撤出线路。进入火场的灭火人员应避免碰触导电部位。

⑤ 进入后应立即判明着火电缆所属的系统和走向，扑救人员在电缆着火部位两侧设置隔火带，延缓和阻止火势发展；灭火人员在灭火过程中不得脱下防护装备，防止烧伤及燃烧中产生的有毒、有害气体引起的人员中毒、窒息，并严防触电。

⑥ 灭火人员应注意身体情况，如感觉身体不适，应立即退出休息或接受治疗。

⑦ 在灭火过程中，若发现消防灭火器材不足，导致火势一时无法完全控制，灭火人员应撤出，关闭防火门，以使火焰窒息。

⑧ 在扑灭明火后，应仔细查看事故现场，防止发生复燃的可能，确认安全后，灭火人员清点人数并撤出现场。

第八章　配电电缆新技术简介

第一节　配电电缆新材料

一、直流配电电缆

随着新型智能配电网的建设，分布式电源和电动汽车负荷的日益增多，供电容量和供电半径增大，柔性直流配电技术在配电网和微电网中的应用越来越多，直流配电线路以电缆为主。与交流配电电缆相比较，柔性直流配电电缆技术优势明显：a. 直流供电便于分布式可再生能源与储能设备接入，易于应对分布式能源随机性潮流，设备接口与控制技术要求简单。b. 直流电缆避免了护套涡流损耗与无功损耗，线损预计仅为交流网络的15%～50%。c. 直流电缆输送功率约交流电缆线路的1.5倍，供电半径可提升80%。d. 直流电缆供电损耗低、电能质量便于控制调节，接入储能设备后可显著提高供电可靠性和故障穿越能力。

可以预见，直流配电网是满足综合能源互联网、新能源发电接入以及源网荷交互的重要网架支撑，作为城市配电网的重要形式，直流电缆线路将广泛地应用于未来城市电网，相关的新型设备和运检手段将是重要发展方向。目前国内外已有中低压直流配电电缆系统建设与交流电缆线路的直流运行改造等相应工程应用。

二、聚丙烯电缆

交联聚乙烯(XLPE)绝缘材料为热固性材料，电缆退役后难以回收利用，会对环境造成不同程度的污染。与此同时，在生产制造XLPE的过程中存在交联过程，不仅容易引入副产品降低材料本身的绝缘性能，同时其交联工艺较复杂，需耗费的成本也高。更为重要的影响因素在于XLPE电缆其输送容量有限，且直流下工作温度仅70 ℃，因此开发热塑性、免交联绝缘材料对XLPE进行替代成为电缆绝缘领域的新热点。聚丙烯(PP)绝缘电缆生产步骤简化，生产能耗降低，聚丙烯作为热塑性绝缘材料具有免交联，熔点高，可回收，对环境友好等优势，长期工作温度可达105 ℃，可以提高电缆的输送容量，同时其绝缘性能也尤为突出。XLPE电缆与PP电缆各性能试验的对比结果见表8.1。

如表8.1所示，相较于交联聚乙烯电缆，聚丙烯电缆具有更强的绝缘性能，击穿场强更高，耐温等级更高，有利于提高电缆的输送容量，但是同时聚丙烯电缆仍存在一些问题，如机械性能较差，质地较硬，低温下质地脆性高，不适宜在低温环境中使用。针对这一问题，目前提出的解决方案即为聚丙烯进行改性处理，使得韧性满足使用要求的基础上，更能提高电气绝缘性能和热性能。

表 8.1　XLPE 电缆与 PP 电缆各性能试验的对比结果

试验项目	PP 电缆	XLPE 电缆
电气绝缘性能	击穿场强高，介电常数和介质损耗随温度变化小	击穿场强较 PP 电缆更低，且介电常数和介质损耗随温度变化大
绝缘机械性能	断裂伸长率大，热变形小	断裂伸长率小，热变形大
耐温等级	105 ℃	90 ℃

2020 年，上海华普电缆有限公司联合高校研发生产的国内首根环保型改性聚丙烯绝缘电力电缆，2020 年 1 月 17 日正式通电，环保型 PP 绝缘电力电缆及其附件经受住全年不同环境条件下的试运行，截至 2021 年 1 月 17 日一年的监测数据来看，线路运行一切正常，电缆产品运行状况良好，质量稳定。

我国《中国电器工业协会标准发布公告》[2022 年第 2 号(总第 41 号)]公布，《额定电压 6 kV(U_m=7.2 kV)到 35 kV(U_m=40.5 kV)热塑性聚丙烯绝缘电力电缆》团体标准(T/CEEIA 591—2022)已获准发布，并于 2022 年 6 月 24 日起实施。这是国内首个聚丙烯绝缘电缆标准，通过制定额定电压 6～35 kV 热塑性聚丙烯绝缘电力电缆的标准，规范该类产品的设计、制造及产业化。

三、高温超导电缆

在人口密集的市区，输电多用电缆，但由于传统电缆输电容量有限，且对电力系统进行扩容需要占用更多的空间，耗费更高的成本。而高温超导电缆利用了其优良的超导性能，相较传统电缆，可以实现低电压大电流传输，并且使用液氮作为制冷剂不会对环境造成污染，同时所产生的线路损耗也远低于传统电缆，减少了电能传输过程的损耗，缓解用电紧张的局面，降低燃煤对环境的污染，在远距离、大容量输电方面具有显著的优势。

1911 年，荷兰科学家海克·卡末林·昂内斯发现了超导体，其临界转变温度接近绝对零度(−273 ℃)，后来科学家相继发现了多种临界温度突破液氮温区(−196 ℃)的超导体，学术界把这类称为高温超导体。因为相比绝对零度高出 70 ℃左右，故称“高温”。

高温超导电缆由内支撑体、导体、绝热层、绝缘层、屏蔽层和保护层组成，如图 8.1 所示。根据不同的属性可对其进行分类，如图 8.2 所示。

2021 年 9 月 28 日，我国首条 10 kV 三相同轴高温超导交流电缆在深圳投运，连通 220 kV 滨河站和 110 kV 星河站，为深圳地标平安大厦等重要负荷供电。该示范工程为解决超大型城市高负荷密度区域供电问题提供新方案，图 8.3 为传统电力电缆和此项目中所采用的三相同轴高温超导电缆的对比示图。

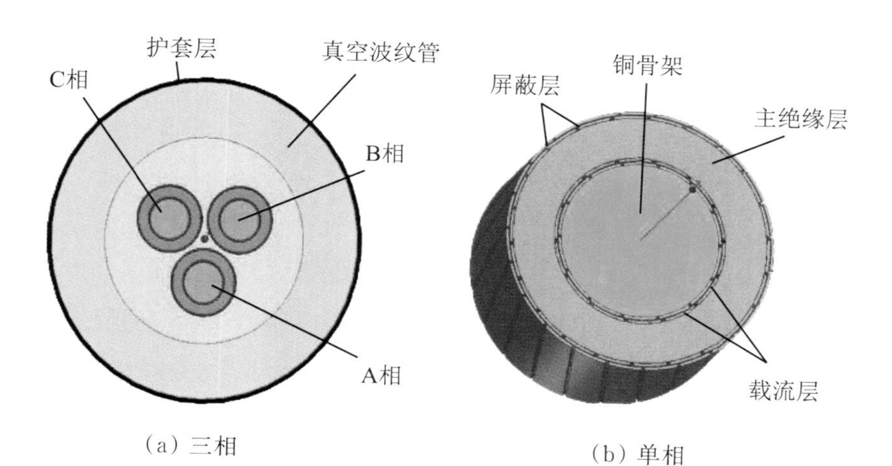

图8.1　超导电缆结构图

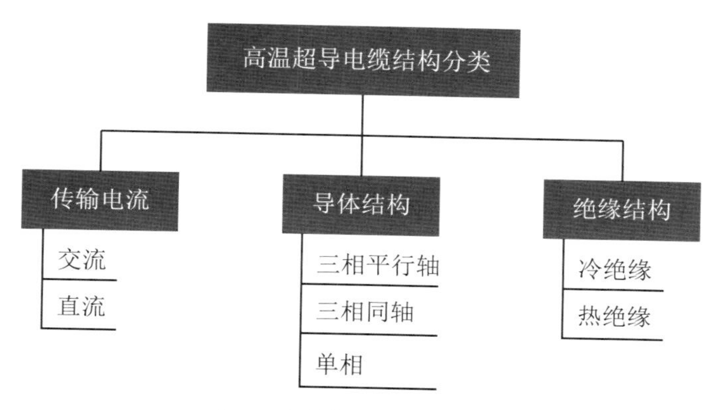

图8.2　高温超导电缆结构分类

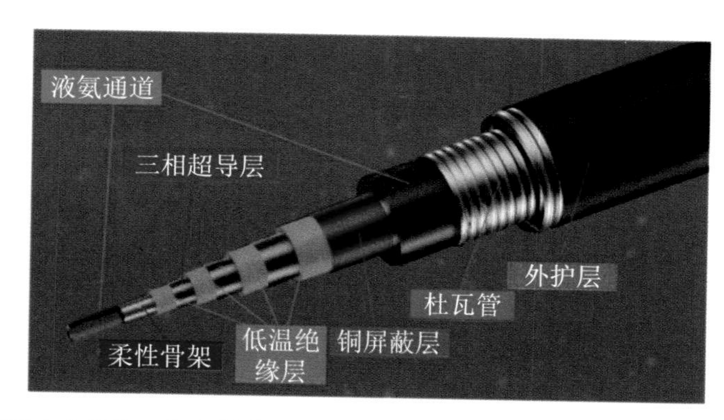

图8.3　传统电力电缆和三相同轴高温超导电缆

随着城乡用电量的急剧扩增以及电力系统的快速发展，超导电缆随着高温超导带材价格和制冷成本的降低，其输电优势与传统输电方式相比更加明显，在大容量、集中性的等用电场所具有更加广泛的实际应用前景。虽然高温超导电缆示范项目众多，但是要实现商业化运行，仍然需要解决一些技术难题。如对于超导电缆导体选材需克服第二代超导电缆YBaCuO(YBCO)带材制备工艺有所欠缺以及实际应用中出现的温度梯度对电缆产生不利影响等问题。同时,高温超导电缆系统中配套的制冷系统所产生的交流损耗大,所需的运维成本较高,若其不够稳定还可能导致超导电缆失超,更可能损坏超导电缆。所以为了更快地实现超导电缆的商业化运行,进一步节省城市用地,改善电能质量,提高电力系统稳定性,仍需进一步攻克上述难题。

第二节　配电电缆检测新技术

一、电缆宽频阻抗谱测试技术

电缆宽频线性阻抗谱测试技术起初是由核电站电缆无损检测和状态评估方法的需要而提出的,它是一种无损检测方法,不会损坏电缆的任何部分或与电缆连接的任何设备。电缆宽频阻抗谱实现电缆局部缺陷诊断其基本原理是:基于传输线理论,利用阻抗谱分析仪测量电缆首端输入阻抗随频率变化的曲线(宽频阻抗谱),当频率足够高时,阻抗谱主要与电缆本身特性相关,通过阻抗谱数据分析提取出电缆运行状态相关信息,进而实现电缆局部缺陷诊断。

输入阻抗谱可以表征电缆不同位置处的状态信息,且其频谱中的谐振点能十分敏感地反映电缆的传输特性。可将电缆故障点等效为一电阻 R_f,当电缆存在故障点时,会导致该处信号传输特性的改变,电缆首端输入阻抗谱也随之变化。将含有故障点的电缆等效为故障电缆分布参数等效模型,如图8.4所示。

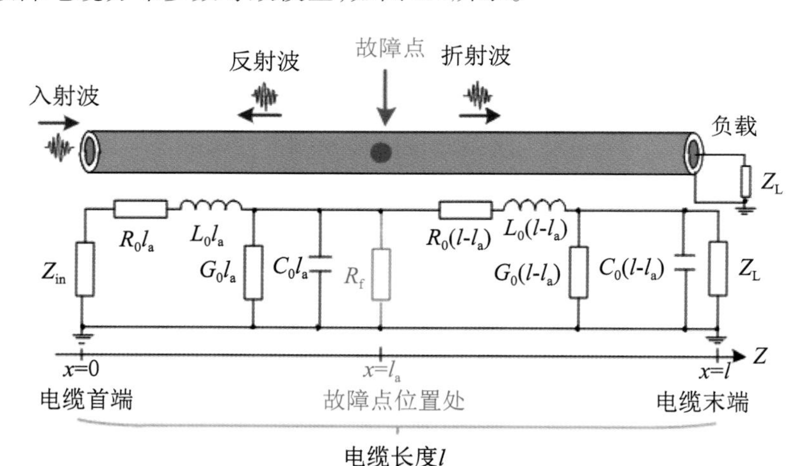

图8.4　故障电缆分布参数等效模型

从电缆首端注入高频成分含量较多的扫频信号,测试原理图如图8.5所示,通过采集电缆首端的输入阻抗谱,将故障电缆的输入阻抗谱与正常电缆作比较,根据其输入阻抗谱的特征差异,实现对电缆故障的类型识别及定位。

电缆宽频线性阻抗谱测试可以监测由于恶劣的环境条件(高温、湿度、辐射)引起的电缆绝缘的整体老化,并检测绝缘材料因机械冲击或局部异常环境条件而发生的局部缺陷。其对绝缘材料的微小变化特别敏感,如进水受潮、水树老化、机械受损等,这使得运维管理部门能够及早发现缺陷区域,检测和定位单个和多个缺陷以及严重程度。

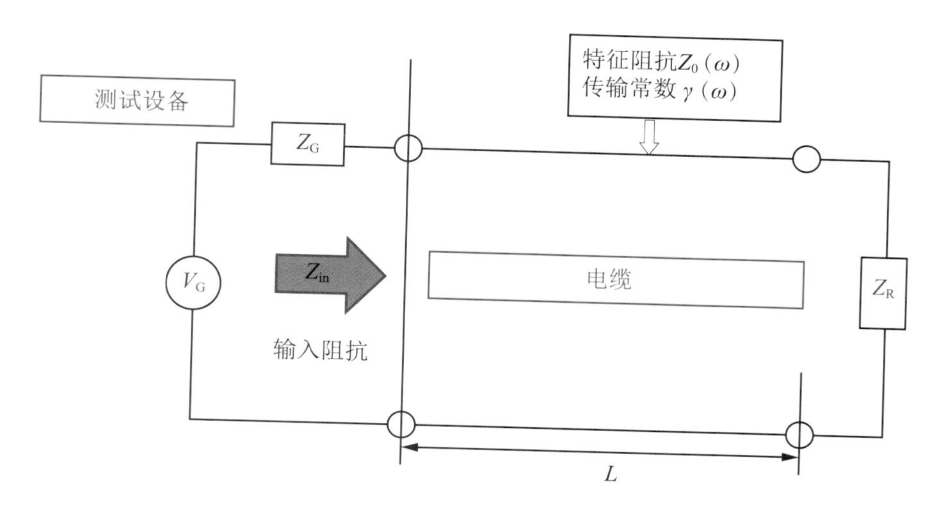

图8.5　宽频阻抗谱技术测试原理图

对于未来宽频阻抗技术的现场应用依旧有待研究，实际电缆多处于在线运行状态，若能实现电缆阻抗谱的在线测量，则可大大扩展阻抗谱技术在电缆运行状态诊断中的应用范围。

二、电缆谐波电流测试技术

早在20世纪70年代，研究人员开始研究电流所发出的高次谐波与电气设备异常、劣化之间的相关性，经过40多年的研究，电缆谐波诊断技术逐渐成熟。

谐波是指电流中所含的频率为基波的整数倍的电量。当电缆线芯流过电流时，会导致介质磁化引发磁化电流，在电缆表面会出现束缚面电流，在电缆介质体内会出现束缚体电流。电缆异常时，介质内部磁偶极子发生改变（介质磁化），导致磁矩取向在电缆线芯电流磁场作用下重新有序排列，这样电缆的异常状态会在电流的高次谐波成分中体现出来。其中介质内部磁束变化会产生涡流，并且是电缆电流中奇次谐波的主要来源；机械应力造成介质振动会产生涡流，并且是电流偶次谐波的主要来源。

当电缆出现应力老化时，会导致介质磁束变化和介质振动，从而产生高次谐波。应力老化主要包括热老化、电压应力老化、环境应力老化和机械应力老化。应力老化与电缆电流高次谐波之间的关系如表8.2所示。

表8.2　应力与老化的关系

应力	重要原因	现象	形志	高次谐波
热老化	结晶、分子振动	局部过热	异常温度上升	奇次谐波
	热共振	热振动	热声	奇次谐波
	热膨胀、热收缩	热失真	热劣化	偶次谐波
	热振动	振动	变形及损伤	偶次谐波
电压应力老化	电磁力静电力	振动冲击	蠕变疲劳	奇次谐波
				偶次谐波

续表

应力	重要原因	现象	形志	高次谐波
	材料	空隙放电	部分放电劣化	偶次谐波
	热效应	辉光放电	树枝状劣化	奇次谐波
	过电压	电弧放电	电弧劣化	奇次谐波
	污损		漏电痕迹	偶次谐波
机械应力老化	热及电压	振动	蠕变	奇次谐波
	机械性冲击	冲击	疲劳	偶次谐波
	应力缓和	蠕变	变形	偶次谐波
	应力缓和	疲劳	破坏	偶次谐波

通过对电缆高次谐波与电缆老化关系的原理分析可以得到存在缺陷的电缆运行时电缆的磁场与电流分布如图8.6所示，因此可以通过对电缆电流谐波分析反映电缆老化状况。

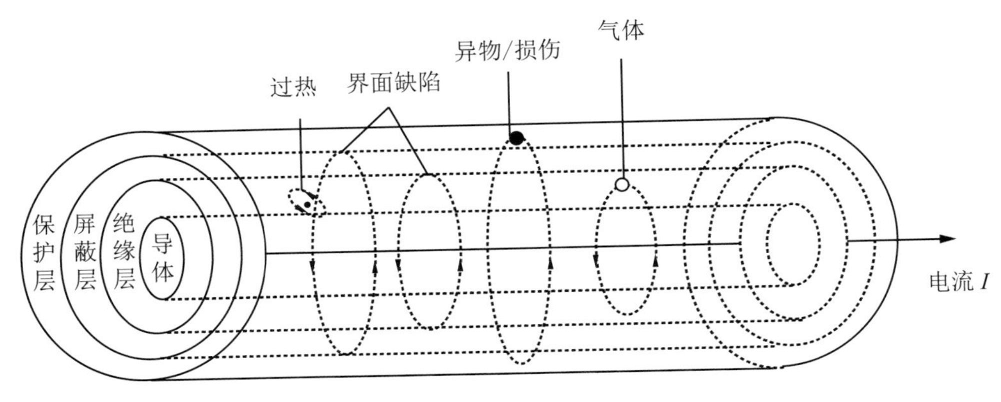

图8.6　运行电缆磁场和电流

电缆老化与高次谐波之间的关系如表8.3所示。

表8.3　电力电缆老化与电流高次谐波的关系

电力电缆劣化部位			高次谐波及其贡献率						累积贡献率
			第1主成分		其他主成分				
本体部	绝缘体	初期劣化型	3次 41%	5次 41%	4次 6%	2次 6%			94%
		环境劣化 (机械性损伤)	2次 55%		4次 16%	3次 9%	5次 6%		86%
		环境劣化 (电气性损伤)	5次 59%	3次 20%	4次 8%	2次 6%			93%
		自然劣化型	5次 59%		3次 20%	4次 8%	2次 6%		93%

续表

电力电缆劣化部位			高次谐波及其贡献率					累积贡献率
			第1主成分	其他主成分				
	屏蔽层		3次 25%	5次 24%	2次 23%	4次 18%		90%
	保护层		2次 39%	4次 29%	3次 10%	5次 7%		85%
连接部	电缆接头	发热	7次 53%	10次 15%	9次 11%	8次 7%	6次 5%	91%
		污损	8次 35%	7次 29%	9次 13%	10次 11%	6次 7%	95%
		龟裂	9次 33%	8次 25%	7次 21%	10次 8%	6次 5%	92%
		变形	10次 30%	7次 23%	8次 17%	9次 15%	6次 6%	91%

（一）电缆谐波检测诊断法优缺点

电缆谐波诊断法的优点：a. 能够对电缆进行带电检测；b. 检测范围广泛，包括绝缘层、保护层和屏蔽层的状态，电缆接头的质量；c. 检测方式简单；d. 诊断过程对电缆没有任何伤害；e. 可以详细评估电缆老化的阶段，然后对电缆进行故障预防。

电缆谐波诊断法的缺点：a. 易受电网谐波影响；b. 无法对电缆的故障进行定位；c. 目前没有国家和行业标准等。

（二）电缆谐波检测诊断法发展趋势

① 国内外学者的大量试验研究表明电缆三次谐波与电缆水树老化具有相关性，并且三次谐波分量与水树长度、击穿强度等方面密切相关。但是对其他老化和劣化情况下的电缆谐波情况没有进行研究，还需要进一步对谐波与电缆老化关系进行试验研究。

② 国内外学者没有从仿真的角度对电缆谐波与电缆老化之间的关系进行分析，可以进一步从仿真模拟的角度进行研究。

③ 目前虽然在电缆谐波与电缆老化和劣化之间对应关系有了初步的认识，但是其数据库并不完善，需要从试验和仿真两个角度进行分析总结，继续对数据库进行补充和完善。

④ 目前国内外已经研发出多种谐波检测装置，并且谐波检测装置正逐渐向体积小、质量轻、非接触、时间短和精度高的方向发展。目前总体来看检测系统主要分为两类：一类是通过检测损耗电流进行谐波诊断，需要进一步考虑电网系统中其他非线性元件引起的谐波；另一类是通过检测磁场进行谐波诊断，此方案需要进一步考虑屏蔽空间磁场的影响。

⑤ 进一步完善现有的谐波诊断系统，同时推进新的谐波诊断系统的发展，促进电缆谐波诊断在实际现场的应用。

三、电缆X光射线检测技术

X射线数字成像技术是近年来发展起来的一种新型射线无损检测技术，相比于传统的胶片式检测方法，具有检测速度快、便携性强、检测灵敏度高、检测结果易于管理、现场辐射量小等优点。X射线透过检测对象后经射线探测器将X射线检测信号转换为数字信号为计算机所接收，形成数字图像，按照一定格式存储在计算机内。通过观察检测图像，根据工作经验和有关标准进行缺陷评定，可达到缺陷状态评价的目的。

利用X射线在介质中传播时的衰减特性，当将强度均匀的X射线从被检设备的一侧产生并发射后，由于缺陷部位与被检设备基体材料对射线的衰减特性不同，透过被检设备后的X射线强度将会不再均匀，用成像设备在另一侧检测透过被检设备后剩余的X射线强度，即可判断被检设备表面或内部是否存在缺陷，并能根据产生的X射线图像对缺陷类型与性质进行判断。原理图如图8.7所示。

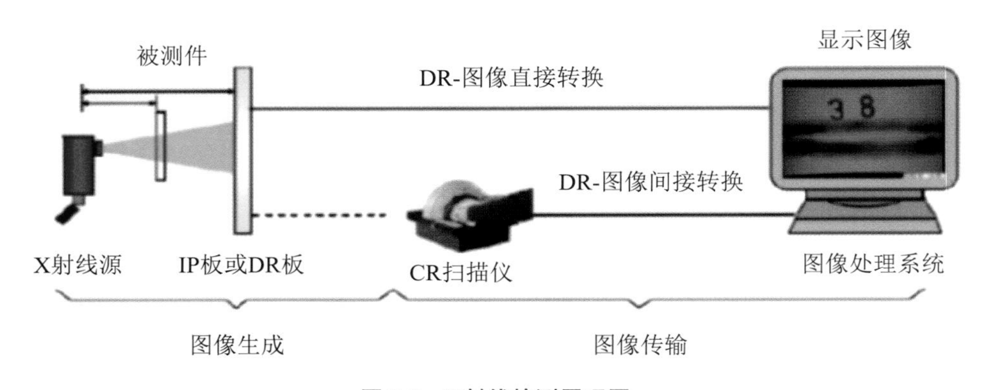

图8.7　X射线检测原理图

X射线数字成像技术作为一种可以实时成像的无损检测技术，在电力行业，X射线数字成像无损检测主要适用于电力系统中全封闭结构的电力设备或普通电力设备封闭不可视部件，目前在GIS、套管、复合绝缘子缺陷检测方面得到了一些应用，也可对电缆缺陷进行直观地可视化分析，利用该技术进行电缆异常诊断时，若电缆存在缺陷异常，则该区域透过的射线强度会在图片上产生黑度差异，帮助检修人员快速准确地评估电缆缺陷位置，直观分析缺陷程度。以下为一些具体的电缆X射线检测案例。

案例1：对损坏程度不同的电缆进行X光射线数字成像检测，结果如图8.8所示。

从图8.8中可以看出，X射线数字成像检测能较为清晰地呈现电缆的破损缺陷，展现电缆样品的内部结构和缺陷细节，如缺陷的位置以及损害程度。证明了X射线数字成像技术检测电缆缺陷的可行性和有效性。

(a) 外护层破损实物图

(b) 绝缘层破损实物图

(c) 电缆芯破损实物图

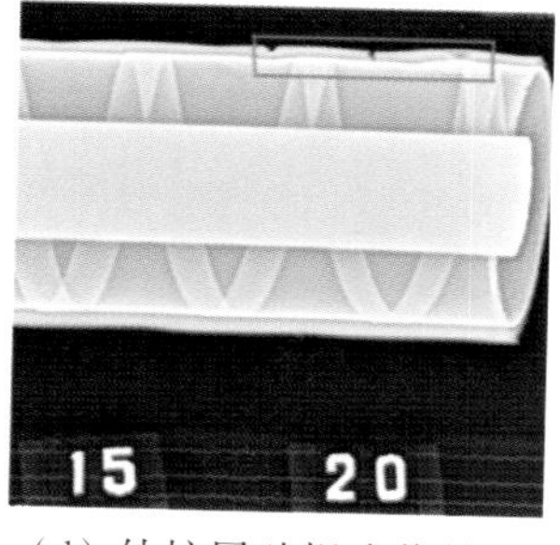

(d) 外护层破损成像结果

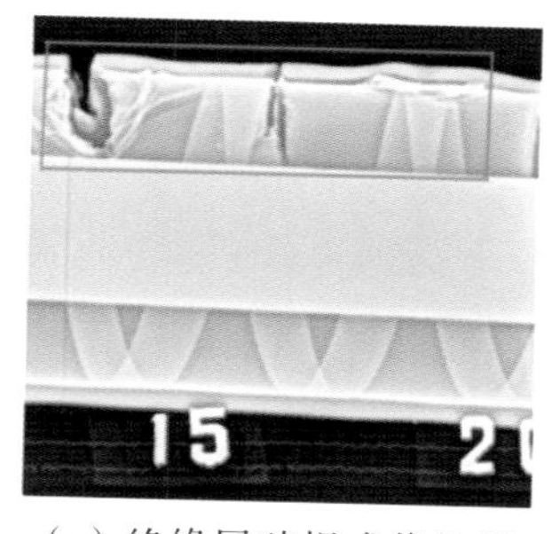

(e) 绝缘层破损成像结果

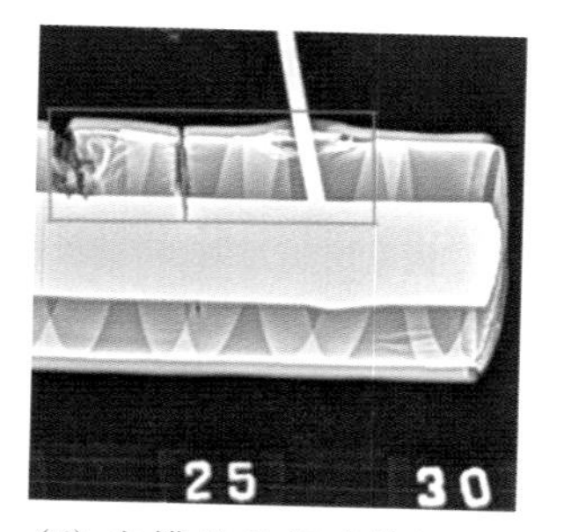

(f) 电缆芯破损成像结果

图8.8　案例1检测结果

案例2:某电缆B相X光检测案例,结果如图8.9所示。

从图8.9中可以看出,电缆中间接头制作工艺不良。

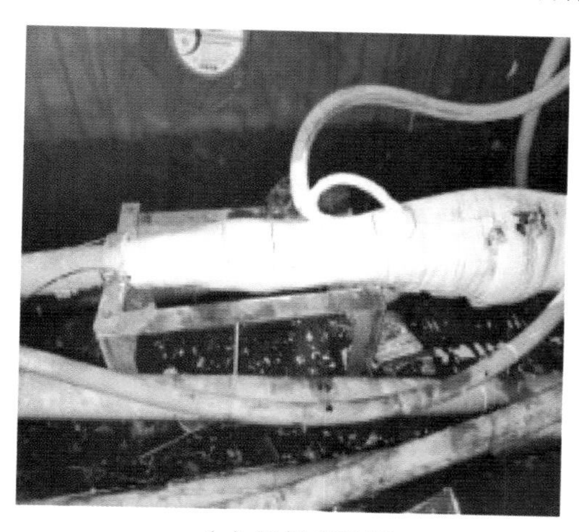

(a) 现场实物图

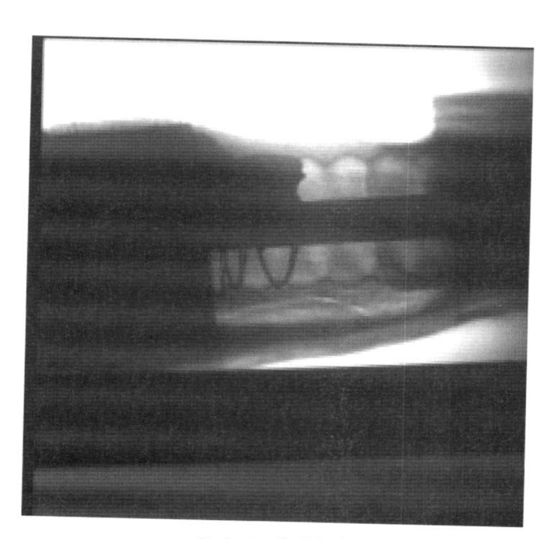

(b) X光照片

图8.9　案例2检测结果

案例3:某电缆X射线检测案例,结果如图8.10所示。

图8.10(b)中红色方框内的异常,疑似阻燃材料上的钙化产物。

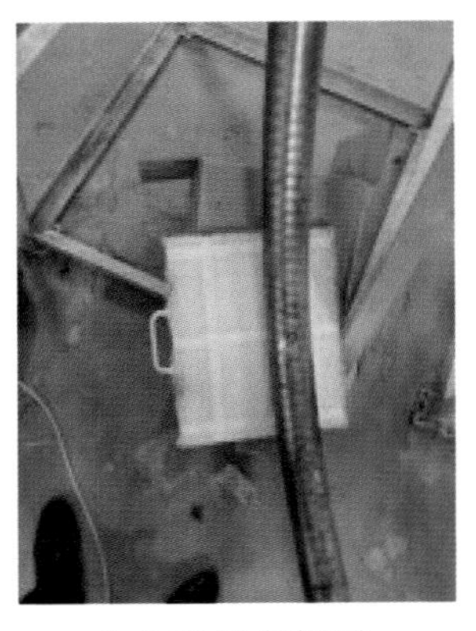

(a) 现场实物图

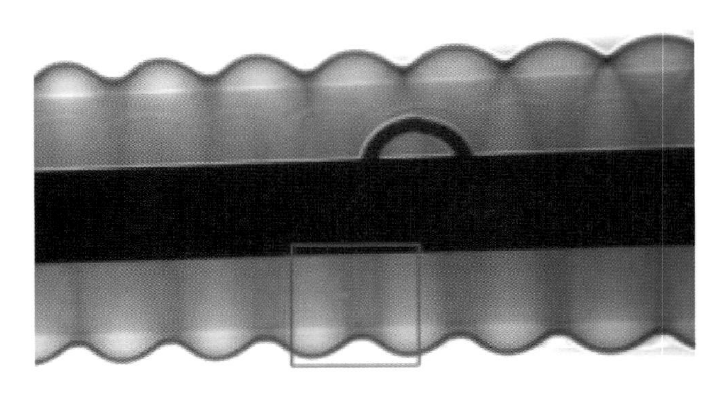

(b) X光照片

图8.10　案例3检测结果

第三节　配电电缆及通道监测技术

以信号传感、主站测量、集中监控三层架构模式,将局放、光纤测温、通道环境、视频监控、智能井盖、智能巡检机器人等监测系统统一接入平台进行集中监控,统筹监控数据的分析利用,实现状态展示全景化、数据分析智能化、生产指挥集约化、运检管理精益化。如图8.11所示。

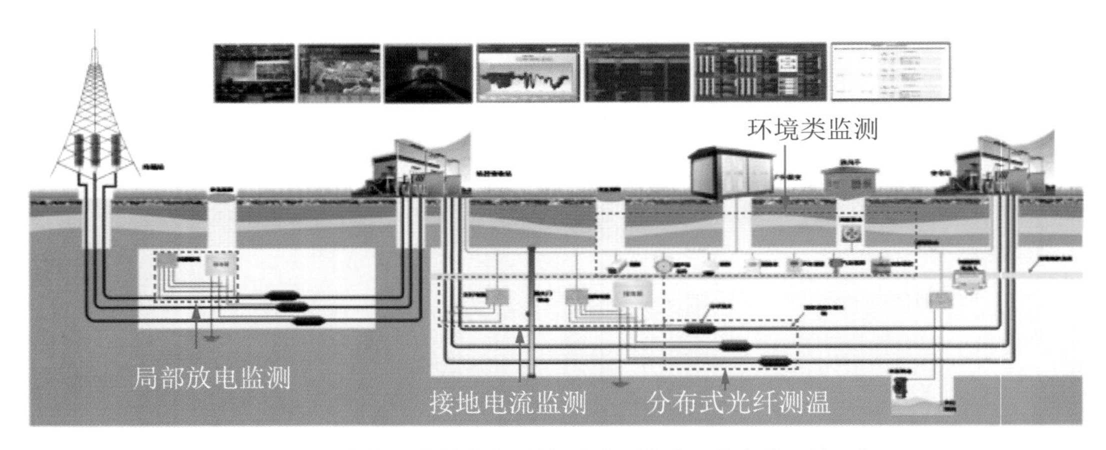

图8.11　电缆及道综合监测(部分监测内容配电电缆不涉及)

一、电缆分布式光纤测温

传统的电缆测温技术将点式温度传感器安装于电缆的重要部位进行测温,温度测量范围有限,不能实现整条电缆线路的温度监测。近年来基于拉曼散射原理的分布式光纤测温技术逐渐发展起来,并在电缆表面温度监测中得到广泛应用。分布式光纤测温系统是将测温光纤与电缆紧密贴合,对电缆进行实时温度监测,通过测温光纤测量电缆表皮温度,进而推算线芯温度。测温光纤具有能连续获取电缆整条线路上温度信息的优势，同时具有抗电磁干扰性强、维护成本低、对温度变化敏感等优点。因此近年来分布式光纤测温技术逐渐被应用到地下电缆的温度监测，可以精确地、实时地对地下电缆进行温度监测，能准确地定位观察沿线电缆的运行情况，当电缆出现温度异常时，可以及时定位到异常温度点，避免电力事故发生。

分布式光纤测温系统主要由感温光缆、测温主机（含光开关、继电器模块等）、上位机（主机）、上位机监控软件、载流量软件、短信报警模块等组成，如图8.12所示。

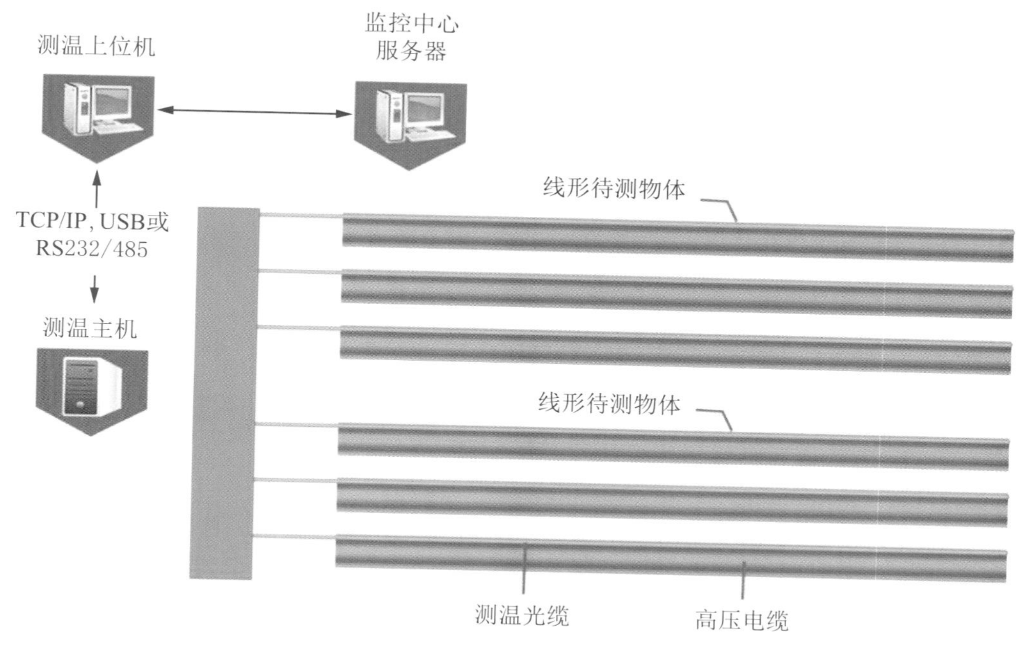

图8.12　电力电缆测温系统组网示意图

二、隧道视频及红外监测系统

双视红外在线监测系统以双光谱热成像摄像机为核心，实现可见光视频监控和红外热成像双光监测，并对电缆本体、电缆接头、电缆终端头等部件进行实时测温，如图8.13所示。双视红外在线监测系统可实现超温报警，在火灾发生前的温升阶段即可自动预警，便于运维人员及时处理，防止电缆起火。系统具备联动处置功能，发生火情时，将在后台实时推送报警信息，同时联动声光报警器、灭火器进行现场告警和灭火处理，减少事故损失。

视频监测主要监测电缆隧道内环境情况以及电缆隧道出入口人员出入情况。主要监测对象：每个防火分区、隧道出入口、T接室、集水井、风机房及其他需要重点监测的区域。在传统视频监控功能的基础上通过高技术的计算机辅助处理，赋予普通视频监控智能判断能力，实现远程智能视频监测及电缆隧道内人人员定位，并实现与相关系统的联动。

图8.13　视频及红外双光监测

三、隧道环境监测系统

环境监测系统包括可燃、有毒、有害气体含量监测、温度和湿度监测等功能，如图8.14所示。采用气体传感器实时监测电缆隧道内氧气、硫化氢、甲烷等气体浓度，通过温湿度传感器实时监测电缆隧道内温度和湿度，并可在报警时联动风机自动启动或关闭。必要时可在隧道主要出入口安装LED显示屏，实时滚动显示隧道内各监控分区的温度、湿度、氧气含量和有毒有害气体浓度等相关信息，给进入隧道的运维人员提供实时的环境安全信息。

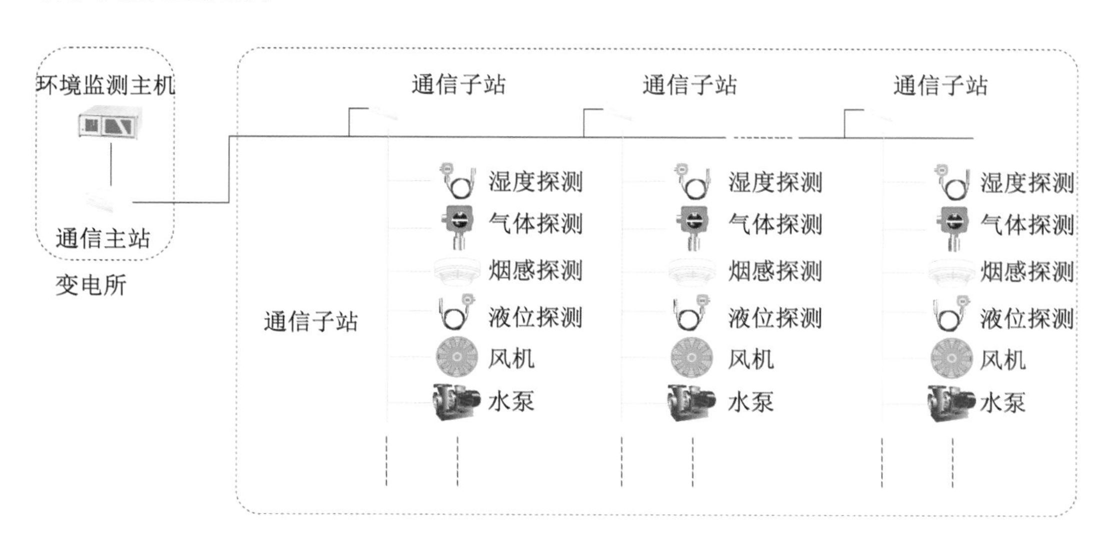

图8.14　隧道环境监测系统示意图

四、电子井盖系统

电子井盖系统用于电缆隧道井盖的检测和管理，对井盖的开闭状态进行实时监视，对井盖进行远程控制，对于非法开启、通讯故障进行报警。具有在线远程监控控制和就地无线控制终端控制功能，能够有效阻止无关人员进入上述场合，防止偷盗供电线路器材。

电子井盖系统包含复合材料内井盖(含电子锁)(图8.15)、手持式开锁仪(含机械式开锁手柄)(图8.16)及安装附件等；手持开锁器用于电子井盖的开锁和关锁，并可对电子井盖进行无线供电。

图8.15　电子井盖实物图

图8.16　手持开锁仪

手持开锁仪需要登录验证权限才能操作开锁，在未获取权限的情况下将无法进行任何操作，如图8.17所示。

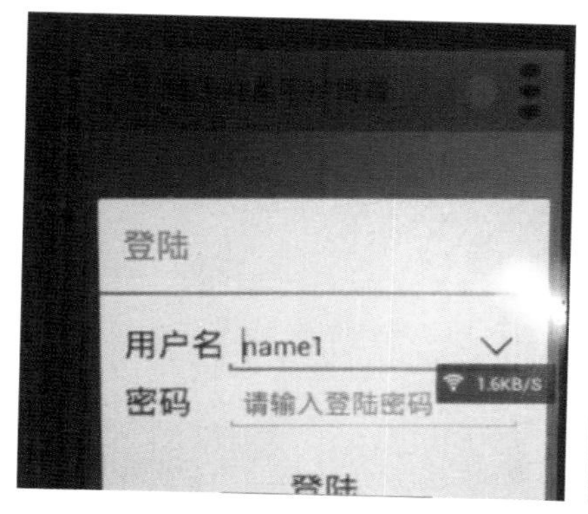

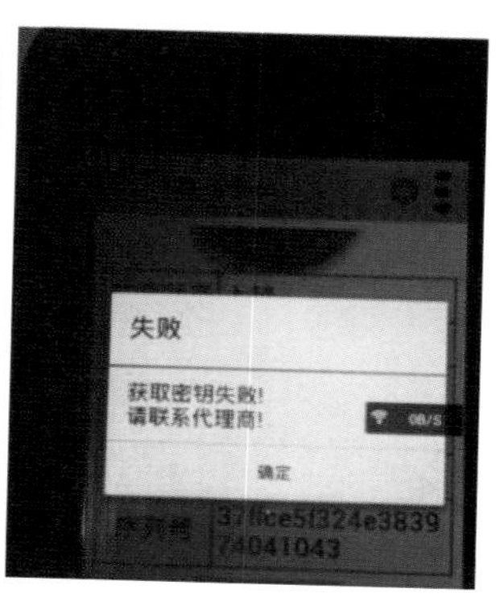

图8.17　手持开锁仪界面操作图

第四节　电缆巡检机器人

一、电缆隧道机器人作业概述

目前电力隧道和电力电缆的巡检方式一直采用传统的定期人工巡检方式，随着电缆隧道和电缆数量的飞速增加，不仅增加了运行人员的工作强度，同时由于人工巡检是定期执行，对于一些突发情况，往往会错过最佳的处理时间，造成严重损失。采用隧道巡检机器人进行巡检可按设定的巡检方式自动巡检、记录和分析各种数据，对异常发出报警，可实现不间断地对隧道进行反复巡检，并实现对隧道状态的连续、动态采集，补充了原有隧道内在线监测系统的不足，确保第一时间发现隧道内的突发情况。

目前常用巡检机器人有：轮式机器人、履带式机器人、轨道式机器人以及多双足式机器人，如图8.18～图8.21所示。不同巡检机器人特点不同，轮式机器人运动结构比较简单，但是转向灵活、机动性较强，较适用于常移动的场合，比如：交通隧道的维修和维护等；履带式机器人则能够较好地适应复杂地面，具有较好地越障能力，但是履带式机器人经济性、可靠性和运动效率相比轮式机器人差；腿足式巡检机器人可以适用任何的地面环境，但存在经济性、可靠性和运动效率低等缺点，适用于异常复杂环境下的作业任务；导轨机器人在巡检过程中，主要沿着事先规划好的轨道路线进行巡检，可避开地面积水和隧道落差对巡检的阻碍。电缆隧道的特点是空间狭小，机器人在接近地面敷设的电缆时，由于避障空间不够，通常会直接翻越障碍物，但是这种越障方式会给电缆的稳定运行带来直接或者是间接危害，使用路径稳定的导轨机器人，则可以有效避免给电缆造成的危害。因此，电缆隧道环境下使用轨道巡检机器人要明显优于其他类型机器人，更有利于保护隧道电缆。

图8.18　导轨式巡检机器人

图8.19　轮式巡检机器人

图8.20　履带式巡检机器人

图8.21　四足巡检机器人

二、电缆隧道机器人主要功能

1. 视频巡视

隧道巡检机器人携带高清摄像机，实现隧道内实时移动可见光/夜视高清视频监控，查看现场设备与环境状况，包括电气外观、设备污损、漏油漏液、挂空漂浮物、施工遗留等。

2. 智能识别

隧道巡检机器人搭载高清摄像头，用于拍摄隧道内的电缆、仪表等设备图像，并对采集到的图像进行智能化处理，然后利用图像识别技术自动判断设备的运行状态，若发现问题可及时做出反馈处理。

3. 局放检测

搭载局放监测装置，诊断局部放电幅度及周期图谱波形等，智能分析与诊断，提早发现设备缺陷。

4. 红外测温

通过红外热成像摄像机，对电气设备电流、电压致热现象采集诊断，实现设备的温度趋势判断，设备故障预警。测温时智能巡检机器人采用定点监测方式，从多个角度全方位地对设备进行清晰成像，以实现精确测温。

5. 环境监测

配搭载温湿度、气体、烟雾等多种传感器，实时监控环境状态，有效联动环境辅助系统。

三、电缆隧道机器人主要巡检模式

通过智能巡检机器人综合管理平台，如图8.22所示，可以实现智能巡检机器人自动巡检、遥控巡检、特殊巡检以及在异常情况下通过与其他系统设备进行联动的远程监控指挥。

1. 自动巡检模式

自动例行巡检是巡检机器人按照预设规划路径自动巡视方式，在隧道内日常运维工作中最常见的应用模式，巡检机器人将巡检数据自动传输到综合管理平台保存，生成检测分析报告。

2. 遥控巡检模式

遥控巡检模式支持机器人多目标位置的人工遥控巡行，支持人工多种速度遥控模式的巡检工作方式。监控中心操作人员可根据现场的运行情况，手动控制机器人到达指定位置进行作业。尤其对于在机器人自主巡检过程中如检测到设备、环境状态异常并向运维人员告警时，运维人员可以在第一时间操控机器人快速到达异常设备位置，及时对异常设备进行查看并核实报警信息，以便迅速制定响应策略。

图 8.22　智能巡检机器人综合管理平台

3. 特殊巡检模式

特殊巡检模式为自动巡检、遥控巡检的补充方式，针对支线及其他设备区内需要重点关注的巡检对象、巡检点针对性设置巡检任务。对区域内需进行非定时、特别关注的设备类型及巡检点类型，例如接头、接地线等设备设施，专门设定巡检任务；或在隧道内部检修工作或其他作业开始前，设定专门任务对环境、设备运行状态进行确认，为设备、人员安全提供保障。

4. 系统联动工作模式

通过将巡检机器人系统与隧道内部其他系统的自动设备进行对接，在特殊情况下人员不能及时进入现场时，由巡检机器人系统直接控制现场自动设备进行作业，或由巡检机器人系统提供辅助声光信息，联动系统根据远程现场信息进行操作等。

四、电缆隧道机器人主要优势

① 智能巡检机器人系统以自主或遥控的方式，在无人值守的电力隧道对线路进行巡检，可及时发现电力设备的热故障、外观缺陷等设备异常现象，提高运行的工作效率和质量，真正起到减员增效的作用。

② 智能巡检机器人不仅可以在第一时间进入事故现场，把现场的视频、图像、空气中有害气体的含量报警等数据发送回指挥中心，同时，也可以执行应急对讲指挥等相关的处置措施，起到更好的防灾减灾效果。

③ 智能巡检机器人还具备主动灭火功能，可以自动或电控的方式扑灭电缆通道内火灾。

第五节　电缆数字化技术

一、电缆RFID电子标签

RFID是Radio Frequency Identification的缩写，为射频识别技术，是指利用射频方式进行非接触通信，以达到识别并交换数据的技术。RFID标签由耦合元件及芯片组成，每个RFID标签具有唯一的电子编码，附着在物体上标识目标对象，俗称电子标签或智能标签(Tag)。按照标签获取能量的方式分类可以分为有源标签、半有源标签和无源标签。按照标签的工作频率分类，可以分为低频、高频、超高频和微波标签。

低频标签的工作频段很低(135 kHz以下)，采用电感耦合的工作方式，读写距离一般在1 m左右；典型的高频标签工作频率为13.56 MHz，它的工作方式也是电感耦合，读写距离一般在3 m左右；超高频和微波标签的工作频率都很高，分别为860～960 MHz和2.4 GHz以上，它们的工作方式多为电磁反向散射式，读写距离较远。国网公司企标《电网一次设备电子标签技术规范》(Q/GDW 11759)根据标签的不同读取距离，将标签分为A、B、C、D、E型五类，根据标签的不同运行环境，将每类标签细分为户内、户外两种，不同类型标签的建议适用范围见表8.4。

表8.4　标签分类要求

标签大类	运行环境	最大读取距离	建议适用范围
A型	户外	≥12 m	110(66) kV及以上架空线路杆塔
B型	户内、户外	≥9 m且<12 m	变电设备：110(66) kV及以上交直流设备，如变压器(换流变)、断路器、电抗器、隔离/接地开关、电压互感器、电流互感器、电容器、避雷器等。 配电设备：35 kV及以下架空线路杆塔、柱上断路器、柱上变压器等柱上配电设备
C型	户内、户外	≥3 m且<9 m	变电设备：110(66) kV以下(不含)交直流设备，如变压器、断路器、电抗器、隔离/接地开关、电压互感器、电流互感器、电容器、避雷器等。 配电设备：箱式变电站、户外配电柜等地面配电设备
D型	户内、户外	≥0.5m且<3 m	户内开关柜、户外汇控柜等密集布置的一次设备
E型	特殊环境	根据具体应用需求确定	电缆工井盖、工井内电缆本体等特殊应用场景

注：实际应用时应综合考虑标签读写距离及设备实际情况。

在配电电缆及通道中RFID电子标签的安装要求如表8.5所示。

表8.5　不同类型电子标签安装要求

标签类型	安装部位及要求
低频标识器	每个工井应安装1个低频标识器，安装于电缆井中部，标签支架支点距离地面30公分，电缆井号小号至大号方向右手侧井壁上
扎带式高频标签	每个工井内每根电缆均需安装超高频扎带标签，绑于井内电缆本体、电缆中间接头处，电缆本体标签原则上安装于电缆井中部，电缆距离过近时为防止信号干扰，适当向两侧错开，电缆中间头标签绑扎于电缆中间头空间裕量较大一侧
粘贴式超高频标签	环网(开关)柜中的电缆终端头应安装超高频标签，采用粘贴式超高频标签粘贴于箱体外；若箱内有多个终端头，标签的水平方向相对位置应与终端头水平方向相对位置

配电电缆及通道RFID安装图如图8.23～图8.25所示。

RFID现场实际应用主要可以实现以下功能:

① 通道位置可视化。通过在电缆及通道的关键位置埋设地下电子标识器来查找电缆及通道，在提高查找效率确保安全生产的同时，也能帮助配电检修作业新员工尽快熟悉电缆及通道的位置。

② 通道资源可视化。通过在工井安装地下电子标识器，把电缆工井号、位置描述、长宽高、侧面类型、不规则照片、不规则剖面图等资料与电子标识器ID码建立对应关系，在后续检修中通过识读电子标识器在现场可以随时了解工井内部的图文信息。

图8.23　低频标识器安装图

图8.24　扎带式高频标签安装图

图8.25　中压柜粘贴式超高频标签安装图

③ 电缆快速识别,通过在电缆上捆扎电子标签,把电缆规格、电缆路径、电缆长度、电缆维护单位等资料与电缆电子标签的ID码建立对应关系,检修时通过识读电子标签可以快速确认检修电缆,提高检修效率,避免事故发生。

在应用中,巡检人员手持RFID读写器如图8.26所示,即可对各设备状况进行查看、编辑、上报,在管理中可以实现从巡检缺陷发现到缺陷处理的全过程高效管理,减少运行、检修人员的工作量,提高日常运行维护管理的工作效率。

图8.26 双频探测器

二、电缆数字化管控平台

随着管道及电缆精益化、规范化管理要求的提出,需要在可视化基础上进行台账维护,实现管道设施、电缆设备的图形、拓扑、设备台账的一体化维护。电缆数字化管控平台就是利用计算机技术整合各类电缆资源,包含电缆资料、各类现场电缆检测感知设备数据等,将电缆全业务数据化,全业务线上流转,电缆管理数字化,如图8.27、图8.28所示。

建设电缆数字化管控平台可以实现全景全息的配电电缆数据综合展示,在建设方面,实现配电电缆线路和通道的生产准备、工程验收资料痕迹管理。在运维方面,可实现设备台账及图形资料档案(电缆路径、电缆基础信息、附件基础信息、通道可视化数字建模、工井剖面图、断面孔位等)线上化,设备全寿命周期资料实现云存储,实时更新即时查看;能实时掌握运维人员巡检轨迹、巡视记录和巡视结果,实时查看工作人员在岗情况、值守记录信息,实现巡检信息全感知;能全面整合电缆在线监测装置,综合管理电缆本体光纤测温、故障监测、电缆通道安防监控、环境监测、消防检测、通排照状态等数据,充分发挥在线监测系统功能,减少人员多系统运维工作量。在检修方面,可实现隐患、缺陷和故障处置管理流程线上全流转,提高处置效率。能系统管理电缆及附属设备备品备件物资情况,统一调配电缆作业试验、施工工器具。

图8.27 合肥供电公司配电电缆数字化管控平台

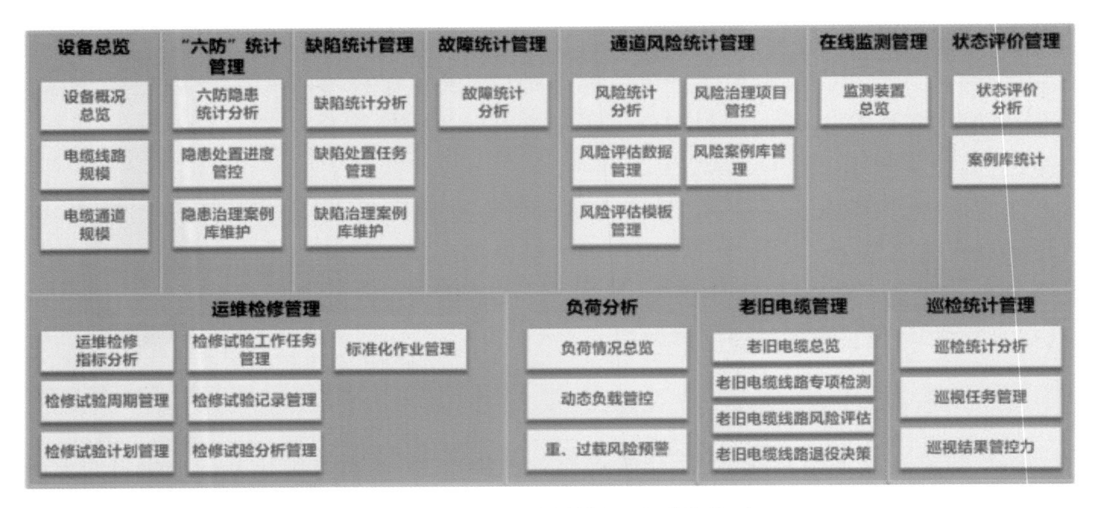

图 8.28　电缆数字化管控平台功能体系

电缆数字化管控平台应用示例：

1. 电缆验收

利用移动终端开展电缆工程验收工作，在APP中开发电缆工程验收模块如图8.29所示，现场实时上传图片和记录缺陷内容，数据与平台生产准备及验收环节相互贯通如图8.30所示，自动生成阶段性验收报告，简化验收流程，统一验收标准，实现验收过程和基础台账收集可视化、数字化。

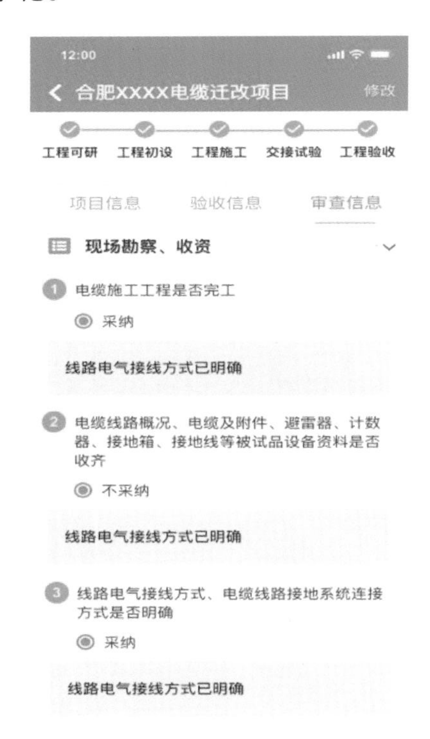

图 8.29　移动巡检APP工程验收功能界面

图8.30　电缆数字化管控平台验收模块

2. 电缆巡视

通过电缆基础信息绘制电缆一张图，直观展示运维人员到岗情况、巡检轨迹、巡视记录和巡视结果，实时查看所有施工点蹲守人员在岗情况、蹲守记录信息。

运维人员通过移动巡检APP可自动获取巡视任务工单信息、实时记录巡检人员巡检轨迹，运维人员通过APP打卡到位、上传巡检、巡视值守数据，系统自动生成巡视报告，大幅优化了业务流程，减少工作量，如图8.31所示。

图8.31　移动巡检APP巡视功能界面

参考文献

[1] 金炜.中压电力电缆技术培训教材[M].北京:中国电力出版社,2021.
[2] 谢成.配电电缆线路检测技术[M].浙江:中国电力出版社,2020.
[3] 宁昕.Q/GDW11838—2018.配电电缆线路试验要求[S].国家电网有限公司,2018.
[4] 许世辉.国家电网公司生产技能人员职业能力培训专用教材配电电缆[M].北京:中国电力出版社,2010.
[5] 王丽.导线过流情况下的温度场数值模拟和特性测试研究[D].沈阳:沈阳工业大学,2014.
[6] 张学楷.线路过载电气火灾危险性的分析、预防要求及原因认定[J].消防技术与产品信息,2008(11):57-60.
[7] 唐克,胡小亮.过载导线火灾危险性实验研究[J].消防技术与产品信息,2014(3):19-22.
[8] GB 28374—2012.电缆防火涂料[S].
[9] GB 50168—2018.电气装置安装工程电缆线路施工及验收标准[S].
[10] DL/T 5707—2014.电力工程电缆防火封堵施工工艺导则[S].
[11] GB 50168—2006.电气装置安装工程电缆线路施工及验收规范[S].
[12] Q/GDW 1519—2014.配电网运维规程[S].
[13] Q/GDW 1512—2014.电力电缆及通道运维规程[S].
[14] 赵士林,张继鹏,岳红涛.电缆施工和使用中常见问题及预防措施[J].电线电缆,2015(3):43-46.
[15] 汤峻,周飞,郦君婷,等.接地故障引起电力电缆轰燃的机理与监测预警系统[J].电线电缆,2022(1):34-36,46.
[16] 电缆防火封堵技术方法研究[J].电力安全技术,2016,18(5):61-64.
[17] 李绍伦."二次预留"技术在电缆防火封堵施工中的应用[J].价值工程,2014,33(27):108-109.
[18] 杜伯学,李忠磊,周硕凡,等.聚丙烯高压直流电缆绝缘研究进展与展望[J].电气工程学报,2021,16(2):2-11.
[19] 杜伯学,侯兆豪,徐航,等.高压直流电缆绝缘用聚丙烯及其纳米复合材料的研究进展[J].高电压技术,2017,43(9):2769-2780.
[20] 彭二磊,马壮,苏艳文,等.新型环保聚丙烯绝缘中压电力电缆的研究[J].电线电缆,2021(5):13-16.
[21] 刘畅,李忠磊,周硕凡,等.硫代受阻酚复合抗氧剂对聚丙烯直流电缆绝缘空间电荷与直流预压击穿特性的影响[J].电气工程学报,2021,16(2):42-49.
[22] 杨本康,张东,李秋君.高温超导限流电缆研究现状与发展趋势综述[J].低温与超导,2019,47(9):1-7,13.
[23] 雷俊玲.高温超导直流电缆的结构及应用前景[J].现代传输,2021(6):43-45.
[24] 郑健,宗曦华,韩云武.超导电缆在电网工程中的应用[J].低温与超导,2020,48(11):27-31,50.
[25] 新型高温超导电缆[J].电力工程技术,2021,40(6):2.
[26] 程佳广.高温超导电缆系统的研究[J].现代传输,2022(1):34-37.
[27] 李蓉,周凯,饶显杰,等.基于输入阻抗谱的电缆故障类型识别及定位[J].高电压技术,2021,47(9):3236-3245.

[28] 周志强.基于宽频阻抗谱的电缆局部缺陷诊断方法研究[D].武汉:华中科技大学,2015.

[29] 苗旺,陈平,任志刚,等.电流谐波法在电力电缆状态检测诊断的应用进展[J].电力系统及其自动化学报,2021,33(3):73-80.

[30] 张涛,丁宁,蔡晓坚,等.综合管廊巡检机器人综述[J].地下空间与工程学报,2019,15(S2):522-533.

[31] 高原,张兴永,张卫东,等.电缆隧道运行中巡检机器人的有效运用[J].中国新通信,2017,19(7):148.

[32] 张晖,廖俊蓉,付建美,等.隧道智能巡检机器人应用研究[J].科技创新与生产力,2022(9):98-100,104.

[33] 李乾,钱恒健,方永毅,等.电缆隧道智能巡检机器人在电网智能化中的应用研究[J].粘接,2021,45(1):85-89.